GROUND TEMPERATURE CHARACTERISTICS
AND INFLUENCING FACTORS OF ABNORMAL ZONES
IN THE CENTRAL MINE OF PANXIE MINING AREA

潘谢矿区

中部矿井地温特征
及其异常带影响因素研究

鲁海峰 姚多喜 贺世芳 王康健 等 **著**

中国科学技术大学出版社

内 容 简 介

本书主要对地温、地热资源进行相关研究与计算,对矿区地温异常机理以及深部开采热害治理具有重要的指导意义。全书分为12章,首先对潘谢矿区矿井地质、地温资料进行收集整理,在对地面钻孔测温资料校正的基础上开展了煤矿井下出水水温调查、井下巷道围岩温度测试、地面钻孔井温测量、含水层水化学分析、煤岩样品热物理力学参数测试等工作,分析了潘谢矿区中部地温分布特征、地热资源形成的地质条件、控热因素、地热地质条件等特征,着重讨论了潘谢矿区内地热异常与地下流体的运移关系,对研究区岩浆进行数值模拟与建模,最后对研究区地热储量进行计算,提出了相应矿区热害防治措施。

本书可作为高等院校地质资源与地质工程以及其他地质学科本科生和研究生的教材,也可供从事地质、地热资源研究和开发利用的生产及科研人员参考。

图书在版编目(CIP)数据

潘谢矿区中部矿井地温特征及其异常带影响因素研究/鲁海峰等著. —合肥:中国科学技术大学出版社,2024.1

ISBN 978-7-312-05833-2

Ⅰ.潘…　Ⅱ.鲁…　Ⅲ.矿区—地层温度—研究　Ⅳ.TD163

中国国家版本馆CIP数据核字(2023)第253558号

潘谢矿区中部矿井地温特征及其异常带影响因素研究

PANXIE KUANGQU ZHONGBU KUANGJING DIWEN TEZHENG JIQI YICHANGDAI YINGXIANG YINSU YANJIU

出版	中国科学技术大学出版社
	安徽省合肥市金寨路96号,230026
	http://press.ustc.edu.cn
	https://zgkxjsdxcbs.tmall.com
印刷	合肥华苑印刷包装有限公司
发行	中国科学技术大学出版社
开本	787 mm×1092 mm　1/16
印张	20.75
字数	516千
版次	2024年1月第1版
印次	2024年1月第1次印刷
定价	118.00元

前　言

我国煤炭资源非常丰富,成煤期多,储量大,分布广,煤种齐全,煤炭资源量和产量目前均居世界前列。我国"富煤、贫油、少气"的能源结构特征决定了煤炭占据主导地位,煤炭作为第一能源矿产的状况在今后相当长的时间内不会改变和动摇,煤炭在国民经济和国家经济及能源战略安全中仍然具有重要地位。

目前我国煤炭产量大部分来自华北型煤田,近年来随着开采深度的不断增加,地温增高,热害问题凸显。淮南煤田的潘谢矿区中部的潘三煤矿、丁集煤矿和顾桥煤矿在井巷施工中都遇到了部分地段出现高温异常,严重影响着矿井的安全生产。潘谢矿区中部矿井为何出现地温异常、地温异常产生的原因、形成机制、地温异常与该区特殊的地质构造和水文地质单元的关系、地温异常与灰岩含水层水温的关系以及在岩浆岩侵入地段地温梯度的变化对地温异常的影响等问题都值得我们去思考、研究。同时,矿井地热资源潜力巨大,是一种安全、稳定、可再生的优质清洁能源。研究成果不仅为深部矿井的设计、建设和生产提供地质安全保障,减少或避免热害的发生,同时也为后续地热资源的开发利用提供更加精细可靠的地温地质资料和数据,化害为利,变废为宝,提高地热资源的利用率,助力实现"双碳"目标。

本书围绕岩石热物理性质测试、钻孔测温数据评价、大地热流值的计算等问题,系统性地开展潘谢矿区中部矿井地温分布规律和影响因素研究,得出了矿井总体的地温分布与地热资源量等研究成果。全书分为12章,主要内容包括研究区地质概况、研究区简易测温孔数据的校正、岩石热物理性质参数测试与井下岩温实测、研究区地温分布规律、研究区地温异常的构造与岩性因素分析、岩浆侵入体热作用对矿井现今地温的影响、研究区灰岩富水性及水化学特征、地下水运移对矿井地温场的影响、A组煤开采底板突水温度响应的数值分析、研究区地热水资源储量计算及热害防治。

全书编写分工如下:前言和第2章由安徽理工大学姚多喜编写,第3章由安徽省绿色矿山研究中心张丽雯编写,第4章由安徽理工大学肖观红编写,第5章由淮南矿业集团贺世芳、王康健编写,第6章由安徽省煤田地质局勘查研究院陈善成、中勘资源勘探科技股份有限公司年宾编写,第11章由皖北煤电集团公司吴义泉、淮南矿业集团王康健编写,其余由安徽理工大学鲁海峰编写。鲁海峰对全书进行了统稿。需要指出的是,本书的成稿绝非一二人之功,淮河能源煤业公司司宏飞、李彬,淮北矿业集团公司庞迎春、胡杰、倪金虎、张治、把其欢以及皖北煤电集团公司解建等为本书的编写提供了宝贵的资料并提出了修改意见;安徽理工大学地球与环境学院张平松、刘启蒙、吴基文、吴荣新、许光泉、赵志根等领导、老师对本书的顺利编写与出版提供了大量的帮助;安徽理工大学地质工程硕士研究生宁明诚、王天皓、李茹、肖观红、薛冰、李程曦、张翌晨等在图表制作以及数据的整理上做了大量的工作,同时本书还参考并引用了大量关于两淮煤田的地温研究成果,在此一并表示感谢。

本书的出版得到了国家自然科学基金"随机溶孔-裂隙网络地质建模及其渗透特性研究"(41977253)的资助,还得到了淮南矿业集团、淮北矿业集团委托项目的资助,谨表衷心感谢!

由于时间仓促,加之作者水平有限,书中可能尚存讹误,敬请读者批评指正。

著 者

2023年6月

目 录

iv

第1章 绪 论

1.1 研 究 目 的

　　淮南矿区是我国重要的煤炭生产基地,煤炭资源丰富,但开采地质条件较为复杂,除高瓦斯、高地压外,位于淮南煤田的潘谢矿区部分矿井热害影响也较大,制约着生产的发展,特别是随开采深度的增大,上述问题更加突出。研究人员在20世纪60年代和20世纪末分别对淮南矿区进行了煤田地质勘探和地热资源普查,钻探了40多个钻孔,经地热测量发现,淮南市地热资源主要分布于淮河以北的潘谢矿区。潘谢矿区处于潘集至谢桥反"S"形地质构造区,热水钻孔储热层主要为奥陶系石灰岩。钻孔揭示,垂深600 m地热温度大于35 ℃以上有12个钻孔,如十二16孔和五1孔,500 m深度地热温度分别为34 ℃和37.9 ℃,垂深700 m以上地热温度平均达37 ℃,实测地热以十四12孔最高,深度880 m温度达47 ℃。2006年4月,安徽省水文地质工程地质公司受潘集镇委托,对四5孔进行清洗修复,并进行水温测定,在363 m深度水温为38~45 ℃。

　　近年来位于潘谢矿区中部的潘三矿、丁集矿和顾桥矿在井巷施工中都遇到了部分地段高温异常的情况,严重影响着矿井的安全生产。潘谢矿区中部矿井为何出现地温异常、地温异常产生的原因和形成机制、地温异常与该区特殊的地质构造和水文地质单元的关系、地温异常与灰岩含水层水温的关系以及在岩浆岩侵入地段地温梯度的变化对地温异常的影响等问题都值得进行思考、研究。

　　因此,系统开展潘谢矿区中部矿井地温异常带的圈地以及与灰岩含水性的关系研究是十分必要的,研究成果将对深入理解潘谢矿区地温异常机理以及深部开采热害治理具有重要的指导意义。

1.2 研究工作过程与质量评述

1.2.1 研究工作布置

　　淮南煤田按其所处构造部位及煤层赋存特点可进一步分为两个矿区,分别为潘谢矿区和新谢矿区。依据前期勘查和井下实际揭露情况,淮南煤田的地热异常带主要分布在潘谢矿区的中部,故研究范围以顾桥、潘三和丁集三个矿为主。

结合本区可能存在的地热地质特征,选择经济、有效的方法和合理施工方案,重点查明研究区内地温异常区域的地热地质条件。为此我们开展了煤矿井下出水水温调查、井下巷道围岩温度测试、地面钻孔井温测量、含水层水化学分析、煤岩样品热物理力学参数测试等工作。根据研究区内地质、水文地质、地热地质等资料,进行室内综合分析。重点分析潘谢矿区中部地温分布特征、地热资源形成的地质条件、控热因素、地热地质条件等特征,着重讨论了区内地热异常与地下流体的运移关系。

1.2.2 研究工作方法与质量评述

1. 质量管理措施及质量标准

在研究过程中,严格执行有关规范要求,确保质量。该研究执行及参照执行的质量技术标准有:

(1)《地热资源地质勘查规范》(GB/T11615—2010);

(2)《地热资源评价方法》(DZ 40—85);

(3)《区域水文地质工程地质环境地质综合勘查规范》(GB/T14158—93);

(4)《供水水文地质勘察规范》(GB50027—2001);

(5)《地下水质量标准》(GB/T14848—2017);

(6)《地球物理测井规范》(DZ/T0080—2010);

(7)《煤、泥炭地质勘查规范》(DZ/T0215—2002);

(8)《两淮矿区地温分布规律及地热资源开发利用前景研究项目设计书》。

2. 研究工作方法及质量评述

(1)勘探资料收集

系统收集研究区内各矿井或勘探区的煤田地质勘查资料,包括矿井地质、矿井水文地质、井温测井以及煤矿开采过程中积累的大量地温测试资料。研究区地域广阔、时间跨度大,最早的地温资料为20世纪70年代施工,使用仪器种类较多,先后使用JJW-1、TYCW-2、PSWL-1型等多种仪器。为保证资料的可靠性,对收集的地温资料按不同时期的验收标准进行了评级,对测量成果不合格的不予利用,对记录不全、温度异常点加密测量不完整以及测温结果不合理的地温资料进行了合理取舍。本书共收集各类地质报告与相关图件68份,钻孔测温资料124份,这些资料均是矿区历年的勘探成果,资料丰富,数据可靠,为研究提供了可靠的基础资料。

(2)矿区地热地质调查

根据各煤矿生产情况,利用矿井地质图对矿井热害、井下出水温度、地热应用等情况进行调查,初步确定矿区地温特点及异常区分布规律,并结合矿区补勘工程采集水样,共采水样15组,进行了水质分析测试。

(3)矿井井下地温测量

在研究区内的丁集、顾桥和潘三矿选择代表性的测点,开展井下围岩地温测试,分水平在不同部位进行测量,共计14处。矿井井下测温一般布置在掘进工作面,用风钻打一个深度约3 m的小孔,把精度为0.1 ℃的温度传感器埋置在小孔的底部,孔口封堵密实。每1 h读数1次,直至温度稳定为止,原则上不少于48 h。显示仪为AD型显示仪,采用COMS微功耗继承电路和宽温度型大字段宽屏视角液晶显示,具有防水、防爆、抗震等特点;灵敏度高,保证了测温数据的准确可靠。

(4) 样品采集与测试

① 岩石热物理参数试样采集与测试

岩石热导率样品:结合研究区补勘工程,在潘三矿和顾桥矿选择代表性煤系柱状。依据岩层柱状分段和岩性的变化采集代表性样品,一般层厚5 m选一块,5~10 m上下各取一块,大于10 m上、中、下各取一块。标本的直径不小于5 cm,长度为10~25 cm。取样工作做到记录齐全,标签准确。每块样品均单独包装,单独编号。在记录中同时记录相同的内容,并对岩样进行描述。在钻孔柱状图上注明样品的深度、位置及编号,并及时运往实验室测定。

放射性生热率(U、Th、^{40}K)样品:与热导率样品同步采集。

本次研究共测定岩石热导率样品114件,岩石比热容测试43件、密度测试43件、放射性生热率样品35件。

② 水质分析样品采集与测试

在全区范围内共取水样12组,24小时内送到分析实验室。分析了主要阴离子、阳离子、pH、酸度、碱度、硬度、可溶SiO_2等指标。涉及各矿井主要含水层:第四系四含、砂岩裂隙含水层、太灰含水层、奥灰含水层等。

(5) 数值模拟

采用FLAC软件,进行地温场数值模拟,并对采动条件下底板进行力-流-热三场耦合分析,预计矿区内A组煤开采时热水突涌的可能性。

第2章 研究区地质概况

2.1 位置及自然地理条件

本次研究区的三矿(潘三、顾桥和丁集)位于潘谢矿区中部,各矿位置及自然地理条件叙述如下。

潘三矿井属于淮南煤田潘谢矿区,位于安徽省淮南市的西北部,地处凤台县城北部约15 km处。地理坐标为东经116°41′45″—116°48′45′,北纬32°47′30″—32°52′30″。井田北部东以F1断层为界,西与潘四井田相邻,南部以13-1煤的−900 m等高线地面投影为界。井田范围由14个拐点控制,见表2.1。

表2.1 潘三矿井边界拐点坐标表

拐点编号	x	y	拐点编号	x	y
1	3630250	39477745	8	3636300	39476860
2	3630205	39477105	9	3634777.89	39481447.13
3	3631090	39475575	10	3634247.7	39481199.9
4	3631825	39472020	11	3633500	39480851.24
5	3633045	39470685	12	3632500	39480384.93
6	3638010	39472195	13	3630500	39479452.32
7	3637585	39475530	14	3629548.38	39479008.57

顾桥矿井在安徽省淮南市凤台县西大约20 km处。地理坐标为东经116°29′18″—116°38′48″,北纬32°42′20″—32°52′16″。矿区内总计有26个圈定的拐点如表2.2所示。开采深度为−400~−1000 m,开采面积大约为106.737 km²。矿井边界如表2.2所示。

丁集矿井位于淮南市西北部,距淮南市洞山约50 km,行政区划隶属淮南市潘集区和凤台县丁集乡。地理坐标为东经116°32′53″—116°42′37″,北纬32°47′26″—32°54′31″。

矿井边界:东起十五线,与潘三、潘四井田相邻,西至经距39458000线的11-2煤层露头线,北起F27、F81-1断层,南至F87断层及13-1煤层−1000 m等高线地面投影线及勘查登记井田边界,东西走向长12~15 km,南北倾向宽11 km左右,面积为107.09 km²,勘查深度为−1000 m水平。矿井边界由21个拐点坐标圈定,见表2.3。

表 2.2 顾桥井田范围内拐点坐标

拐点编号	x	y	拐点编号	x	y
1	3626300	39465275	18	3637790	39457460
2	3626335	39462960	19	3638990	39457090
3	3624465	39463660	20	3640480	39464040
4	3622930	39463460	21	3634070	39463885
5	3622890	39461420	22	3634370	39464420
6	3625070	39460250	23	3631790	39463825
7	3627140	39458015	24	3632285	39466110
8	3627954	39456994	25	3630790	39467000
9	3628630	39456850	26	3626635	39465050
10	3628520	39457560	S1	3640480	39464040
11	3629950	39457250	S2	3639370	39458862
12	3629900	39457430	S3	3638190	39458890
13	3630890	39457220	S4	3637330	39458630
14	3631650	39457350	S5	3636852	39458300
15	3632330	39458300	S6	3636354	39458300
16	3637110	39458300	S7	3636030	3945130
17	3636910	39456515	S8	3636360	39463940

表 2.3 丁集矿井范围拐点坐标表

拐点编号		x	y	拐点编号		x	y
丁集井田登记拐点	N1	3640480	39464040	丁集井田登记拐点	N12	3642540	39466000
	N2	3634070	39463885		N13	3642730	39464090
	N3	3634370	39464420		—	—	—
	N4	3631790	39463825	顾桥井田划拨拐点	S1	3640480	39464040
	N5	3632285	39466110		S2	3639130	39457720
	N6	3629620	39469650		S3	3638190	39458890
	N1	3633045	39470685		S4	3637330	39458630
	N1	3638010	39472195		S5	3636460	39458030
	N9	3638750	39472400		S6	3636030	39459130
	N10	3640310	39472900		S7	3636110	39462180
	N11	3641155	39471000		S8	3636360	39463900

研究区内各矿交通十分便利,有阜淮铁路及潘谢公路,矿区内有公路相互连接,可直通淮南市,且与淮河水运相接。

本区区内水系较发育,淮河支流——泥河自西北向东南穿过测区的北部。区内还有较多的灌溉水渠及水塘。

2.2 地层和煤层

2.2.1 地层

研究区地层符合淮南煤田的区域地层特征。根据淮南煤田的地质勘探资料显示,区内地层除了缺失上奥陶统和上、中三叠统至中侏罗统外,从下元古界到第四系地层均有不同程度发育。在地层区划分上属于华北地层区淮南地层小区,区内绝大部分地层被第四系覆盖,属于典型的华北地台型沉积特征。具体的地层层序和岩性描述见表2.4。

表2.4 淮南煤田区域地层

界	系	统	组	厚度(m)	主 要 岩 性
新生界	第四系	全新统		40~130	主要为浅黄、灰黄色黏土夹砂层
		更新统			
	第三系	上	上新统	0~1528	灰绿色、浅棕黄色,固结黏土夹砂层
			中新统		
		下	渐新统	0~>2057	浅灰色、棕褐色砂泥岩及其互层,夹砂砾岩
			始新统		
中生界	白垩系	上 统		>647	紫红色粉、细砂岩,砂砾岩
		下 统		1844	棕红色泥岩、粉砂岩,细-中粒砂岩
	侏罗系	上 统		>637	凝灰质砂砾岩,凝灰岩和安山岩
	三叠系	下 统		316~>446	紫红色砂、泥岩
古生界	二叠系	上 统	石千峰组	114~260	紫红、灰绿、杂色泥岩,细-粗砂岩,夹石英砂岩、砂砾岩
			上石盒子组	316~566	深灰色泥岩,灰绿色、浅灰色砂岩,底含石英砂岩,含煤层
		下 统	下石盒子组	106~265	灰色砂泥岩及其互层,底含粗砂岩,含煤层
			山西组	52~88	上部细-粗砂岩,下部深灰色泥岩,含煤层
	石炭系	上 统	太原组	102~148	以灰岩为主,夹砂岩和泥岩,含薄煤层
		中 统	本溪组	0~10	主要为浅灰绿色铝铁质泥岩及泥岩,含较多黄铁矿
	奥陶系	中下统		400	中厚层白云岩,白云质灰岩,夹灰岩

续表

界	系	统	组	厚度(m)	主　要　岩　性
	寒武系	上统	土坝组	170~220	白云岩,硅质结核白云岩,产 *Heleionella* sp. 化石
			固山组	9~78	白云岩、竹叶状灰岩、鲕状灰岩
		中统	张夏组	146	鲕状灰岩,白云岩。产 *Damesellua* sp. 化石
			徐庄组	190	棕黄色砂岩,夹页岩及石灰岩 产 *Manchuriella* sp. 化石
			毛庄组	152	砾状灰岩,鲕状灰岩,页岩
		下统	馒头组	215	紫色页岩夹灰岩。产 *Redlicha* sp. 化石
			猴家山组	100~150	鲕状灰岩、白云岩、砂灰岩、孔洞灰岩
			凤台组	10~100	页岩、砾岩
上元古界	震旦系	徐淮群	九顶山组	117	白云岩为主,底部夹竹叶状灰岩
			倪园组	92	上部为含泥白云岩,夹黄绿色钙质页岩,下部为硅质条带白云岩
			四顶山组	137	主要为厚层白云岩。产蠕形动物化石
			九里桥组	119	泥灰岩、砂灰岩
			四十里长山组	93	石英岩及钙质砂岩
	青白口系	八公山群	刘老碑组		页岩、泥灰岩、石英砂岩、底部铁质砂砾岩。含藻及疑源类化石
			伍山组	1050	
			张店组		
下元古界			凤阳群	1171	千枚岩、白云岩、大理岩、白云质石英片岩、石英岩、含藻化石
上太古界			五河群	>6422	片麻岩、浅粒岩、变粒岩、斜长角闪岩韵律互层,夹少量大理岩及磁铁矿层,岩石混合岩化

　　研究区内揭露的新生界地层厚度为186.54~576.0 m,其中厚度最薄的地段在潘三矿井田内。第四系地层由各色的砂质黏土及粉细砂层组成,富含砂礓、铁锰结核与蚌壳碎片。上第三系上新统地层以细、中砂为主,夹黏土或砂质黏土。上第三系中新统地层上部以浅灰绿色黏土为主,夹砂层、砾质泥砂层;下部以中细砂、含泥砂砾层为主,夹砂质黏土。

　　研究区内的二叠系地层厚度在1000 m左右,整合接触于石炭系太原组地层之上。自下而上分为山西组、上石盒子组、下石盒子组和石千峰组。

　　研究区内揭露的灰岩主要为太原组灰岩、奥陶系灰岩及寒武系灰岩。寒武系地层主要为白云质灰岩,局部地段含角砾岩,有小溶洞及裂隙发育。奥陶系中下统地层也以白云质灰岩为主,少见角砾灰岩和泥灰岩。石炭系上统太原组地层主要岩性为灰岩、粉砂质泥岩及砂岩等,含11~13层灰岩,假整合于奥陶系地层之上。

2.2.2 煤层

研究区属"南型北相"石炭、二叠系全隐蔽含煤区,区内地层由老至新有古生界奥陶系(O_{1+2})为石炭二叠系含煤地层基底;石炭系(C_3)假整合于古生界奥陶系(O_{1+2})之上。据区域资料,本区石炭系上统太原组含煤2~4层,煤层厚度薄且不稳定,无开采价值,非勘探对象。

二叠系(P)整合于石炭系(C_3)之上,为本区的主要含煤地层,除上部石千峰组为非含煤段,其他地层为含煤段;中生界三叠系(T)与二叠系(P)是整合接触关系;新生界第三系和第四系不整合于中生界三叠系(T)之上。

二叠系自下而上含山西组、下石盒子组、上石盒子组,其中共分七个含煤段。

(1)下统山西组(P_{11sx})

为二叠系第一含煤段,以过渡相沉积为主,为本区主要含煤建造之一,含1、3两层煤,均不稳定。

(2)下统下石盒子组(P_{12xs})

为二叠系第二含煤段,含煤10层,分别有4-1煤、4-2煤、5-1煤、5-2煤、6-1煤、6-2煤、7-1煤、7-2煤、8煤和9煤,多为可采煤层。该组底部为水下三角洲沉积,发育有含砾中粗粒石英砂岩,此砂岩全区稳定,是与下伏山西组的分界面;下部为三角洲平原上盆地的沉积,发育铝质泥岩以及花斑状泥岩;中部以泥岩、粉砂岩、细砂岩等碎屑岩为主,属三角洲平原沉积;上部以深灰-浅灰色泥岩、砂质泥岩、粉砂岩为主。

(3)上石盒子组(P_{21ss})

为本区主要含煤建造之一,整合于下石盒子组之上,含第三至第七含煤段,发育有11-1煤、11-2煤、11-3煤、12煤、13-1煤、13-2煤、14煤、15煤、16-1煤、16-2煤、17-1煤、17-2煤、18煤、19煤、20煤、21煤、22煤、23煤、24煤和25煤等,约20个煤层。

七个含煤段中,下部的四个含煤段的含煤性较好,沉积较稳定,而到第五个含煤段后期开始,沉积环境变为闭塞的泻湖海湾相沉积、过渡相沉积以至陆相和内陆泻湖相沉积,沉积环境变化大,岩性复杂。井田二叠系七个含煤段的含煤情况详见表2.5至表2.7。

表2.5 潘三矿二叠系含煤情况

系	统	组	含煤段	含煤段厚度(m)	含煤层数	煤层名称	平均厚度(m)	含煤系数
二叠系	上统	上石盒子组	七	159	5	22~25	1.23	0.8%
			六	105	4	18~21	1.38	1.3%
			五	70	4	16~17	2.58	3.7%
			四	106	5	12~15	5.51	5.2%
			三	110	4	10~11	2.36	2.1%
	下统	下石盒子组	二	135	10	4~9	15.13	11.2%
		山西组	一	77	2	1~3	4.94	6.4%
合 计				762	34		33.13	4.3%

表2.6　顾桥矿二叠系含煤情况

系	统	组	含煤段	煤段厚度	含煤层数名称	煤层总厚	含煤系数
二叠系	上统	上石盒子组	七	106	$\dfrac{4\sim6}{22\sim25}$	1.20	1.13%
			六	138	$\dfrac{4}{18\sim21}$	1.17	0.85%
			五	110	$\dfrac{3}{16\sim17\text{-}2}$	1.78	1.62%
			四	73	$\dfrac{6}{12\sim15}$	5.77	7.90%
			三	120	$\dfrac{6}{9\text{-}1\sim11\text{-}3}$	4.16	3.47%
	下统	下石盒子组	二	111	$\dfrac{8}{4\text{-}1\sim8}$	8.54	7.69%
		山西组	一	76	$\dfrac{1}{1}$	7.46	9.82%
合　计				734	33	30.08	4.10%

表2.7　丁集矿二叠系含煤情况

系	统	组	含煤段	厚度	含煤层数名称	煤层总厚(m)	含煤系数
二叠系	上统	上石盒子组	七	147	$\dfrac{4}{22\sim25}$	0.40	0.30%
			六	90	$\dfrac{4}{18\sim21}$	0.75	0.83%
			五	75	$\dfrac{3}{16\sim17}$	1.15	1.5%
			四	115	$\dfrac{4}{12\sim15}$	4.26	3.7%
			三	100	$\dfrac{4}{10\sim11}$	2.48	2.48%
	下统	下石盒子组	二	130.4	$\dfrac{9}{4\sim9}$	13.72	10.5%
		山西组	一	83.54	$\dfrac{2}{1\sim3}$	4.20	5%
合　计				742.72	29	27.00	3.6%

2.3 地 质 构 造

2.3.1 区域地质构造

淮南煤田地处华北板块东南缘,在中生代受大别-苏鲁碰撞造山作用影响,在其演化历史中遭受多期构造变形,因此构造形态较复杂。本节通过对区域地质背景资料和地球物理场特征的整理分析,力图为研究研究区的构造-热演化特征及其对现今地温场的控制作用提供坚实的基础和有用的信息。

1. 区域大地构造背景

安徽省位于中国东部地区,地跨华北板块、大别山造山带和华南板块三大构造单元。经历了多旋回的构造-岩浆活动,地质构造较复杂;地处华北与华南两大沉积类型的交变地带,晚太古代以来的各时代地层齐全。安徽省地域主要大地构造背景多受一条古板块对接带(秦岭-大别造山带)和一条北东向巨型断裂带(郯庐断裂带)所影响,即位于特提斯构造与太平洋构造两大构造体制的终结部位。

(1)大别山造山带

大别山造山带,位于秦岭-大别构造带的东段,为一个长达 400 km、宽为 150~260 km 的地段,蜿蜒有著名的大别山脉和桐柏山脉,造山带的西端与秦岭造山带相连成一体。东端被郯庐断裂带切割并北移至苏鲁地区。

大别山造山带在燕山运动时期,以总体上发生指向南的陆内 A 形俯冲和中深层次的滑脱及逆冲推覆为基本特征,其北侧发育由造山带指向板内的区域性反向逆冲断裂系(图2.1);前锋带抵达华北南部的含煤盆地(淮南煤田),使煤田原始边界遭受破坏和改造。

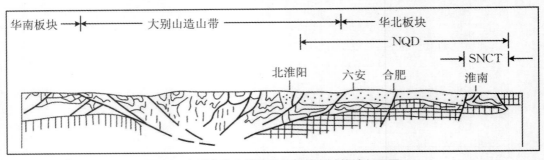

图2.1 大别山造山带至华北板块区域构造剖面图

1987年徐嘉炜最先提出的大别山碰撞是由华北陆块与扬子陆块在中生代碰撞对接而成的,此后,国内外很多研究机构学者在此地区从构造格局、构造演化、构造年代学、超高压变质带、成矿作用等多个角度进行过探讨与研究,取得了重要成果。目前,研究者们基本已经形成共识,即大别山造山带是华北与扬子两大板块在印支期碰撞形成的造山带,其超高压变质带是由深俯冲作用所致的。

大别山造山带具有多旋回复合造山的特征,经历了复杂的古大陆边缘演化、陆-陆碰撞、陆内俯冲、逆掩-叠覆等造山历程。在早侏罗世晚期至早白垩世期间,大别山地区进入了造山带形成与演化阶段,造山运动过程具有幕式演化的特征。印支运动在本区表现相对较弱,主要为褶皱构造运动;造山期后(K2以来)的构造变形,表现为北北东(NNE)向走滑断裂系和北西西(NWW)向走滑断裂系,对已形成的造山带构造格局起到了改造和破坏作用。

（2）郯庐断裂带

郯庐断裂带是一条横穿我国东部湖北、安徽、江苏、山东、渤海以及辽宁等地区向NNE向延伸、由一系列NNE向断裂带组成的平面呈缓S形的深大走滑断裂系(图2.2)。由于郯庐断裂带是研究中国东部大地构造演化问题的关键,因此自从提出其存在巨大左行平移运动并且大别-苏鲁超高压变质带被其切断平移以来,一直深受国内外地质学家的关注与探索。

多年以来关于郯庐断裂带的研究一直不断进行,研究成果众多,但目前对郯庐断裂带的起源与演化问题、走滑年代、平移距离等均存在分歧。目前多数学者认为郯庐断裂带活动起始于中生代,属于华北与华南板块印支期的陆-陆碰撞过程中的同造山期产物,之后与西太平洋区板块的斜向俯冲碰撞有关,其自中生代以来经历了长期、复杂的演化。

近期,有学者通过研究认为,印支运动之后,郯庐断裂带主要受西太平洋板块运动所产生的区域地质动力所控制,经历了晚侏罗世至早白垩世时期的左行平移走滑运动—晚白垩世至古近纪时期的伸展断裂断陷—新近纪以来的受压逆冲运动的构造演化历程。

郯庐断裂带是中国东部地区重要的构造变形形迹,同时也是华北煤田重要的控煤构造。华北晚古生代聚煤盆地东段被郯庐断裂带切割而发生推移,成为了相对独立的赋煤构造单元;郯庐断裂不仅控制了华北板块的板内变形作用,同时断裂旁侧也派生出旋卷构造,如徐淮弧形构造,影响与控制了煤系赋存状况。

2. 区域地球物理场特征

（1）布格重力异常特征

布格重力异常是大地水准面以下地壳乃至岩石圈或者更深部位的所有密度界面以及物质质量横向分布不均一所产生的综合效应,其中主要的影响因素有地形、地势的变化,以及地壳内部各密度界面的起伏和地壳结构的差异,地壳和岩石圈层厚度的变化和上地幔密度的横向变化,可以间接地反映区域构造特点。

据《安徽省区域重力、航磁资料地质分析研究报告》,两淮地区岩浆岩类的密度由酸性-中性-基性递增,其中同成分岩浆岩密度由喷出-浅成-深成递增;沉积岩类的密度变化与其物质成分关系密切,当碳酸质及白云质成分增高时,岩石密度增加;当炭质成分增加时,岩石密度降低;中酸性侵入岩与中生代以前的沉积岩没有明显的密度差;变质岩密度主要取决于原岩。据此密度特征,新生代盖层较厚的地区多表现为重力低异常,基性岩和中生代以前的基岩较厚的地区,多表现为重力低异常。

受区域构造控制,重力异常主要有两种形式:

① 断块隆起和坳陷所引起的具有一定走向的、高低相间的重力异常带,沿近EW和NE向分布,反映了一系列区域构造控制、垂直落差较大的断块隆起和坳陷带。重力高对应古生界及以前基底的隆起,重力低对应中新生代凹陷或断陷盆地内松散沉积的存在。如沈丘-利

辛–五河及固镇–灵璧一带。

② 小落差隆坳构造引起的缓变、局部封闭的重力高与重力低异常,反映了在基底相对稳定的背景上叠加着次一级的落差不大的隆坳构造,如涡阳–宿州及阜阳–淮南一带的异常,通常与煤田关系密切。

(2) 航空磁力异常特征

航空磁力异常是地下不同规模、不同性质以及不同深度的地质体磁场效应的综合,主要与太古界和下元古界变质岩系成分、组构的变化以及火成岩分布有关(韩棻,1990)。

区域性磁异常面貌主要反映了由变质岩系顶界所构成的一级磁性界面的横向数值变化,对地磁异常的研究有助于了解研究区基底性质、构造带展布以及研究区的构造发展演化。据《安徽省区域重力、航磁资料地质分析研究报告》,两淮地区侵入岩的磁性由酸性–中性–基性递增;同成分岩浆岩磁性由喷出–浅成–深成磁性变化从不均匀趋均匀,剩磁相对由强减弱;沉积岩类一般属无磁性或弱磁性;变质岩类磁性变化较大,一般剩磁较强。

据此特征,侵入岩、喷出岩类以及某些前震旦系含铁变质岩能引起区域较高的磁异常;中–偏基性侵入岩类磁性比较强且稳定,能引起背景开阔、幅值较高的区域性磁异常;火山岩类磁性变化杂乱不具有开阔的背景;此外磁异常还与磁性体的规模、产出条件、风化程度等因素有关。

区内磁异常的表现有三种形式:

① 严格受断裂控制的、具有明显走向的线性异常,在空间展布上近乎平行的NE走向,梯度变化较陡,正负关系伴生杂乱,由安山玄武岩、辉绿岩等喷出岩或浅成的岩浆岩引起,主要分布于徐州、宿州、灵璧以东。

② 受区域构造和岩体控制的局部孤立的等轴状异常,呈椭圆形,沿近EW、NE、NW向展布,多是由闪长岩类(蚌埠隆起北部)及闪长玢岩(萧县、宿州一带)引起的。

③ 由变质岩类引起的具明显走向的带状异常,较宽缓,幅值较强且形状不规则。反映了受东西向构造控制的古老含铁变质岩系断块隆起带(如下元古界五河群深变质岩及中元古界凤阳群的浅变质岩),分布于怀远–凤阳、蒙城–固镇、亳州–砀山及霍邱一带。

(3) 深部构造特征

中国东部地区,尤其是华北板块地区,大致以大兴安岭–太行山–武陵山重力梯级带为分界,东西两侧的地壳厚度差异明显,达4 km之多,并且其与内蒙古–燕山造山带和秦岭–大别造山带所共同呈现出我国地壳与地幔多层结构的立交桥式结构。

安徽省莫霍面深度总体较浅,根据莫霍面形态划分出莫霍面凹陷、莫霍面拱起、莫霍面变异带和莫霍面斜坡带等四个单元:

① 大别山碰撞带对应于轴向北西的莫霍面凹陷;

② 华北、杨子陆块内部,地壳厚度等值线做东西方向扭曲,意味着存在东西向的次级凸起和凹陷;

③ 莫霍面凹陷和拱起之间的变异带,反映切割地壳深度较大的碰撞型深大断裂,如大别山北部的北淮阳构造带;

④ 莫霍面斜坡带,反映侏罗纪尤其是古近纪以来的深大断裂,如NNE向的郯庐断裂带和阜阳深断裂带等。在一定意义上,中生代后,安徽省大陆地壳结构主要受EW向与NNE

向两种构造系统的控制。

3. 矿区构造

淮南煤田地处华北板块的东南缘,东起于郯庐断裂,向西止于商丘-麻城断裂,北与蚌埠隆起相接,向南与合肥坳陷相邻。淮南煤田整体呈近似EW向展布的复向斜构造,而在南北方向的推挤作用下,构成了两翼对冲的独特推覆构造格局,见图2.2。在南翼的断夹块内,出现地层近乎直立甚至倒转的情况,而且褶皱较为发育。经过新华夏系构造的复合干扰,使淮南煤田的主体构造最终呈NWW—SEE向展布。淮南煤田内发育有一系列的宽缓褶皱,如陈桥-潘集背斜、朱集-唐集背斜、谢桥-古沟向斜等,而陈桥-潘集背斜是复向斜内的主要构造。

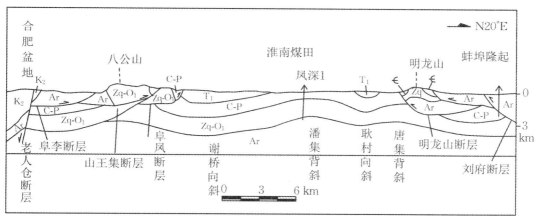

图2.2　淮南煤田逆冲推覆构造剖面示意图

断裂构造整体可分为两组:一组是与郯庐断裂近似平行的NNE向横切断层,如:颖上-陈桥断层、口孜集-南照集断层、新城口-长丰断层等,这些都是断层面向西倾的正断层;还有一组是因褶曲而形成的逆冲、逆掩断层,如:上窑-明龙山断层、阜凤逆断层、舜耕山逆断层等。

2.3.2　各矿井构造

1. 潘三矿

潘三矿为淮南复向斜(陈桥-潘集背斜)的南翼,地层走向:NWW—SEE,地层倾角:5°～10°,具浅部陡深部缓的趋势,总体形态为一单斜构造,在此基础上发育有次一级宽缓褶曲。井田范围内以断裂构造为主要构造样式,按走向可分为近EW向、NWW向和NEE向三组,其中,井田东北部主要为近EW向正断层,西北部发育NEE—EW向逆断层,而中部则基本为近EW向断层。

(1) 褶曲构造

井田内发育一组向西倾伏的次一级褶曲,即董岗郢次级向斜及叶集次级背斜,两者轴向大致平行,近EW向,贯穿全井田与潘集背斜轴呈15°～20°夹角相交。向西倾伏,倾伏角为3°～5°。

① 董岗郢向斜

董岗郢次级向斜为一不对称向斜,十一线以东轴面倾向北,该线以西两翼地层逐渐对称,轴面大致垂直,北翼地层为NWW—NW走向,南翼地层为NE—SW走向,地层倾角一般为10°~20°北翼东段受构造影响,地层倾角达30°~50°,甚至直立。

② 叶集背斜

叶集次级背斜位于董岗郢向斜南侧,向斜的南翼过渡为背斜的北翼,两翼地层基本对称,轴面大致垂直,北翼地层为NE—SW走向,南翼地层为NW—NWW走向,两翼地层平缓,倾角一般小于10°。

（2）断裂构造

潘三矿属于淮南复向斜中潘集背斜的南翼西部,总体呈一单斜构造形态,见图2.3。井田内的地层为NWW—SEE走向,倾角一般多处于5°~10°之间,而且形成浅部陡深部缓的趋势。因受区域性南北挤压作用,井田内发育有次一级的向斜(即董岗郢向斜)和背斜(即叶集背斜)。董岗郢向斜和叶集背斜的轴向大致平行,都呈近东西向,向西倾伏3°~5°,与潘集背斜轴线呈15°~20°相交,且贯穿全井田。

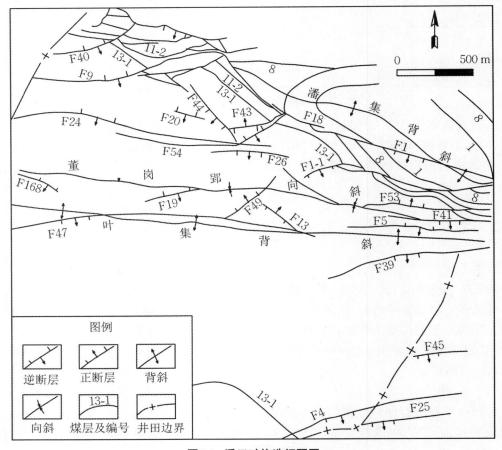

图2.3 潘三矿构造纲要图

井田内共发现了274条断层,且以正断层为主(正断层222条,逆断层52条),断层落差多小于30 m,以NW或者NWW走向为主。而这两个走向的断层从北往南发育三个断层组,相应地构成了北、中、南三个近东西向的构造分区,各分区内的断层发育情况见表2.8。

表2.8 潘三井田各构造分区断层发育情况

构造分区	断层性质	落 差(m)			
		<20	20~50	50~100	>100
北区	正断层	35	7		3
	逆断层	10	4	6	
中区	正断层	76	5	2	1
	逆断层	21	4	3	
南区	正断层	89	2		2
	逆断层	4			

① 北区

以F1断层为北部边界,向南止于F1-1、F24、F26断层组。区内发现的正断层45条,逆断层20条。大中型断层多,断层密度大,主体为近东西方向的断层,次级构造形态为NEE向或NWW向,区内构造复杂。

② 中区

位于F1-1、F24、F26断层组和F5、F47、F19、F47-1断层组之间。区内发现的正断层84条,逆断层28条。中区属于宽缓的向斜构造,地层倾角一般在5°~10°之间。相较于北区来说,中区的断层分布较少,且具较大的延展长度,断裂构造的总体发育强度较小。

③ 南区

在F5、F47、F19、F47-1断层组以南的区域。区内发现的正断层93条,逆断层4条。对南区的勘探程度相对较低,根据现有资料分析,南区的大、中型断层较少,地层平缓,倾角一般小于8°。

综上所述,井田内的断裂及褶曲构造都较发育,而且主要断层(组)的走向与褶曲轴的走向基本一致或相近。其中落差≥30 m的大、中型的正、逆断层,从北向南发育程度逐渐降低。落差<10 m的小断层较发育,且多为NE向、孤立的正断层。北区和中区的地质构造复杂程度为中等偏复杂,南区为中等。

2. 顾桥矿

顾桥矿处于潘集背斜西部与陈桥背斜东翼的衔接带,总体呈南北走向、向东倾斜的单斜构造,地层倾角为5°~15°,如图2.4所示。现今统计的落差大于10 m的断层共90条,其中正断层68条,逆断层22条。

顾桥煤矿现统计落差大于10 m的主要断层有90条。其中正断层有68条,逆断层有22条;最大落差≥100 m的断层有11条,99~50 m的有11条,49~30 m的有17条,29~20 m的有22条,19~10 m的有29条,见断层情况统计表2.9。断层落差在0~100间的分布较均匀,多数断层的走向为近EW向、NW向或者NE向。根据井田内次级褶曲和断层的发育特征,可以划分为四个区。

表 2.9 断层情况统计表

落差(m)	≥100		≥50		≥30		≥20		≥10	
性质	正断层	逆断层	正断层	逆断层	正断层	逆断层	正断层	逆断层	正断层	逆断层
断层编号	F81 F81-2 F103 FD108 DF110 F114 F115	F81-3 F84 F85-1 F116	F86 F87 F105 FD105-3 F110 F116-7 F211 F219 Fs29	F85 FD105	F85-3、F86-1 FD92-6、F95 FD95-2、F97 FD105-4 FD105-5 FD108-1 F109 F110-3 F114-4 FD15、Fd72 Fd73	F84-1 F116-4	F87-1、F88 FD92-2 F93 F103-1 F110-5 F114-1 F114-2 F114-3 FD12、FD17 Fs3、Fd25 DF49	F116-6 F9-1 FD16 Fs69 Fd70 Fd117 F141 NDF59	F85-2、F85-4 F87-2、F87-3 F89、F91 FD92-5、F99 F111、F115-2 F116-8、F119 F121、FD2 FD3、Fd26 Fd29、DF4 DF5、DF22 DF25、DF65 FK614	F85-5 FD92-4 FD95 F115-3 FD16-1 NDF21
小计	7	4	9	2	15	2	14	8	23	6
	11		11		17		22		29	
合计	正断层 68								逆断层 22	90

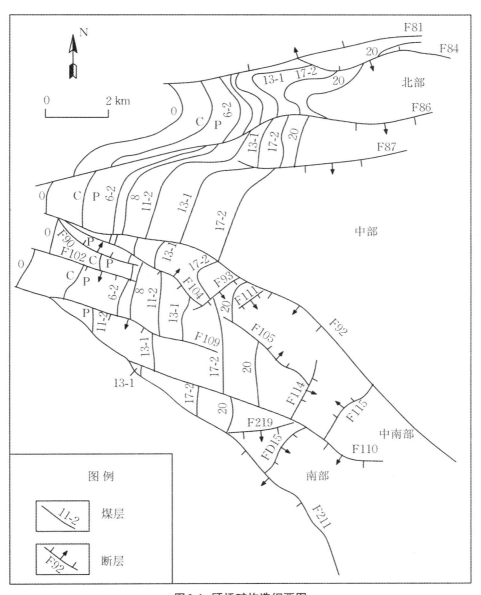

图2.4　顾桥矿构造纲要图

（1）北部宽缓褶曲挤压区

大致是井田北部的F86～F81断层之间的区域。地层倾角为5°～15°，倾向东。次级褶曲发育，有小陈庄背斜、胡桥子向斜、后老庄背斜，轴向NWW—EW向，起伏小。区内断层总体走向都是EW向。

（2）中部简单单斜区

位于F87～F92断层组之间，断层稀少，煤层走向平直，倾角多小于5°。

（3）中南部"X"共轭剪切区

位于F92～F110断层之间，是井田南部由北西向北东向两组断层构成"X"共轭交叉断裂带。区内断层倾角平缓,倾向向东,地层为SN走向,次级褶曲发育,断层较多,断层产状复杂。

(4)南部单斜构造区

处于NW走向的F110断层和F211断层之间,整体呈单斜构造,煤层倾角多低于6°,NE向的次级断层较发育。

3. 丁集矿

丁集井田属于淮南复向斜的中北部地区,井田东段为潘集背斜西缘,西段为潘集背斜西缘与陈桥背斜东翼的衔接带,如图2.5所示。井田的地层走向变化和构造特征,明显受陈桥、潘集背斜的控制。受潘集背斜近东西展布的影响,井田北部为宽缓的背斜形态,两翼地层倾角为10°~15°;背斜南翼构成井田的主体部分,近似于单斜构造,走向逆断层较为发育,且井田东部部分煤层受岩浆岩侵入影响。井田西段受陈桥、潘集背斜衔接的影响,形成向东倾斜、走向南北的单斜构造,地层倾角为5°~15°。井田内揭露的断层共459条,其中逆断层56条,正断层403条,且多为落差小于10 m的断层。

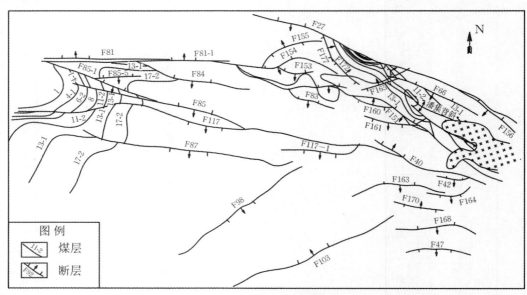

图2.5 丁集井田构造纲要图

2.3.3 岩浆活动

淮南煤田自晚太古代五台期至新生代喜马拉雅期经历多期的构造运动,并伴随强弱程度不同的岩浆作用,其中以中生代燕山期岩浆活动最为强烈。丁里、三铺和王场等地的岩浆岩定年显示,岩浆岩的侵入时间在101.5~146 Ma之间(安徽省区调队,1977)。岩浆活动在淮南煤田不甚发育,而在淮北煤田分布较多。

淮南煤田经钻孔揭露,在唐集、潘集、丁集有中生代燕山期的隐伏岩体,多为细晶岩、煌斑岩体等,对煤层有影响,大多沿层面侵入,使煤层局部被吞蚀和变质为天然焦。其中尤以侵入到煤层底板和直接侵入到煤层中的岩浆岩对煤层影响及破坏较大,侵入到煤层顶板和距煤层较远的岩体,对煤层影响较小,除局部煤变质程度有所增高之外,一般均为气煤–气肥煤类。

2.4　水文地质条件

2.4.1　淮南矿区水文地质特征

1. 地形与地表水

淮南煤田位于华北平原南缘,区域地质构造单元属于秦岭纬向带的东延部分,次一级构造单元为淮南复向斜,水文地质条件受区域构造和新构造运动所控制。整个淮南煤田位于淮河中游两岸,依河北、南岸划分为新老矿区,地貌上煤田东、东南部为基岩裸露的低山残丘,北及西北部为黄淮冲积平原,地势平坦。

区内地表水系发育,淮河流经煤田的东南部,其支流有颍河、西淝河、茨淮新河等,它们自西北向东南或自西向东流入淮河,流量受大气降水控制,雨季各河水位上涨,流量突增,水位较高,旱季时河水位下降,流量减少,水位较低。

地下水系以其储水介质条件的不同有新生界松散层孔隙含水层(组)、二叠系煤系砂岩裂隙含水层(段)、太原组石灰岩岩溶裂隙含水层(段)、奥陶系石灰岩岩溶裂隙含水层(段)等原地系统,以及上推覆体的寒武系石灰岩岩溶裂隙含水层(段)、下元古界片麻岩裂隙含水层(段)、奥陶、石炭–二叠系(夹片)岩溶裂隙含水层(段)等外来系统。

2. 新生界松散层水文地质特征

淮南煤田为振荡性的沉降盆地,新生界松散层厚度为0~700 m,受古地形控制,总体上由东南部向西、北部逐渐增厚。沉积相由上部的以河流相沉积为主,向下逐渐过渡到以湖泊相沉积为主,形成了一系列相互交替的沉积物。根据岩相组合特征、埋藏条件和水动力特征等因素,将其大致划分为上、中、下三部分。浅部为潜水,中、下部为承压水。地下水水化学类型垂直分带性明显,由上部HCO_3—Ca型淡水过渡到深部的Cl—HCO_3—Na或Cl—Na型水。地下水流向由西北流向南东,水力坡度在1/10000左右,与现代地形趋势以及地表水系(不包括淮河)流向基本一致。

盆地西中部可划分为一含、一隔、二含、二隔、三含、三隔、四含(底部砂砾层含水层)四个含水层(组)和三个隔水层(组)。其中,上部第四系松散层第一、二含水层(组)单位涌水量$q=0.668~6.101$ L/(s·m),渗透系数$K_{cp}=3.0932~17.73$ m/d,富水性强,为矿区主要供水水源。下部以黏土、钙质黏土、泥灰岩为主的第三隔水层(组)厚度大,隔水性好,是区内重要的隔水层(组)。潘谢矿区新生界松散层底部砂砾层厚度为0~140.55 m,由黏土泥砂砾组成,$q=0.000167~2.0$ L/(s·m),富水性弱–中等,直接覆在煤系地层和底板灰岩之上,对基岩含水层有一定补给作用,对煤层开采有直接影响。

淮南煤田东南、东北部盆地边缘上部为河流相松散层孔隙含水层(组),中、下部主要为以泥灰岩、砾石为主的弱含水层(组)和以黏土、钙质黏土、泥灰岩等组成的隔水层(组)。局部古地形隆起,缺失中-下部含、隔水层(组),形成"天窗",使第四系松散层第一、二含水层(组)直接覆盖于基岩之上。

3. 基岩水文地质特征与水文地质单元

基岩含水层一般在第四系覆盖区,基岩裂隙含水层富水性向深部减弱,各含水层间仅有弱或无水力联系,故其富水性较弱。

淮南煤田东面为固镇长丰正断层,南面为寿县老人仓正断层,西面为口孜南照正断层,北面为尚塘明龙山逆断层,大致上形成了东南西北四面的控水边界,基本上成为一个单独的水文地质单元。

因受四周断层及区内阜凤逆断层的影响,可将整个煤田划分为南、北、中三个水文地质分区。

(1)东南区

呈东南向夹于寿县老人仓断层与阜凤逆冲断层之间。西至淮河,东至固镇长丰断层,区内主要为淮南老区生产矿井。

淮南老区东南为舜耕山,西南有八公山,寒武、奥陶系灰岩在山区裸露,裂隙岩溶较发育,富水性由弱到强,受大气降水补给,构成补给区。生产矿井均位于山前阶地与淮河河滩过渡地带。煤系地层分布及水文地质分区受舜耕山逆断层和阜凤逆断层主干断裂及分支断层所控制。依构造特征可划分为东部舜耕山倒转单斜区;中部八公山平缓单斜区和西部二道河急倾斜区。太原群灰岩、奥陶系灰岩岩溶裂隙水为区内主要含水层。太原组厚约130.00 m,含石灰岩10~13层,石灰岩总厚度为60 m左右。岩溶裂隙发育,但具有不均一性。$q=0.012~4.81 L/(s \cdot m)$,富水性弱-强。煤系砂岩裂隙含水层,富水性较弱,补给水源有限,地下水以储存量为主。1977年10月,谢一矿因断层因素造成−250 m水平A3煤层(距太灰垂距50 m)底板灰岩突水,瞬间最大水量达1002 m³/h。西部第四系厚度增大,除底板石炭系太原组灰岩水为主要含水层外,煤层顶板也受新生界松散层砂层水的垂向补给。

(2)中区和西区

西、中区包括潘谢矿区和新集矿区。二叠系煤系地层隐伏于巨厚新生界松散层之下,北、西、南三面为断层构成的隔水边界,使其成为封闭、半封闭的水文地质单元。潘集、丁集、顾桥井田北部有底砾层直接覆盖于煤系和底板石灰岩之上,对矿井充水有一定的补给作用。其余地区地下水基本上处于停滞状,其水质表现具有矿化度高,硬度大,水温高,大多为Cl—Na型的特征。潘、谢矿区煤系地层多次突(出)水,但一般突水时间短,水量小,易于疏干,除个别突水点与断层有关外,反映以储存量为主,与淮南老矿区,新集矿区的煤系砂岩裂隙含水层同属一个类型。1993年10月谢桥煤矿东风井东马头门掘进底板滞后突水,突水点距底部太原组灰岩顶板54 m,瞬间最大水量达到648 m³/h。潘谢矿区各矿井的历年平均涌水量在59.87~198.17 m³/h之间。

新集矿区西到陈桥-颍上断层(F5),东至淮河西岸,与孔集矿毗邻,北以谢桥向斜与张集、谢桥井田相连,南至寿县老人仓断层,走向长40 km,倾向宽5.7 km,面积为228 km²。自东向西分布有新集三矿(八里塘矿)、新集二矿(花家湖矿)、新集一矿、连塘李和罗园等五个矿井。南北控水构造为寿县老人仓断层和阜凤逆冲断层。二叠系煤系地层隐伏于新生界松散层,阜凤推覆构造面(上盘为推覆体下之界片麻岩。寒武系石灰岩及石炭、二叠、奥陶系夹片)之下。西部新集一矿新生界松散层下有巨厚的阜凤逆冲断层上盘的下元古界片麻岩,寒武系石灰岩覆盖于二叠系煤系地层及其下伏各老地层之上,基本上阻隔了新生界松散层与二叠系煤系地层及其下伏含水层(组)间水力联系,形成了新集矿区独特的水文地质类型。其中新生界松散层孔隙水、片麻岩裂隙水、寒武系石灰岩岩溶裂隙水、夹片石灰岩岩溶裂隙水和底部的太原组石灰岩岩溶裂隙水为矿井充水含水层,属顶底板均充水类型。

(3)北区

包括明龙山与上窑两个丘陵地区,受尚塘集、明龙山上窑逆冲断层制约,水文地质条件与南区相近,上窑区泉、井涌水量为5~60 m³/h,水温为17 ℃左右,为低矿化度重碳酸盐淡水。

本区大部分地带寒武、奥陶系灰岩在地表裸露,组成低山或残丘,构成寒武和奥陶系灰岩含水层的补给区。

新集矿区位于西部南缘,松散层下有厚120~180 m的阜凤逆冲断层,上盘的下元古界片麻岩和寒武系灰岩、泥岩覆盖于含煤地层及其下伏各老地层之上,基本阻隔了新生界松散层与含煤地层及其下含水层(组)间水力联系,形成了新集矿区独特的水文地质条件。

2.4.2　矿井水文地质特征

研究区三矿地表的主要河流是淮河,在区内的水位标高一般为15 m。地表水系与新生界上部含水层存在一定水力联系,但由于区内新生界地层厚度大,故地表水对井筒充水无直接关系。以下将重点论述三矿的地下水文地质特征。

1. 潘三矿

潘三矿位于基岩水文地质单元的中区内。研究区内的含水层(组)可分为岩浆岩裂隙含水层、奥陶系灰岩岩溶裂隙含水层(组)(简称"奥灰")、石炭系太原组灰岩岩溶裂隙含水层(组)(简称"太灰")、二叠系砂岩裂隙含水层(组)和新生界含水层(组)。

(1)新生界含水层(组)

区内新生界地层厚度在186.54~483.55 m之间。而整个潘谢矿区的新生界地层总体呈西北厚、东南薄的趋势,且按含、隔水层的性质可分为4个含水组和3个隔水组。

第四系的上部含水层(组),含水砂层的平均厚度为11.64 m,属于潜水-弱承压水,受大气降水及地表水体的入渗补给,富水性较弱,水质属HCO_3—$Ca·Mg$型。中部隔水层(组)以砂质黏土为主,黏土分布稳定,隔水性较好。下部含水层(组)的平均厚度为51.41 m,水质属HCO_3—$Ca·Mg·Na$型和$HCO_3·Cl$—Na型,矿化度为0.370~1.023 g/L,水温在16~19.5 ℃之间,水量充沛,水质良好,为生活饮用水主要水源。底部弱隔水层(组)的平均厚度为2.81 m,厚度分布比较均匀,在不破坏水力均衡条件下,具有一定的隔水作用。

上第三系中部(上新统)含水层(组)的平均厚度为104.56 m,砂层占组厚74%,据水(三)3孔混合抽水试验资料:水温为18 ℃,矿化度为1.76 g/L,水质属Cl—Na类型。中部(中新统上部)隔水层(组)的岩性以黏土及砂质黏土为主,全区分布稳定,隔水性较好。下部(中新统下部)含水层(组)直接覆盖于煤系地层之上,平均厚度为57.65 m,岩性以含泥砂砾层为主,矿化度为2.386~2.605 g/L,水温在26~28.5 ℃之间,水质均属Cl—Na类型,说明补给水源贫乏,以储存量为主。

(2) 二叠系砂岩裂隙含水层(组)

本组内的砂岩分布于煤层与砂质泥岩、泥岩之间,裂隙极少发育。根据钻孔揭露,二叠系地层的主要漏水层位为11煤顶、底板砂岩及18煤之上的部分层段砂岩。本组含水层水的矿化度为1.759～2.36 g/L,水温在24～29 ℃之间,水质属Cl—Na型及$HCO_3 \cdot Cl$—Na型。本含水层组富水性较弱,补给水源贫乏,以储存量为主,且导水性差。

在1煤底板到太灰组1灰顶间距9～21.18 m的部分,主要由砂泥岩和泥岩组成,一般情况下具有一定隔水作用。

(3) 石炭系太原组灰岩岩溶裂隙含水(组)

本含水层通常简称为"太灰"。组厚122 m左右,含灰岩12～13层,灰岩平均累厚为57.67 m,占组厚47%。其中C_3^3、C_3^4、C_3^{12}三层灰岩较厚,平均累厚为31.41 m,占灰岩总厚的61%,其余皆为薄层不稳定灰岩。

太原组上部1～4层灰岩为1煤层底板直接充水含水层,灰岩纯厚度为17.01～19.03 m,平均厚为18.20 m。揭露1灰或1～4灰的钻孔42个,一般岩溶裂隙不发育,大多数钻孔未发现漏水,仅在轴部附近的十C_3^{11}和十01两孔漏水,据十01孔钻进3灰时最大漏失量为3.6 m^3/h。各抽水孔数据见表2.10。

表2.10　太原组灰岩抽水试验成果表

孔号	含水层厚度(m)	抽水层位	静止水位(m)	单位涌水量(L/(s·m))	渗透系数(m/d)	水温(℃)	矿化度(g/L)
构8	27.95	C_3^1～C_3^{12}+F1-1	26.69	0.0187	0.0761	32	2.606
十-十一-5	50.55	C_3～O_{1+2}～F1～O_{1+2}	28.40	0.193 0.153	0.399	33.5	2.690
水(三)4	26.05	C_3^1～C_3^5	19.06	0.0606 0.0921	0.307	33	2.086
十C_3^{11}	39.94	$C_3^{3下}$+岩浆岩	17.11	0.187 0.235	0.590	37	2.891

从现有抽水试验资料判断,本组灰岩岩溶裂隙发育不均,富水性差异较大,水位恢复缓慢,且低于抽水前静止水位,故补给径流不畅,以静储量为主。

(4) 奥陶系灰岩岩溶裂隙含水层

习惯上用"奥灰"一词简称本含水层。区内有4个钻孔揭露该层,揭露厚度为28.18～109.18 m不等,岩性厚层白云质灰岩为主,间夹泥质灰岩及角砾状灰岩,浅灰色携带肉红色,块状构造,局部岩溶裂隙发育,见小溶洞。据十01孔施工该段时掉钻0.30 m,冲洗液全漏。奥灰各孔抽水试验资料见表2.11。

(5) 岩浆岩裂隙含水层

区内有51个钻孔揭露岩浆岩,厚度范围为4.07～77.79 m,岩性为细晶岩、正长斑岩及正长煌斑岩等,侵入层位从C_3^8煤,由东向西侵入层位逐渐升高,主要分布在4煤以下。根据钻探资料显示:矿化度为1.826～2.504 g/L,水质属$Cl \cdot SO_4$—Na型,富水性弱。

表 2.11　奥灰孔抽水试验成果表

孔号	含水层厚度 (m)	抽水层位	静止水位 (m)	恢复水位 (m)	单位涌水量 (L/(s·m))	水温 (℃)	矿化度 (g/L)
十01	68.46	O_{1+2}	22.17	21.68	0.257	32	2.606
十02-1	52.43	O_{1+2}	20.56	20.48	0.0935 0.0340	33.5	2.690
水(三)5	146.20	$O+\in$	17.73	17.72	0.866 1.571	33	2.086

（6）断层的富水性与导水性

本井田断层破碎带常为泥质岩屑充填,大多数未发现有明显的泥浆漏失现象,说明断层吸水量不大,导水性较差;仅构8孔在揭露太原组灰岩时,遇F1-1断层破碎带及C_3^{12}灰岩时泥浆消耗量发生漏失,经该孔和十－十一5孔对F1和F1-1断层带进行了抽水试验,$q=$0.0187～0.171 L/(s·m),水位恢复缓慢。邻区的七3孔在411～482 m处因受F5断层影响,岩芯破碎,严重漏水,但经抽水试验,单位涌水量仅0.0031 L/(s·m),并且流量呈明显变小趋势,水位恢复极缓慢,这也定量说明断层带富水性弱,导水性差,以静储量为主。

井下巷道开拓过程中,穿过断点43个,发生涌水的仅1处,即东四回风石门－420 m水平遇F1-1断层带出水该处出水特征表现为初始水量范围为15.42～7.2 m³/h,然后逐渐减小,三年以后为0.6 m³/h。其他石门揭穿断层时,均无出水现象。

2. 顾桥矿

矿区主要含水层由新生界松散砂层孔隙含水层、二叠系砂岩裂隙含水层和1煤底板灰岩岩溶裂隙含水层等组成。根据各含水层对煤层开采影响的程度不同,把含水层分为直接和间接充水含水层。各个含水层、隔水层的特征如下:

（1）新生界含、隔水层（组）

矿井新生界松散层最大厚度为576.00 m,最小厚底为224.10 m,最大厚度为351.9 m,矿区平均松散层厚度为361.04 m,主要由砂、砾以及砂质黏土组成松散层总体上是由东南向西北逐渐增厚。有灰白色、紫红色的砂岩和砾岩或夹有黏土的碎石层呈片状的形态分布在基岩面上。高低起伏不同的古潜山南北分水岭位于呈"X"形的共轭剪切带的交叉处。永幸河南部有一走向北西的高低位于剪切带内,区内基岩面沿着古分水岭的总体走势由东南、东北向西北、西南倾斜。弱隔水层以及下部的含水层在古地形的隆起地段缺失。从上而下把区内的松散层大致分为上、中、下三层。

（2）二叠系裂隙隔水层（组）和含水层（组）

二叠系煤系地层中含水层主要分布在煤层和岩石之间,并且岩石及煤层的厚度差异较大。各含水层之间的水利关系较差,是由于各含水层之间的泥岩和砂质泥岩等隔水层的厚度较大。

二叠系砂岩裂隙含水层（组）:以细砂岩为主要成分,多以泥质和钙质胶结的裂隙含水层局部有硅质胶结并夹有中粗砂岩和石英质砂岩。砂岩裂隙的大小以及开放程度直接决定了岩层的富水性,由于本区内的岩层的裂隙发育程度存在较大的差异,本区不同部位的岩层富水性的差异也比较大,单位涌水量是0.013~0.048 L/(s·m)。从生产矿井和抽水试验的数据可以看出,该区域煤系地层的含水层的富水性较弱,以储存量为主,接受补给的条件也较差。4煤~17煤层为覆盖层孔隙水渗入补给的裂隙充水矿床。从矿井勘探和实际生产的涌水量数据可以看出该区不同部位的裂隙发育程度很不均匀,出水大小差异也很大。

二叠系隔水层(组):各煤层之间均发育着泥岩、砂质泥岩、粉砂岩等隔水性较好的岩层,导致各含水层之间的水利关系较差。

二叠系底部隔水层(组):1煤底板到1灰(太原组)之间主要是泥岩和砂岩,局部夹杂细砂岩,平均厚底为15.68 m,最小厚度为5.82 m,最大厚度为21.10 m。砂岩的平均厚度达到5.25 m,由于1煤底板的隔水作用,并未见漏水。

(3) 石炭系太原组灰岩岩溶裂隙含水层

太原组灰岩裂隙含水层是赋存在1煤底板下部的矿区内重要含水层,是二叠系底部1煤的重要突水水源。

根据井田内的10个钻孔数据可知,太原组的厚度处于86.87~112.15 m之间,平均厚度大约是102.80 m。太原组主要由泥岩、灰岩、粉砂岩以及一些薄煤层组成。C_3-Ⅰ、C_3-Ⅱ、C_3-Ⅲ三个含水层(组)在太原组内自上而下排列。可以给煤层底板直接充水的是第一个含水层(C_3-Ⅰ)。根据太原组灰岩的富水性、地质构造以及补给条件的不同,把太灰的水文地质条件分为简单、中等和复杂三个不同的等级。

(4) 奥陶系灰岩岩溶裂隙含水层

顾桥矿井的揭露奥灰的有10个钻孔,最大的揭露厚度达到109.16 m,其中有5个钻孔穿过奥陶系,除个别断层的影响外,奥陶系的厚度为21.85~76.6 m,最大厚度达到63.25 m。奥陶系的岩石主要是由浅灰色的石灰岩和灰色的泥岩组成的。奥陶系顶部是灰绿色含有铝质成分并夹有角砾石灰岩的泥岩。中下部主要是隐晶质块状结构的石灰岩,呈现深灰色。下部与寒武纪的石灰岩岩呈不整合接触,该部分的岩石主要呈绿色的泥质石灰岩。奥陶系上部岩溶不发育,下部相对发育,在西部和四含没有直接接触,该部位的水分补给主要来源于断层构造带内的水,并且具有很好的补给条件。中南部构造带内的5次抽水试验的数据表明:单位涌水量在0.00157~0.0231 L/(s·m)之间,渗透系数在0.00064~0.118 m/d之间。

(5) 寒武系灰岩岩溶裂隙含水层

顾桥井田南部内进入到寒武系地层中的有5个钻孔,该处地层呈地堑式构造,钻孔均未揭穿寒武系地层。该区的寒武系地层中白云岩、白云质灰岩和灰质白云岩交互出现,呈互层结构。该区岩石多呈块状构造及微晶及隐晶质结构,岩层及缝合线多呈水平构造并夹杂铝质泥岩和燧石结核。异常带内的两次抽水试验数据表明,单位涌水量在0.00317~0.0594 L/(s·m)之间,渗透系数在0.0028~0.0977 m/d之间。

(6) 断层的富水性及导水性

断层带内一般都充填着胶结物,并且断层的两侧都发育着坚硬的岩石有利于地下水的聚集。钻孔资料显示,太原组的水存在沿断层构造聚集的规律。断层构造带在与含水层对口相接时,若无泥质或者是岩屑充填,则表现出较好的导水性,有利于水的聚集,当隔水层与含水层对口相接时,断层构造带表现出较强的隔水性,不利于地下水的流动。矿井中南部的地堑式断层带具有较强的导水性,有利于上部新地层和下部灰岩的水力联系。

3. 丁集矿

本区含水层(组)由新生界松散层砂层孔隙水、二叠系砂岩裂隙水和石炭系太原组及奥陶系石灰岩岩溶裂隙水三部分组成。

(1)新生界松散层含隔水组

矿区内松散层厚为346.75(十五13)~563.80 m(三十一1孔),其厚度变化随古地貌形态由东南向西北增厚。基本沿古地形向西北倾斜,局部地段稍有起伏,唯东南部十五13孔处出现一古丘。松散层自上而下可分为三个含水层(组)、一个隔水层(组)。

(2)下第三系砂砾层含水组

钻探揭露厚度为0~180.75 m,底板埋深为414.07~737.85 m,主要分布在矿井的西北部。东部有十九7、十九9两孔见砂砾岩,厚度小和分布范围有限。砂砾岩以石英岩砾和各级石英砂岩砾为主,胶结物为泥质及粉砂质,砂砾岩裂隙不发育。简易水文观测资料表明,泥浆冲洗液基本不消耗。据849孔抽水成果,$q=0.0196$ L/(s·m),富水性弱,正常情况下对矿坑充水无影响。

(3)二叠系砂岩裂隙含水(组)和隔水层(组)

含水层岩性以中、细砂岩为主,局部为粗砂岩和石英砂岩,分布于可采煤层及泥岩之间,岩性厚度变化均较大,分布又不稳定。依照与可采煤层之间的关系和对矿坑充水影响的大小,划分为13-1~11-2煤含水层(段)和8~4-1煤含水层(段)。据简易水文地质观测,全泵量漏水均在砂岩内,其中24~17煤间漏水4次,漏水孔率为5.9%,17~13-1煤间漏水1次,漏水孔率为0.9%,13-1~11-2煤间漏水4次,漏水孔率为3.2%,8煤以下无漏水孔。区内三次抽水(水8孔、水29孔、二十五6),水位标高为9.85~26.68 m,$q=0.000676~0.0342$ L/(s·m),$K_{cp}=0.00226~0.207$ m/d,水温为17~26 ℃,矿化度为1.091~2.145 g/L,全硬度为3.39~5.22德国度,水质属HCO_3—Na类型。十九8孔因水量太小,只进行了简易抽水。

综上所述,煤系的富水性取决于砂岩裂隙的发育程度、开启大小和延展长度,而裂隙发育的不均一性导致煤系富水性有很大差异。按钻孔单位涌水量,本区煤系富水性弱,从抽水Q-S曲线向"疏干"方向变化,停抽后,水位恢复缓慢,表明是以储存量为主的不均一裂隙含水层(组)。

(4)二叠系底部隔水层(组)

二叠系底部1煤层距太原组灰岩距离为24.48~31.50 m,平均距离为30.11 m,主要由泥岩、粉砂岩、砂泥岩互层组成,局部夹细砂岩,可视为1煤层底板隔水层(组),正常情况下,对太原组灰岩水能起一定隔水作用。

(5)太原组灰岩岩溶裂隙含水层

太原组灰岩在本区埋藏较深,背斜轴部一般埋藏在−830 m以下,远离第一水平的先期开采地段。据区域资料地层总厚约100~110 m,含灰岩13层。除第3、4、12三层灰岩较厚外,其余均为薄层灰岩。上部1~4层灰岩为1煤底板直接充水含水层。灰岩岩溶裂隙发育不均一,一般在背斜轴部岩溶发育,但多被方解石充填。简易水文未发现漏水和明显消耗。水12孔抽水资料,水位标高为10.45 m,$q=0.000952$ L/(s·m),$K_{cp}=0.00578$ m/d,水质属Cl—Na类型,矿化度为1.697 g/L,水温为23 ℃,富水性弱。

（6）奥陶系灰岩岩溶裂隙含水层

本区仅（十九 3）钻孔揭露 8.97 m，综合邻区资料，钻探最大揭露厚度为 56.89 m，岩性致密呈厚层状，岩溶裂隙不发育，水位标高为 20.56～24.60 m，q＝0.00369～0.0348 L/(s·m)，K_{cp}＝0.034～0.11 m/d，矿化度为 2.30～2.4 g/L，全硬度为 4.39 德国度，水温为 23～29 ℃。水质属 Cl—K＋Na 类型。从区域性资料分析，奥陶系灰岩岩溶裂隙在中下部比较发育，因岩溶裂隙发育不均一，各处富水性有一定差异，潘谢矿区奥灰富水性表现为弱-中等。

（7）岩浆岩含水层

岩浆岩呈岩盘状以露头出露在井田东部，分布在潘集背斜轴部及浅部断层密集区。岩体上覆松散层下部含水层（组），下伏煤系地层。岩性为细晶岩，钻孔揭露最大厚度为 145.55 m，上部风化裂隙发育，沿裂隙面有水锈色。据邻区抽水资料，水位标高为 19.952～19.668 m，q＝0.00476～0.0412 L/(s·m)，K_{cp}＝0.0274～0.0494 m/d，矿化度为 1.826～2.504 g/L，水质属 Cl—SO$_4$—K 类型，富水性弱。

（8）断层的富水、导水性

本区共查出断层 88 条，其中正断层 50 条，逆断层 38 条，钻孔穿过断点 147 个，均未发现严重漏水现象。据二十六 13 孔对 F117 断层抽水，水位标高为 15.39 m，q＝0.0000055 L/(s·m)，K_{cp}＝0.00000325 m/d，矿化度为 1.266 g/L，水质属 CO$_3$—Cl—HCO$_3$—Na 类型，富水性弱。但在切割坚硬脆性岩层地段，将会造成围岩裂隙发育，特别是灰岩与煤岩层对口部位是突水的主要诱发因素。1 煤底板突水，往往是以抗压强度薄弱的断层带为突破口进入矿坑，一般由渗水现象逐渐增大到股流涌出。

第3章　研究区简易测温孔数据的校正

本章在地质勘探期间的测温钻孔及其相关资料的基础上,对研究区内的简易测温孔数据分别进行校正。收集到丁集矿区共计测温钻孔42个(近似稳态测温孔5个、简易测温孔37个),顾桥矿区测温钻孔56个(近似稳态孔33个、简易测温孔23个),潘三矿区测温钻孔26个(近似稳态孔1个、简易测温孔25个)。

3.1　测温孔分类

区域地温场和大地热流的研究工作,主要依靠测温孔的测试数据。近年来,随着电子技术的飞速发展,钻孔的测温技术也有很大的发展,特别是我国地热研究工作如火如荼地发展,更是带动了很多单位自行研究、设计、制造了不同类型的测温仪器。目前,利用间接测量的方法最为广泛,利用感温元件的电阻、频率和形变随温度的变化的特性,根据室内测定的常数或者标定值推算温度,间接测量的精度很高,精度可达±1℃,而且可以连续测量,获取实验数据快捷方便。

本实验采用的测温仪为半导体热敏电阻测温仪,当在钻孔停孔或终孔后即可进行钻孔测温数据的采集,将热敏电阻(感温元件)测温仪器的探头放入孔内,测量热敏电阻的阻值在不同深度的变化,然后把在实验室横槽中标定的温度与阻值的关系换算成温度。根据测试结果可以得到温度与深度的关系图,如图3.1所示,曲线1为停钻后立即用热敏电阻测试得到的瞬时测温曲线;曲线2是井液与围岩热交换不够充分,两者温度尚未达到完全平衡,孔内温度尚未达到充分稳定的中间测温曲线,或称简易测温曲线;曲线3是钻孔经过长期静置,井液与围岩经过充分热交换,两者温度完全达到平衡,孔内温度处于完全稳定状态的温度测温曲线,即原始测温曲线。

(1) 稳态测温

稳态测温钻孔是在停钻3～10 d,甚至更长时间测得的测温数据。随着停钻时间的增加,测温钻孔的温度越接近于真实的地温数值,一般而言,千米左右的钻孔在停钻3 d以后,测温钻孔的数据就已经和真实的地温值相差无几。钻孔的深度越大,需要更长的时间才能使这些测温数据与

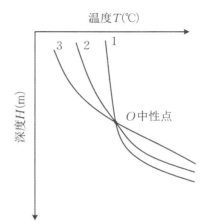

图3.1　井液温度恢复示意图

实际地温相近,但是,一般6~7 d左右,井温就和地温趋于一致,其误差在0.2~2 ℃。随着停钻时间的增加其误差会逐渐减小。在煤炭勘探测温中,钻孔测温多采用点测法,每隔20 m就测试一次温度,最后绘制深度和温度曲线图。在综合分析了多个地区在不同停钻静井的测温曲线时,可以发现当大于3 d的停钻静井时间时,测温曲线逐步恢复到非常接近于实际的地温曲线,其中某些钻孔在进行过多次测温后,都获得了比较接近的测温曲线,表明测温结果已经可以反映了该地区的真实地温情况。

（2）近似稳态测温

近似稳态测温,是在停钻静井3~5 d内所测的温度数据。对煤田勘探来说,近似稳态孔测温是按12 h、12 h、24 h、24 h的时间间隔来进行测量,直到24 h内温度变化误差在0.5 ℃以内或者总测量时间已达72 h为止。停钻静井时间在1~3 d内井孔温度热恢复平衡并接近原始地层温度。在这种情况下,中性点以下的温度基本达到稳定,故测温曲线以上段的恒温点和中性点的连线作校正曲线,下段以第四次测温曲线为准。目前许多深部井田的钻孔深度在1000~2000 m之间,在钻井中因故停钻,在1~3 d内所测的温度仍在恢复中;但因钻进时间较长,影响较大,小于1000 m的钻孔温度恢复时间要长得多,只有靠近井底一段受干扰较小,恢复较快,并在该时间段内接近实际温度。

近似稳态孔的测温数据与稳态测温相比较,有一定的误差,但是其误差尚在允许范围之内,而且在实际钻孔中要比稳态测温容易实现。

近似稳态孔的测温数据是区内最具代表性的,对原始温度场的评定和进行大地热流值的计算是不可缺少的,是研究两淮矿区地温分布特征的基础。

（3）简易测温

在一般的地质勘探中,测温工作均采用简易测温的方式。所谓简易测温是指钻井结束后即进行一次测温,再隔12 h以上进行第二次测温,共测两次。由于孔底温度最先达到平衡,因此可利用恒温点、中性点和井底温度推算近似稳态曲线。简易测温所得的结果为非稳态的钻孔温度。煤田测温要求在测量其他测井参数前后各测一条井温曲线,两条井温曲线的交点即为中性点。水文测温只需要在测量其他测井参数前进行一次。

（4）瞬时测温

在停止钻井不到一天所进行的测温叫作瞬时测温,测得的井温曲线不能真实地反映实际的地温条件。常表现出上部的温度高,下部的温度降低,到达井底的时候又升高的情况。这是由于钻井时间长,但静井时间相对短,地温与井温尚未达到平衡导致的。其产生的原因是钻井中冷的循环井液吸收了钻井下部地层和钻井中产生的热量,而降低了下部的低温;被加热的井液上升又反过来提高了上部的井温。因而出现了上部温度高于围岩的温度,而下部温度则低于围岩温度的现象,井底的岩温由于受到的影响较小,岩温易于恢复,并接近于岩温。

瞬时测温的井底温度因受到的影响小并且易于恢复,较接近于围岩温度,因此可以利用。全井测温数据则可与附近的稳态或者近似稳态地温曲线进行对比,并结合区域地质条件进行校正后,方可参考使用。

3.2　简易测温曲线的近似稳态校正方法

目前,大量的测温工作多采用简易测温方法,所得的结果为非稳态的钻孔温度,不能代表稳态温度的结果,需要适当的处理之后才能用于评定地温场。多采用的校正方法总体上属于三点校正法。即采用恒温点(带)的温度、中性点(段)和井底温度的这三个关键点来推求近似稳态曲线。这种简单有效的方法的关键是确定这三个关键点的位置和温度,由于对这三个关键点的认识和取值不尽相同,导致计算结果存在差异,所以有必要对这三个关键点做详细的说明。

1. 恒温点(带)温度的确定

恒温带的深度和温度在一定程度上反映一个地区的热状况和热历史,是矿区的地温场的浅部边界条件,是地温梯度计算、简易测温资料校正的基础数据,是预测矿区深部地温的起点,是高温矿井降温设计的基本依据,对于评定深部地温,进行地热资源的普查和勘探都是不可缺少的重要参数。

恒温带是指地球内热带的外部边界,在这里太阳辐射影响消失,温度不随季节变化而变化,在一个条件无显著的变化(主要即地形较平坦岩石热物理性质相近、植被相同、无地下水活动)的地区内,其温度为一常值,可据此作为推求近似稳态温度曲线的浅部依据。

恒温带的温度与地面温度及大地热流值之间有如下关系:

$$\theta_z = \theta_0 + \frac{q}{a}\left(1 + \frac{az}{\lambda}\right)$$

根据以上公式可反演出恒温层深度与各地面参数之间的关系:

$$Z = \frac{\lambda}{a}\left[\frac{a}{q}(\theta_z - \theta_0) - 1\right]$$

式中,Z 为恒温带深度,m;θ_0 为地面平均温度,℃;θ_z 为恒温带温度,℃;q 为大地热流值,mW/m²;λ 为岩石热导率,W/(m·K);a 为地面热传递系数,W/(m²·K)。

例如,设 $\theta_0 = 15$ ℃,$q = 62.8$ mW/m²,$\lambda = 2.09$ W/(m·K),$a = 0.0837$ W/(m²·K),$Z = 20$ m,则恒温带的温度 $\theta_z = 15.6$ ℃。可见恒温带的温度和当地地面的平均温度很接近,其差值由大地热流值和热传导条件决定。

据各井田地质报告,淮南矿区根据九龙岗矿长期观测钻孔资料,恒温带深度为 30 m,温度为 16.8 ℃。

2. 中性点(带)温度的确定

在一个有相当深度的钻孔中,一般情况下,受钻探扰动,上、下两段的温度变化方向是不同的,上段井液起加温作用,下段起降温作用。而在温度的恢复过程中,上段朝着温度下降的趋势变化,下段朝着温度上升的趋势变化,最终达到平衡。因此必然存在着井液和围岩平衡的点(段)。这已经经过大量的钻孔测温实践得到证实,这个点(段),称为中性点(段),如

图3.2和图3.3所示。

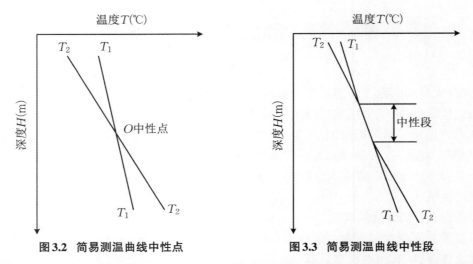

图3.2　简易测温曲线中性点　　　　　图3.3　简易测温曲线中性段

实践证明,中性点位置的深浅取决于循环井液的温度与围岩的温差及热恢复时间的长短。当井液停止循环时间较长时,其中性点就向上段和下段两个方向延伸,成为一个中性段,如图3.2所示。一般的简易测温钻孔,两次测温时间间隔在12 h以上时,其中性点(段)都是比较明显的。

3. 井底温度

井底温度受到的扰动影响较小,恢复快,在停钻一定的时间内就可以接近原始岩温且稳定,在近似稳态测温钻孔中最后一次测温(即井液停止循环时间达72 h以上时)所测得的井底温度可以近似看作原始岩温。但是,简易测温的第二次测量(测后)一般是在井液停止循环十几个小时后进行的,与原始岩温相差较大,必须按照近似稳态钻孔中热恢复的规律予以校正,其校正的精度,取决于所用热恢复规律的代表性。如果所作校正曲线量板较高,则校正数据也较精确;反之,校正精度就越低。这就要求在绘制井底温度恢复与井液停止循环时间的关系校正曲线时,应选择多个不同季节测量的近似稳态测温钻孔的热恢复曲线加以平均。

确定恒温点、中性点和井底温度三个关键点后,把这三个关键点连成折线即为校正曲线。利用中性段校正时,把中性段的上端与恒温点连接,加上中性段的下端与校正后的井底温度连接即为校正曲线。当无中性点时,可用恒温点与井底温度直接连线而成。必须指出,校正曲线只是近似的。实际上,由于岩性和热物性的不同,这几个关键点的连线上不可能是一条直线,应该在岩性和热物性差异的地方存在折点,所以这种校正也只是取近似值。当简易测温孔做好校正后,就可以在校正曲线上标示某一层位的深度和温度,计算出各层位以及全孔的地温梯度。

3.3 简易测温孔井底温度校正

3.3.1 丁集矿简易测温孔井底温度校正

目前所采用的简易测温孔井底温度的校正方法多是20世纪80年代初,山东煤炭工业公司所运用的"三点法"。即利用恒温(点)带温度、中性点(段)和井底温度三点的连线作为近似稳态地温曲线;其中孔底平衡温度确定方法不尽相同,本节采用地质勘探中用得较多的"曲线法",它求解孔底平衡温度的精度较高,其求解孔底温度时应选用所校正孔附近的近似稳态测温孔测温数据,取其变化趋势作为该校正孔的校正曲线;但是目前还没有学者对校正曲线的特征以及拟合公式的选择进行研究,且由于钻孔勘探过程中近似稳态资料较少或很难收集到附近所有资料,故井底校正后的温度和真实值差较大。

井底温度的校正是简易测温曲线校正的关键。对简易测温孔孔底平衡温度的校正是利用附近的近似稳态测温钻孔的测量数据,绘制井底温度恢复校正量($\Delta T = (T - T_i)/T$)与井液停止循环时间(t)的关系曲线,得出校正曲线公式,指数型函数曲线公式类型为$y = ne^{mx}$。

丁集煤矿近似稳态测温孔十八7、二十九3、十六11、二十6、二十三12。本次校正以这五个近似稳态测温孔为基准,来校正简易测温孔,校正过程如下。

首先计算出各孔的温度变化率,如表3.1~表3.5所示(T表示井液停止循环时的温度,T_i表示从第1次到第i次所测温度)。

接着由表3.1至表3.5数据拟合出校正曲线图,如图3.4所示,并且得出变化曲线公式十八7函数$y = 13.994e^{-0.1047x}$;二十九3函数$y = 2.1511e^{-0.0374x}$;十六11函数$y = 2.6599e^{-0.0387x}$;二十6函数$y = 7.2332e^{-0.0333x}$;二十三12函数$y = 7.7996e^{-0.0576x}$。

表3.1 近似稳态孔十八7井液停止时间与温度变化率

t(h)	T(℃)	$T - T_i$(℃)	$(T - T_i)/T$(%)
0	41.5	5.5	13.25
12	45	2	4.44
24	46.5	0.5	1.08
48	47	0	0.00
73	47	—	—

根据校正曲线公式,将区内简易测温孔测后(第二次测温)的时间带入拟合公式未知量x,求出校正增量$y(\Delta T = (T - T_i)/T)$,由相对应的增量值($\Delta T$)。井底温度根据$T = T_{测} \times (1 + \Delta T)$公式即可求出。由此得出丁集煤矿简易测温孔的校正后的井底温度,如表3.6所示。

表3.2　近似稳态孔二十九3井液停止时间与温度变化率

$t(\mathrm{h})$	$T(℃)$	$T-T_i(℃)$	$(T-T_i)/T(\%)$
2.5	44.9	1	2.23
11.83	45.4	0.5	1.10
23.83	45.5	0.4	0.88
35.83	45.6	0.3	0.66
59.83	45.8	0.1	0.22
83.83	45.9	—	—

表3.3　近似稳态孔十六11井液停止时间与温度变化率

$t(\mathrm{h})$	$T(℃)$	$T-T_i(℃)$	$(T-T_i)/T(\%)$
0	47.5	3	6.32
2	50	0.5	1.00
50	50.3	0.2	0.40
74	50.5	—	—

表3.4　近似稳态孔二十6井液停止时间与温度变化率

$t(\mathrm{h})$	$T(℃)$	$T-T_i(℃)$	$(T-T_i)/T(\%)$
0	45.3	3.2	7.06
8.17	46.1	2.4	5.21
20.17	46.7	1.8	3.85
32.17	47.2	1.3	2.75
56.17	48	0.5	1.04
80.17	48.5	—	—

表3.5　近似稳态孔二十三12井液停止时间与温度变化率

$t(\mathrm{h})$	$T(℃)$	$T-T_i(℃)$	$(T-T_i)/T(\%)$
0	42.2	3.3	7.82
12.67	43.7	1.8	4.12
27.67	44.8	0.7	1.56
39.67	45.2	0.3	0.66
63.67	45.4	0.1	0.22
87.67	45.5	—	—

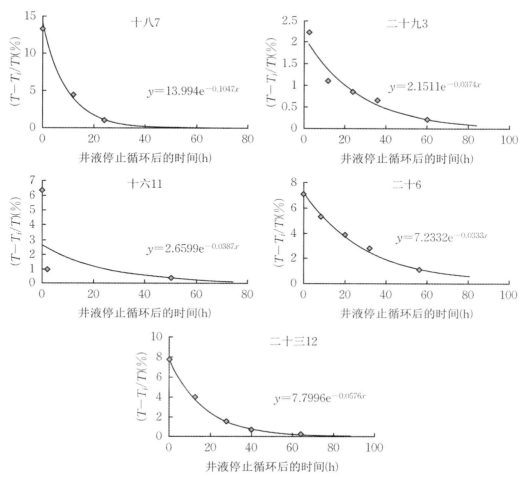

图3.4　近似稳态孔井液停止时间与温度变化率关系图

表3.6　丁集煤矿简易孔井底温度校正表

钻孔号	测温深度(m)	$T_测$(℃)	$T_后 - T_止$(℃)	ΔT(%)	T(℃)
847	900	50	21.5	3.54	51.77
849	716	38	12	4.85	39.84
8414	815	44	6.5	5.83	46.56
二十1	1000	46.1	16.33	4.20	48.04
二十4	905	48	10.67	5.07	50.43
二十8	820	41	7.17	5.70	43.34
二十10	890	43.5	7.17	5.70	45.98
二十13	1045	46.4	12.5	3.80	48.16
二十八4	1010	44.8	12.5	1.35	45.40
二十八7	880	41.5	24	0.88	41.86
二十八8	1010	46.6	12.5	1.35	47.23

钻孔号	测温深度(m)	$T_{测}$(℃)	$T_{后}-T_{止}$(℃)	ΔT(%)	T(℃)
二十八10	862	41.5	12.5	1.35	42.06
二十八11	1000	50.6	10.5	1.45	51.33
二十二11	788	41.4	26.5	2.99	42.64
二十九2	943	48	9.5	1.51	48.72
二十六1	878	42.5	9.5	1.51	43.14
二十六5	980	46.8	24	0.88	47.21
二十七9	870	41.5	7.17	1.65	42.18
二十七11	950	48	13	1.32	48.63
二十七12	960	44.5	12.5	3.80	46.19
二十三6	971	50.5	12	3.91	52.47
二十三9	845	41	9.17	4.60	42.89
二十四5	980	47.2	22	0.94	47.65
二十五7	850	42.2	14	1.27	42.74
二十五13	1030	46	15	1.23	46.56
二十一6	819	41	14.83	4.41	42.81
三十5	920	37	11.42	1.40	37.52
十八8	860	42.4	30.5	0.57	42.64
十八20	975	45	21.5	1.47	45.66
十六1	950	43.7	11.33	4.27	45.57
十六4	770	44.1	15.5	1.46	44.74
十六6	830	45.8	22.5	1.11	46.31
十六8	900	42.8	12.5	1.64	43.50
十六10	890	41.3	12.67	1.63	41.97
十六12	880	44.5	30.5	0.82	44.86
十七6	880	48.2	12.5	3.78	50.02
水12	870	48.6	24	1.13	49.15

3.3.2　顾桥矿简易测温孔井底温度校正

利用附近的近似稳态测温钻孔的测量数据对简易测温孔孔底平衡温度进行校正,绘制井底温度恢复校正量($\Delta T=(T-T_i)/T$)与井液停止循环时间(t)的关系曲线,得出校正曲线公式,这里采用指数函数或者幂函数曲线进行校正,指函数曲线公式类型为$y=ne^{-mx}$,幂函数曲线公式类型为$y=nx^{-m}$。

可用来进行简易孔井底温度校正的近似稳态孔有丁补08-1、顾东回风井井田检查孔、顾东进风井井田检查孔。本次校正以这三个近似稳态测温孔为基准,来校正简易测温孔,校正过程如下。

首先计算出各孔的温度变化率,如表3.7至表3.9所示(T表示井液停止循环时的温度,T_i表示从第一次到第i次所测温度)。

表3.7　近似稳态孔丁补08-1井液停止时间与温度变化率

t(h)	T(℃)	$T-T_i$(℃)	$(T-T_i)/T$(%)
3.33	47.8	3.6	7.53
11	49.8	1.6	3.21
23	50.5	0.9	1.78
35	50.7	0.7	1.38
59	51.0	0.4	0.78
83	51.4	—	—

表3.8　近似稳态孔东回风井井筒检查孔井液停止时间与温度变化率

t(h)	T(℃)	$T-T_i$(℃)	$(T-T_i)/T$(%)
0	44.6	2.4	5.38
12	46.0	1.0	2.17
24	46.5	0.5	1.08
48	47.0	—	—

表3.9　近似稳态孔东进风井井筒检查孔井液停止时间与温度变化率

t(h)	T(℃)	$T-T_i$(℃)	$(T-T_i)/T$(%)
0.5	53.5	3.2	5.98
6	54.9	1.8	3.28
18	56	0.7	1.25
30	56.4	0.3	0.53
54	56.6	0.1	0.18
78	56.7	—	—

接着由表3.7至表3.9数据拟合出校正曲线图,如图3.5所示,并且得出变化曲线公式丁补08-1函数$y=19.766x^{-0.771}$;顾东回风井井田检查孔函数$y=5.1948e^{-0.067x}$;顾东进风井井田检查孔函数$y=4.8357e^{-0.065x}$。

根据校正曲线公式,将区内简易测温孔测后(第二次测温)的时间带入拟合公式未知量x,求出校正增量$y(\Delta T=(T-T_i)/T)$,由相对应的增量值(ΔT)。井底温度根据$T=T_{测}\times(1+\Delta T)$公式即可求出。由此得出顾桥矿简易测温孔校正后的井底温度,如表3.10所示。

035

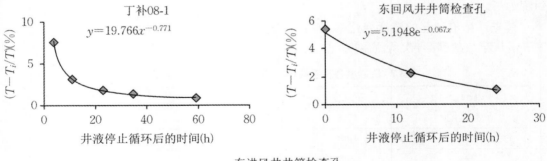

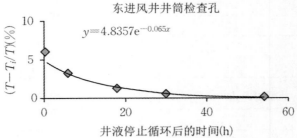

图3.5 近似稳态孔井液停止时间与温度变化率关系图

表3.10 顾桥煤矿简易孔井底温度校正表

钻孔号	测温深度(m)	$T_{测}$(℃)	$T_{后}-T_{止}$(℃)	ΔT(%)	T(℃)
十南14	750	38.5	8.67	2.75	39.56
69	680	38.5	9.50	2.87	39.50
七17	990	46.6	6	4.97	48.91
十六16	980	45.2	6.5	3.17	46.63
九15	900	42.6	8.17	2.87	43.82
七14	880	43.7	6.5	4.67	45.74
三8	810	37	6.00	4.97	38.84
七15	934	45.6	8	3.98	47.41
九13	800	40.5	8.33	2.81	41.64
六10	800	38.4	6.00	4.97	40.31
三9	780	36.5	7.00	4.41	38.11
一7	800	40	12.00	2.91	41.16
水13	800	39.5	6	3.27	40.79
六16	820	40.5	15.00	2.45	41.49
七16	808	39.9	10.5	3.23	41.19
八8	780	38.4	6	3.27	39.66
十一13	700	37.5	6.83	3.10	38.66
十一17	600	35	9.17	2.66	35.93
水33	590	32	14	1.95	32.62

续表

钻孔号	测温深度(m)	$T_测$(℃)	$T_后-T_止$(℃)	ΔT(%)	T(℃)
十五14	950	46	6	3.27	47.51
十四12	880	47	6	3.27	48.54
十二17	885	43.5	6.5	3.17	44.88
十二12	890	44	6.17	3.24	45.42

3.3.3 潘三矿简易测温孔井底温度校正

利用附近的近似稳态测温钻孔的测量数据对简易测温孔孔底平衡温度进行校正,绘制井底温度恢复校正量($\Delta T=(T-T_i)/T$)与井液停止循环时间(t)的关系曲线,得出校正曲线公式,这里采用指数函数曲线校正,指函数曲线公式类型为$y=ne^{(-mx)}$。

潘三矿可用来进行简易孔井底温度校正的近似稳态孔只有十-十一17孔。本次校正以这三个近似稳态测温孔为基准,来校正简易测温孔,校正过程如下。

首先计算出各孔的温度变化率,如表3.11所示(T表示井液停止循环时的温度,T_i表示从第一次到第i次所测温度)。

表3.11 近似稳态孔十-十一17孔井液停止时间与温度变化率

t(h)	T(℃)	$T-T_i$(℃)	$(T-T_i)/T$(%)
0.17	50.1	1.9	3.79
8.17	51.3	0.7	1.36
20.17	51.8	0.2	0.39
32.17	51.9	0.1	0.19
56.17	52	0	0
80.17	52	—	—

接着由表3.11数据拟合出校正曲线图,如图3.6所示,并且得出变化曲线公式十-十一17孔函数$y=3.249e^{(-0.093x)}$。

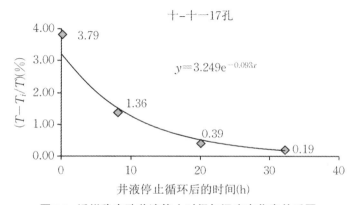

图3.6 近似稳态孔井液停止时间与温度变化率关系图

037

根据校正曲线公式,将区内简易测温孔测后(第二次测温)的时间带入拟合公式未知量 x,求出校正增量 $y(\Delta T=(T-T_i)/T)$,由相对应的增量值 (ΔT)。井底温度根据 $T=T_{测}\times(1+\Delta T)$ 公式即可求出。由此得出顾桥矿简易测温孔校正后的井底温度,如表3.12所示。

表3.12 丁集煤矿简易孔井底温度校正表

钻孔号	测温深度(m)	$T_{测}$(℃)	$T_{后}-T_{止}$(℃)	ΔT(%)	T(℃)
十东7	860	43.48	6.5	1.78	44.25
十二西2	680	32.94	16.5	0.70	33.17
十一西13	970	41.37	6.67	1.75	42.09
十四东9	570	32.5	9.5	1.34	32.94
十一西2	711.45	43.9	15.17	0.79	44.25
十四西13	1009	43.4	6	1.86	44.21
十四西3	922	41.79	6	1.86	42.57
十四西7	1009	43.4	6.5	1.78	44.17
十四西9	1043.3	50.71	7	1.69	51.57
十一西9	985	44.3	7.5	1.62	45.02
十一西7	1048	44.7	9.5	1.35	45.30
十四西11	1030	44.6	6.83	1.72	45.37
13-14E-1	1280	53	9.33	1.36	53.72
十一东7	720	37.4	6	1.93	38.12
十一东3	649	39.4	6	1.86	40.13
十一东5	780	38.7	6	1.86	39.42
十一东9	695	37.6	6	1.86	38.30
十一15	700	33.7	12	1.06	34.06
十二7	750	36.3	6	1.86	36.98
水四14	770	41.4	6	1.86	42.17
十三5	850	41.4	6	1.86	42.17
十三西5	864	46.5	6.83	1.72	47.30
十三西7	680	36.8	4	2.24	37.62
十三西1	790	42.6	6	1.86	43.39
十三西3	680	41.57	6.83	1.72	42.29

3.4 简易测温孔各水平温度校正

《煤炭资源地质勘探地温测量若干规定》明确规定:高于31 ℃原始岩温的区域划分为一级热害区,高于37 ℃原始岩温的区域划分为二级热害区。所以,想要了解矿区的热害分布规律以及各个水平的温度变化特征,就必须得到各个矿区的分水平温度。

　　简易测温孔是在井液停止循环短时间测得的,测前和测后的温度与原始岩温存在一定的差异。简易测温校正曲线不能完全恢复原始的温度变化趋势,只是近似的由恒温点、中性点和校正井底温度这几个关键点来绘制的一条曲线,因而简易测温孔井底以上各水平的测温数据也需要进行校正。几个关键点的连线上不可能是一条直线,应该在岩性和热物性差异的地方存在折点,因而简易测温孔井底以上各水平的测温数据也需要进行校正。对简易测温孔可以按近视稳态孔的热恢复规律,逐层逐段地按岩性进行校正为许多小的折线,但这种复杂的校正,工作量较大,一般不予采用。

　　本次对各水平的温度校正采用的是 T_2、T_6 校正系数法。通常认为,钻孔在停钻72 h后井温与同深度岩层的真实温度几乎一样,所以把近似稳态测温钻孔的第6次(72 h)与第2次(测后)测量温度进行统计计算,得出各个水平温度校正值,如表3.13所示,系数 $n=1-(T_2/T_6)$,校正值＝校正系数×100,利用此校正值对附近的简易测温数据进行校正。

表3.13　丁集矿钻孔温度校正值计算表

深度 (m)	二十九3			十六11			二十6			二十三12			平均校 正值 (℃)
	T_2 (℃)	T_6 (℃)	校正值 (℃)	T_2 (℃)	T_6 (℃)	校正值 (℃)	T_2 (℃)	T_6 (℃)	校正值 (℃)	T_2 (℃)	T_6 (℃)	校正值 (℃)	
100	22.6	21	−7.62	22.8	21.4	−6.54	24.6	22.8	−7.89	20.7	19.4	−6.70	−7.19
200	24.3	23	−5.65	24.2	23.5	−2.98	27.5	24.6	−11.79	23.5	22.4	−4.91	−6.33
300	26.7	25.5	−4.71	26.8	26.2	−2.29	29.1	27.1	−7.38	26.6	25.3	−5.14	−4.88
400	28.9	28.7	−0.70	29.5	29.2	−1.03	30.9	31.4	1.59	29.2	28.3	−3.18	−0.83
500	31.5	31.8	0.94	31.9	31.4	−1.59	33.6	34.5	2.61	31.6	31	−1.94	0.01
600	34	34.6	1.73	34.7	34.9	0.57	36	37.1	2.96	34	34.7	2.02	1.82
700	37	37.5	1.33	37.8	37.8	0.00	39.1	40.6	3.69	36.4	37.3	2.41	1.86
800	39.8	40.9	2.69	41.1	41.9	1.91	42.5	44.3	4.06	38.3	39.7	3.53	3.05
900	44.8	45.4	1.32	46	46.7	1.50	—	—	—	41.3	42.4	2.59	1.80
1000	—	—	—	49.5	50.3	1.59	—	—	—	43.7	45.5	3.96	2.77

　　区内各矿井的校正系数 n 值的大小随着深度的增加呈现增大的趋势,见表3.13～表3.15。因为,热恢复在中性点上、下两段的变化是不同的。上段朝着温度下降的趋势变化,下端朝着温度上升的趋势变化,最终达到平衡。所以在中性点以上,T_2 通常情况下会比 T_6 要大,使得校正系数为负值;随着深度的增加,在接近于中性点时,系数逐渐增大并达到0;中性点以下,T_2 通常情况下会比 T_6 要小,校正系数为正值。

　　求出各个矿井内近似稳态孔水平校正的平均值,区内简易测温孔的资料就可以利用校正系数对各水平温度进行校正,校正结果见表3.16至表3.18。

　　确定不同水平温度值。为下一步绘制各矿区各水平温度等值线图、认识矿区地温分布特点和预测不同深度的温度提供了数据基础。

表3.14　顾桥矿钻孔温度校正值计算表

深度 (m)	丁补08-1			顾三—四3号钻孔			顾东回风井井筒检查孔			顾东进风井井筒检查孔			平均校正值 (℃)
	T_2 (℃)	T_6 (℃)	校正值 (℃)	T_2 (℃)	T_6 (℃)	校正值 (℃)	T_2 (℃)	T_6 (℃)	校正值 (℃)	T_2 (℃)	T_6 (℃)	校正值 (℃)	
100	19.5	16.4	−18.90	19.1	18.1	−5.52	20.1	19.4	−3.61	23.5	22.1	−6.33	−8.59
200	20.6	18	−14.44	21.6	20.8	−3.85	22	21.7	−1.38	25.1	24	−4.58	−6.06
300	22.2	20.4	−8.82	24.1	23.2	−3.88	24.9	24.3	−2.47	27.2	26.5	−2.64	−4.45
400	23.9	23.3	−2.58	27.2	26.5	−2.64	27.2	27.4	0.73	28.8	28.2	−2.13	−1.65
500	27	27	0	30.3	30.3	0	29.3	29.6	1.01	30.9	31	0.32	0.33
600	29.2	30.6	4.58	33.1	33.6	1.49	31.9	31.7	−0.63	33	33.4	1.20	1.66
700	31.3	33.8	7.40	36.4	37.1	1.89	34.6	34.6	0	36	36.8	2.17	2.86
800	33.9	37	8.38	39.8	41	2.93	36.8	37.5	1.87	38.6	39.5	2.28	3.86
900	36.9	40.3	8.44	42.2	43.5	2.99	39.5	40.4	2.23	41.5	42.3	1.89	3.89
1000	40.5	44.1	8.16	42.7	44	2.95	41.8	44.2	5.43	43.9	45.3	3.09	4.91
1100	44.4	48	7.50	—	—	—	—	—	—	47.8	49.2	2.85	2.85
1200	—	—	—	—	—	—	—	—	—	50.5	51.9	2.70	2.70
1300	—	—	—	—	—	—	—	—	—	53.7	55.7	3.59	3.59

表3.15　潘三矿钻孔温度校正值计算表

深度(m)	十−十一−17		
	T_2(℃)	T_6(℃)	校正值(℃)
100	23.6	21.3	−10.80
200	25.8	23.7	−8.86
300	27.1	25.5	−6.27
400	28.9	27.6	−4.71
500	31.8	30.6	−3.92
600	33.9	33	−2.73
700	35.6	35.2	−1.14
800	37.9	38.7	2.07
900	41.5	42.6	2.58
1000	45.6	46.5	1.94
1100	50.2	51	1.57

表 3.16 丁集矿简易测温孔水平温度校正结果表

深度 (m)	校正值 (℃)	847		849		8414		二十1		二十4		二十8	
		$T_测$ (℃)	T (℃)	$T_测$ (℃)	T (℃)	$T_测$ (℃)	T (℃)	$T_测$ (℃)	T (℃)	$T_测$ (℃)	T (℃)	$T_测$ (℃)	T (℃)
100	−7.19	20.5	19.03	21.1	19.58	22	20.42	22.5	20.88	22	20.42	20.9	19.40
200	−6.33	23	21.54	23.6	22.11	24.2	22.67	24.2	22.67	24.5	22.95	23.3	21.82
300	−4.88	26	24.73	26.1	24.83	26.9	25.59	26.8	25.49	27.2	25.87	25.5	24.26
400	−0.83	29.4	29.16	29.1	28.86	30.1	29.85	29.5	29.26	30.5	30.25	28.3	28.07
500	0.01	32.8	32.80	31.7	31.70	32.7	32.70	31.9	31.90	33	33.00	31.1	31.10
600	1.82	36.2	36.86	33.9	34.52	35.5	36.15	34.8	35.43	36	36.66	33.5	34.11
700	1.86	39.6	40.34	37.1	37.79	38.9	39.62	37.4	38.10	40	40.74	36.4	37.08
800	3.05	43.6	44.93	—	—	42.8	44.10	40.4	41.63	43	44.31	39.6	40.81
900	1.80	50	50.90	—	—	—	—	43.5	44.29	47.5	48.36	—	—
1000	2.77	—	—	—	—	—	—	46.1	47.38				

深度 (m)	校正值 (℃)	二十10		二十13		二十八4		二十八7		二十八8		二十八10	
		$T_测$ (℃)	T (℃)	$T_测$ (℃)	T (℃)	$T_测$ (℃)	T (℃)	$T_测$ (℃)	T (℃)	$T_测$ (℃)	T (℃)	$T_测$ (℃)	T (℃)
100	−7.19	21.9	20.33	21.1	19.58	22.9	21.25	19.5	18.10	18.5	17.17	20.9	19.40
200	−6.33	24	22.48	24.5	22.95	24.9	23.32	22.5	21.08	21.3	19.95	22.9	21.45
300	−4.88	26.3	25.02	27.2	25.87	27.2	25.87	25	23.78	24.5	23.30	25.6	24.35
400	−0.83	28.7	28.46	29.7	29.45	29.8	29.55	28	27.77	28.2	27.97	28	27.77
500	0.01	31.1	31.10	32.2	32.20	32.4	32.40	30.5	30.50	31.8	31.80	30.2	30.20
600	1.82	33.8	34.42	34.9	35.54	34.7	35.33	33.5	34.11	34	34.62	33	33.60
700	1.86	36.6	37.28	37.2	37.89	37	37.69	35.5	36.16	36.6	37.28	35.8	36.47
800	3.05	39.9	41.12	39.9	41.12	39.4	40.60	39.2	40.39	39	40.19	38.4	39.57
900	1.80	—	—	42.7	43.47	41.8	42.55	—	—	41.9	42.66	—	—
1000	2.77	—	—	45.2	46.45	44.5	45.73	—	—	45.9	47.17	—	—

深度 (m)	校正值 (℃)	二十八11		二十二11		二十九2		二十六1		二十六5		二十七9	
		$T_测$ (℃)	T (℃)	$T_测$ (℃)	T (℃)	$T_测$ (℃)	T (℃)	$T_测$ (℃)	T (℃)	$T_测$ (℃)	T (℃)	$T_测$ (℃)	T (℃)
100	−7.19	20.5	19.03	19.9	18.47	26.2	24.32	21	19.49	22	20.42	19.5	18.10
200	−6.33	23.2	21.73	22.6	21.17	27.1	25.38	23	21.54	23.3	21.82	21.5	20.14
300	−4.88	25	23.78	25.4	24.16	28.5	27.11	25.5	24.26	28.2	26.82	24	22.83
400	−0.83	28.2	27.97	28.1	27.87	31.2	30.94	28.5	28.26	31.8	31.54	27.5	27.27
500	0.01	31.5	31.50	31	31.00	34	34.00	31.5	31.50	33.3	33.30	30	30.00
600	1.82	34.2	34.82	34	34.62	36.5	37.17	34	34.62	35	35.64	32.5	33.09
700	1.86	37.1	37.79	37.4	38.10	38.2	38.91	36.5	37.18	37.8	38.50	35.5	36.16
800	3.05	40	41.22	—	—	40.7	41.94	40.2	41.42	40.2	41.42	38.5	39.67
900	1.80	44.8	45.61	—	—	44.5	45.30	—	—	43	43.78	—	—
1000	2.77	50.6	52.00	—	—	—	—	—	—	—	—	—	—

深度 (m)	校正值 (℃)	二十七11		二十七12		二十三6		二十三9		二十四5	
		$T_{测}$ (℃)	T (℃)	$T_{测}$ (℃)	T (℃)	$T_{测}$ (℃)	T (℃)	$T_{测}$ (℃)	T (℃)	$T_{测}$ (℃)	T (℃)
100	−7.19	24.8	23.02	22.6	20.98	24.5	22.74	19.8	18.38	22.3	20.70
200	−6.33	25.7	24.07	24.6	23.04	26	24.35	22.8	21.36	23.8	22.29
300	−4.88	27.2	25.87	27.1	25.78	28.5	27.11	24.8	23.59	26.3	25.02
400	−0.83	30.2	29.95	29.8	29.55	32	31.74	28	27.77	29.1	28.86
500	0.01	32.8	32.80	31.8	31.80	35	35.00	31	31.00	32.1	32.10
600	1.82	35.2	35.84	34.5	35.13	37.5	38.18	33	33.60	34.6	35.23
700	1.86	37.6	38.30	37.2	37.89	41	41.76	36	36.67	37.5	38.20
800	3.05	40.5	41.73	39.5	40.70	45	46.37	38.8	39.98	40.2	41.42
900	1.80	43.8	44.59	42.6	43.37	49	49.88	—	—	42.9	43.67
1000	2.77	—	—	—	—	—	—	—	—	—	—

深度 (m)	校正值 (℃)	二十五7		二十五13		二十一6		三十5		十八8	
		$T_{测}$ (℃)	T (℃)	$T_{测}$ (℃)	T (℃)	$T_{测}$ (℃)	T (℃)	$T_{测}$ (℃)	T (℃)	$T_{测}$ (℃)	T (℃)
100	−7.19	23.1	21.44	19.6	18.19	22.5	20.88	21	19.49	24	22.27
200	−6.33	24.1	22.57	22.1	20.70	24.5	22.95	23.5	22.01	25.8	24.17
300	−4.88	26.4	25.11	24.4	23.21	26.5	25.21	24	22.83	27.5	26.16
400	−0.83	29.3	29.06	26.9	26.68	30.3	30.05	24.5	24.30	29.9	29.65
500	0.01	31.7	31.70	29.5	29.50	31.8	31.80	26.5	26.50	32.5	32.50
600	1.82	34.1	34.72	32.3	32.89	34.5	35.13	28.5	29.02	35	35.64
700	1.86	36.7	37.38	35.2	35.85	37	37.69	31.5	32.09	37.8	38.50
800	3.05	39.7	40.91	37.6	38.75	40	41.22	34	35.04	40	41.22
900	1.80	—	—	40.5	41.23	—	—	36.5	37.16	—	—
1000	2.77	—	—	43.6	44.81	—	—	—	—	—	—

深度 (m)	校正值 (℃)	十八20		十六1		十六4		十六6		十六8	
		$T_{测}$ (℃)	T (℃)	$T_{测}$ (℃)	T (℃)	$T_{测}$ (℃)	T (℃)	$T_{测}$ (℃)	T (℃)	$T_{测}$ (℃)	T (℃)
100	−7.19	20	18.56	20	18.56	22.6	20.98	21.9	20.33	21.8	20.23
200	−6.33	22.6	21.17	22.8	21.36	24.7	23.14	24.2	22.67	23.1	21.64
300	−4.88	25.2	23.97	25.4	24.16	27.4	26.06	27.1	25.78	28	26.63
400	−0.83	27.3	27.07	28.4	28.16	30.3	30.05	30.4	30.15	31.4	31.14
500	0.01	29.8	29.80	31	31.00	34	34.00	33.7	33.70	33.9	33.90
600	1.82	32.5	33.09	33.5	34.11	37.3	37.98	37.7	38.39	34.8	35.43
700	1.86	35.3	35.96	36.2	36.87	41.3	42.07	41.5	42.27	37.4	38.10
800	3.05	38	39.16	38.9	40.09	—	—	44.2	45.55	40	41.22
900	1.80	40.8	41.54	41.5	42.25	—	—	—	—	42.8	43.57
1000	2.77	—	—	—	—	—	—	—	—	—	—

续表

深度(m)	校正值(℃)	十六10		十六12		十七6		水12	
		$T_测$(℃)	T(℃)	$T_测$(℃)	T(℃)	$T_测$(℃)	T(℃)	$T_测$(℃)	T(℃)
100	−7.19	19	17.63	22.1	20.51	23.1	21.44	23.8	22.09
200	−6.33	22	20.61	24.6	23.04	26	24.35	26.4	24.73
300	−4.88	24.5	23.30	26.7	25.40	29	27.59	29.2	27.78
400	−0.83	27	26.78	29.6	29.35	32	31.74	32.2	31.93
500	0.01	30.5	30.50	32	32.00	35.5	35.50	35.5	35.50
600	1.82	32.5	33.09	34.6	35.23	38.5	39.20	38.7	39.41
700	1.86	35.5	36.16	37.4	38.10	42	42.78	42.5	43.29
800	3.05	38.5	39.67	40.9	42.15	45.2	46.58	46.5	47.92
900	1.80	—	—	—	—	—	—	—	—
1000	2.77	—	—	—	—	—	—	—	—

表3.17　顾桥矿简易测温孔水平温度校正结果表

深度(m)	校正值(℃)	十南14		69		七17		十六16		九15		七14	
		$T_测$(℃)	T(℃)	$T_测$(℃)	T(℃)	$T_测$(℃)	T(℃)	$T_测$(℃)	T(℃)	$T_测$(℃)	T(℃)	$T_测$(℃)	T(℃)
100	−8.59	21.6	20.28	25	22.65	23.7	21.48	23.5	22.07	23.8	21.57	18.7	16.95
200	−6.06	23.8	22.80	26.1	24.51	25.4	23.85	25.9	24.82	25.1	23.57	20.2	18.97
300	−4.45	26.1	25.51	28.1	26.92	27.7	26.54	27.7	27.07	26.8	25.68	23.4	22.42
400	−1.65	28.5	28.43	31.2	30.49	29.9	29.22	29.7	29.62	30.1	29.42	27.1	26.48
500	0.33	30.5	30.82	33.2	33.11	32.2	32.12	31.7	32.03	31.2	31.12	30.2	30.12
600	1.66	33.8	34.48	36.1	36.47	34.6	34.96	34.8	35.50	32.7	33.04	33.5	33.85
700	2.86	37.1	38.42	—	—	37	37.75	37.6	38.93	35.5	36.22	36	36.73
800	3.86	—	—	—	—	40.2	41.63	40.1	41.75	38.2	39.56	39.5	40.90
900	3.89	—	—	—	—	42.9	44.67	42.9	44.67	42.6	44.36	—	—

深度(m)	校正值(℃)	三8		八3		七15		九13		六10		三9	
		$T_测$(℃)	T(℃)	$T_测$(℃)	T(℃)	$T_测$(℃)	T(℃)	$T_测$(℃)	T(℃)	$T_测$(℃)	T(℃)	$T_测$(℃)	T(℃)
100	−8.59	22.8	21.41	21.5	19.48	24.1	22.63	25.1	22.75	23.2	21.02	23	21.60
200	−6.06	24	22.99	23.2	21.78	25.9	24.82	25.9	24.32	24.2	22.72	24.2	23.19
300	−4.45	25.8	25.21	25.6	24.53	27.9	27.27	27.3	26.16	26.6	25.49	25.9	25.31
400	−1.65	27.2	27.13	27.9	27.27	30	29.92	28.9	28.24	29.1	28.44	27.5	27.43
500	0.33	30.1	30.41	30.4	30.32	32.7	33.04	31.9	31.82	31.4	31.32	30.4	30.72
600	1.66	31.4	32.03	33.1	33.44	34.9	35.60	34.4	34.76	33.6	33.95	31.8	32.44
700	2.86	34.7	35.93	35.8	36.52	38	39.35	36.7	37.44	35.7	36.42	35	36.24
800	3.86	36.6	38.11	39	40.38	40.8	42.48	40.5	41.94	38.4	39.76	—	—
900	3.89	—	—	—	—	44.2	46.02	—	—	—	—	—	—

深度(m)	校正值(℃)	一7 $T_{测}$(℃)	一7 T(℃)	水13 $T_{测}$(℃)	水13 T(℃)	六16 $T_{测}$(℃)	六16 T(℃)	七16 $T_{测}$(℃)	七16 T(℃)	八8 $T_{测}$(℃)	八8 T(℃)	十一13 $T_{测}$(℃)	十一13 T(℃)
100	−8.59	23.8	22.35	22.1	20.75	21.6	20.28	20.8	18.85	21.6	19.57	21.7	19.66
200	−6.06	25.7	24.62	24.4	23.38	24.2	23.19	23.5	22.07	23.1	21.69	24	22.53
300	−4.45	27.1	26.48	26.5	25.90	26.7	26.09	25.9	24.82	25.6	24.53	26.7	25.58
400	−1.65	29.5	29.42	29	28.93	29.6	29.52	28.5	27.85	28.1	27.46	29	28.34
500	0.33	32.5	32.84	32.1	32.43	32.2	32.53	30.6	30.52	30.8	30.72	31.2	31.12
600	1.66	34.9	35.60	34.7	35.40	34.8	35.50	33	33.34	33.3	33.65	33.8	34.15
700	2.86	37.5	38.83	37.4	38.73	36.4	37.69	35.6	36.32	36.4	37.13	37.5	38.26
800	3.86	40	41.65	39.5	41.13	39.2	40.82	39.7	41.11	—	—	—	—
900	3.89	—	—	—	—	—	—	—	—	—	—	—	—

深度(m)	校正值(℃)	十一17 $T_{测}$(℃)	十一17 T(℃)	水33 $T_{测}$(℃)	水33 T(℃)	十五14 $T_{测}$(℃)	十五14 T(℃)	十四12 $T_{测}$(℃)	十四12 T(℃)	十二17 $T_{测}$(℃)	十二17 T(℃)	十二12 $T_{测}$(℃)	十二12 T(℃)
100	−8.59	19.8	17.94	22.6	21.22	24.1	21.84	19.9	18.03	26.4	24.79	22	20.66
200	−6.06	22.8	21.41	24.6	23.57	25.9	24.32	22	20.66	28.4	27.21	25	23.95
300	−4.45	25.1	24.05	26.5	25.90	27.4	26.25	25.5	24.43	30.3	29.61	26.7	26.09
400	−1.65	28.1	27.46	29	28.93	29.9	29.22	28.9	28.24	32.3	32.22	29.5	29.42
500	0.33	31.7	31.62	30.5	30.82	31.9	31.82	31.9	31.82	34.5	34.86	31.9	32.23
600	1.66	35	35.36	—	—	35	35.36	35.9	36.27	36.5	37.24	34.7	35.40
700	2.86	—	—	—	—	37.6	38.36	39.1	39.89	38.9	40.28	36.7	38.00
800	3.86	—	—	—	—	40.2	41.63	43	44.53	40.8	42.48	39.6	41.23
900	3.89	—	—	—	—	43.7	45.50	—	—	—	—	—	—

表3.18 潘三矿简易测温孔水平温度校正结果表

深度(m)	校正值(℃)	十东7 $T_{测}$(℃)	十东7 T(℃)	十二西2 $T_{测}$(℃)	十二西2 T(℃)	十一西13 $T_{测}$(℃)	十一西13 T(℃)	十四东9 $T_{测}$(℃)	十四东9 T(℃)	十一西2 $T_{测}$(℃)	十一西2 T(℃)
100	−10.80	20.7	18.20	20.74	18.24	—	—	19.5	17.91	29.36	26.19
200	−8.86	23.2	21.31	22.53	20.69	22	19.34	22.4	21.16	32.46	29.58
300	−6.27	25.8	24.16	24.76	23.18	—	—	25.2	24.34	35.46	33.24
400	−4.71	28.2	26.63	27.27	25.76	25.71	23.61	27.3	27.80	38.91	37.08
500	−3.92	30.6	29.38	29.38	28.20	—	—	30.6	31.20	41.98	40.33
600	−2.73	33.1	31.97	31.17	30.10	30.48	28.54	—	—	43.69	42.50
700	−1.14	36.2	35.47	—	—	—	—	—	—	44	43.50
800	2.07	40.6	41.35	—	—	35.52	33.55	—	—	—	—

深度(m)	校正值(℃)	十东7 $T_测$(℃)	十东7 T(℃)	十二西2 $T_测$(℃)	十二西2 T(℃)	十一西13 $T_测$(℃)	十一西13 T(℃)	十四东9 $T_测$(℃)	十四东9 T(℃)	十一西2 $T_测$(℃)	十一西2 T(℃)
900	2.58	—	—	—	—	—	—	—	—	—	—
1000	1.94	—	—	—	—	—	—	—	—	—	—
1100	1.57	—	—	—	—	—	—	—	—	—	—

深度(m)	校正值(℃)	十四西13 $T_测$(℃)	十四西13 T(℃)	十四西3 $T_测$(℃)	十四西3 T(℃)	十四西7 $T_测$(℃)	十四西7 T(℃)	十四西9 $T_测$(℃)	十四西9 T(℃)
100	−10.80	22.94	20.46	—	—	23	20.52	26.26	23.07
200	−8.86	24.75	22.56	24.84	21.84	25	22.78	28.29	25.70
300	−6.27	27.05	25.35	—	—	27	25.31	30.78	28.53
400	−4.71	28.79	27.43	30.01	27.56	29	27.63	33.14	31.27
500	−3.92	31.29	30.06	—	—	31	29.78	35.71	34.00
600	−2.73	33.22	32.31	34.23	32.05	33	32.10		
700	−1.14	35.95	35.54	—	—	35.95	35.54	42.18	41.19
800	2.07	39.57	40.39	38.89	36.73	39.57	40.39	45.48	45.60
900	2.58	41.71	42.79	—	—	41.71	42.79	48.32	49.64
1000	1.94	43.2	44.04	—	—	43.22	44.06	50.26	51.51
1100	1.57	—	—	—	—	—	—	—	—

深度(m)	校正值(℃)	十一西9 $T_测$(℃)	十一西9 T(℃)	十一西7 $T_测$(℃)	十一西7 T(℃)	十四西11 $T_测$(℃)	十四西11 T(℃)	13-14E-1 $T_测$(℃)	13-14E-1 T(℃)
100	−10.80	22	20.8	22.2	21.2	22	21.7	29.8	29.2
200	−8.86	23.6	22.6	23.4	22.3	23.9	23.6	31	30.6
300	−6.27	25.3	24.7	25.3	24.4	25.7	25.5	32.2	32
400	−4.71	27.4	27	27.2	26.8	27	27.1	34	33.7
500	−3.92	29.8	29.4	29.6	29	28.7	28.9	35.3	35.4
600	−2.73	32.5	32.2	32	31.6	31.1	31.6	37	37.2
700	−1.14	35	34.8	34.7	34.5	33.6	34	39.3	39.7
800	2.07	38	38.1	36.8	37.4	35.7	36.4	40.9	41.5
900	2.58	40.6	41.1	38.9	40.2	38.5	39.1	42.5	43.1
1000	1.94	—	—	41.3	43.3	41.2	42	44	44.7
1100	1.57	—	—	—	—	—	—	45.4	46.5

3.5 简易测温孔井底校正温度的准确性对比

将用"曲线法"校正的简易测温孔井底温度与运用水平校正方法校正的井底温度进行对比,见表3.19至表3.21。从三个矿区测温孔井底温度的两种校正数值可以看出,两种校正结果相差0.5℃左右。两种校正方法都有其不足点,与实际数值存在一定的误差。

表3.19 丁集煤矿简易孔井底温度校正方法对比表

钻孔号	测温深度(m)	$T_测$(℃)	"曲线法"校正 T_1(℃)	水平校正 T_2(℃)	T_1-T_2(℃)
847	900	50	51.77	50.90	0.87
849	716	38	39.84	38.94	0.90
8414	815	44	46.56	45.73	0.83
二十1	1000	46.1	48.04	47.38	0.66
二十4	905	48	50.43	49.53	0.90
二十8	820	41	43.34	42.17	1.17
二十10	890	43.5	45.98	44.70	1.28
二十13	1045	46.4	48.16	46.78	1.38
二十八4	1010	44.8	45.40	46.33	−0.93
二十八7	880	41.5	41.86	42.55	−0.69
二十八8	1010	46.6	47.23	47.77	−0.54
二十八10	862	41.5	42.06	42.44	−0.38
二十八11	1000	50.6	51.33	52.00	−0.67
二十二11	788	41.4	42.64	41.57	1.07
二十九2	943	48	48.72	48.83	−0.11
二十六1	878	42.5	43.14	42.82	0.32
二十六5	980	46.8	47.21	47.82	−0.61
二十七9	870	41.5	42.18	42.97	−0.79
二十七11	950	48	48.63	48.88	−0.25
二十七12	960	44.5	46.19	45.39	0.80
二十三6	971	50.5	52.47	51.56	0.91
二十三9	845	41	42.89	41.67	1.22
二十四5	980	47.2	47.65	48.23	−0.58
二十五7	850	42.2	42.74	42.65	0.09
二十五13	1030	46	46.56	46.89	−0.33
二十一6	819	41	42.81	41.99	0.82

续表

钻孔号	测温深度(m)	$T_{测}$(℃)	"曲线法"校正 T_1(℃)	水平校正 T_2(℃)	T_1-T_2(℃)
三十5	920	37	37.52	37.70	−0.18
十八8	860	42.4	42.64	43.39	−0.75
十八20	975	45	45.66	45.44	0.22
十六1	950	43.7	45.57	44.29	1.28
十六4	770	44.1	44.74	44.80	−0.06
十六6	830	45.8	46.31	47.64	−1.33
十六8	900	42.8	43.50	43.57	−0.07
十六10	890	41.3	41.97	42.59	−0.62
十六12	880	44.5	44.86	45.22	−0.36
十七6	880	48.2	50.02	49.42	0.60
水12	870	48.6	49.15	49.46	−0.31

表 3.20　顾桥煤矿简易孔井底温度校正表

钻孔号	测温深度(m)	$T_{测}$(℃)	"曲线法"校正 T_1(℃)	水平校正 T_2(℃)	T_1-T_2(℃)
十南14	750	38.5	39.56	39.87	−0.31
69	680	38.5	39.50	39.28	0.22
七17	990	46.6	48.91	48.52	0.39
十六16	980	45.2	46.63	47.06	−0.43
九15	900	42.6	43.82	44.36	−0.54
七14	880	43.7	45.74	45.50	0.24
三8	810	37	38.84	38.53	0.31
七15	934	45.6	47.41	47.48	−0.07
九13	800	40.5	41.64	41.94	−0.30
六10	800	38.4	40.31	39.76	0.55
三9	780	36.5	38.11	37.80	0.31
一7	800	40	41.16	41.65	−0.49
水13	800	39.5	40.79	41.13	−0.34
六16	820	40.5	41.49	42.17	−0.68
七16	808	39.9	41.19	41.55	−0.36
八8	780	38.4	39.66	39.76	−0.10
十一13	700	37.5	38.66	38.26	0.40
十一17	600	35	35.93	35.36	0.57
水33	590	32	32.62	32.64	−0.02
十五14	950	46	47.51	47.90	−0.39
十四12	880	47	48.54	48.94	−0.40
十二17	885	43.5	44.88	45.29	−0.41
十二12	890	44	45.42	45.82	−0.40

表 3.21 潘三煤矿简易孔井底温度校正表

钻孔号	测温深度(m)	$T_测$(℃)	"曲线法"校正 T_1(℃)	水平校正 T_2(℃)	T_1-T_2(℃)
十东7	860	43.48	44.25	44.66	−0.41
十二西2	680	32.94	33.55	33.17	0.38
十一西13	970	41.37	41.81	42.26	−0.45
十四东9	570	32.5	33.08	32.94	0.14
十一西2	711.45	43.9	44.70	44.25	0.45
十四西13	1009	43.4	44.21	44.23	−0.02
十四西3	922	41.79	42.57	42.67	−0.10
十四西7	1009	43.4	44.37	44.23	0.14
十四西9	1043.3	50.71	51.57	51.69	−0.12
十一西9	985	44.3	45.16	45.02	0.14
十一西7	1048	44.7	45.53	45.30	0.23
十四西11	1030	44.6	45.37	45.43	−0.06
13—14E—1	1280	53	53.94	53.71	0.23
十一东7	720	37.4	38.12	39.04	−0.92
十一东3	649	39.4	40.04	40.15	−0.11
十一东5	780	38.7	39.42	40.05	−0.63
十一东9	695	37.6	38.30	39.73	−1.43
十一15	700	33.7	34.20	34.04	0.16
十二7	750	36.3	36.98	37.90	−0.92
水四14	770	41.4	42.17	42.83	−0.66
十三5	850	41.4	42.17	42.92	−0.75
十三西5	864	46.5	47.49	47.30	0.19
十三西7	680	36.8	37.62	38.24	−0.62
十三西1	790	42.6	43.39	43.56	−0.17
十三西3	680	41.57	42.50	42.28	0.22

本 章 小 结

(1) 利用地质勘探中用法较多的"曲线法",由近似稳态孔(丁集5个、顾桥33个以及潘三1个)井底温度恢复校正量与井液停止循环时间的乘幂型关系曲线,对丁集矿37个简易测温孔、顾桥矿23个简易测温孔以及潘三矿25个简易测温孔的井底温度和各水平温度进行了校正,校正后的数据可信度较高,确定了各测温孔井底的温度值和各水平的温度值。

(2) 研究成果可为下一步绘制各矿区的地温梯度和各水平温度等值线图、认识矿区地温分布特点和预测不同深度的温度提供基础数据,同时也为今后矿区简易测温的校正提供依据。

第4章　岩石热物理性质参数测试
与井下岩温实测

在研究地壳和上地幔热结构、地球深部热状态以及各种工程岩体内空气与围岩之间热交换的工作中,岩石的热物理参数是一项重要指标,该参数的测定不但是大地热流测量的重要内容,也是矿山采掘、石油及地热能开发利用、深埋高压电缆及地下油气管道埋设、核废料填埋等工程中不可缺少的工作。在岩石的各种热物理性质中,最重要的是岩石热导率、比热容、热容量及热扩散率。它们对大地热流和地温场的分布都有较大的影响,同时也是矿井空气与围岩热交换计算所需的重要参数。故为了确定研究区煤系岩石的热物理性质参数,本次结合补勘钻探工程,对煤系岩石进行了系统采样,并委托中国科学院地质与地球物理研究所以及核工业北京地质研究院对岩石的热导率和放射性生热率参数进行了测定。在此基础上,对研究区岩石热物理性质特征进行了评价。同时也运用了测温仪对井下巷道岩温进行了现场实测。

4.1　样　品　采　集

4.1.1　采样点布置原则

为使样品的布置科学、合理,且能满足研究的需要,在调研阶段,我们对研究区地温分布、煤层开采现状进行了充分的调研,制定了详细的样品布置和采集原则,主要表现在以下方面:

(1) 均匀性原则

样品分布均匀性原则是地质环境样品分析的基础。为了使样品分布具有均匀性,本次研究在充分调研文献和地质资料的情况下,考虑了不同岩性热物理性质的差异,采集了不同地层层位的岩样、土样。

(2) 代表性原则

样品的代表性是区域研究的关键。不同地层的岩样的热物理性质不同,如何使所采集的样品具有代表性是一个难点。本次研究采取了不同地层层位的不同岩性的样品,尽可能选择具有代表性的样品。

(3) 可对比性原则

样品分布的可对比性是研究区域地热分布的基础。丁集煤矿地热分布与地质构造、岩浆岩分布和岩层热物理性质等方面因素有关,本次研究为探索丁集地热分布及其影响因素,采集了不同成分含量的同一岩性以及不同风化程度的岩样、土样。

4.1.2　样品采集

选择潘三矿煤矿13东陷落柱1号孔及13陷落柱1号孔以及丁集和顾桥矿衔接处地带八补3孔作为本次研究的测试对象。为了使样品分布具有均匀性,本次研究在充分调研文献和地质资料的情况下,考虑了不同岩性热物理性质的差异,采集了不同地层层位的岩样、土样。潘三矿总共采取了岩样84个,八补3孔总共采取了岩样44个,编号1~44,由于编号12、15、18、20、22、33、36岩石岩性主要是泥岩、砂质泥岩。制样时没有制成标准样品,所以不作为实验对象,图4.1为矿上取样照片,样品详细情况见表4.1。

图4.1　取样照片

表4.1　潘三矿岩样采集表

钻孔号	岩样编号	深　度(m)	岩　性
13东陷落柱1号孔	1	400.50~400.70	黏土
	2	405.20~405.40	砂质黏土
	3	420.20~420.40	砂质黏土
	4	420.00~421.20	砂质黏土
	5	497.20~497.40	砂质泥岩
	6	501.50~501.70	细砂岩
	7	514.00~514.20	砂质泥岩
	8	524.00~524.20	粉砂岩
	9	572.00~572.20	砂质泥岩
	10	635.00~635.20	粉细砂岩
	11	645.50~645.70	天然焦
	12	685.00~685.20	泥岩
	13	692.80~693.00	砂质泥岩

钻孔号	岩样编号	深　度(m)	岩　性
13东陷落柱1号孔	14	774.80～775.00	含砾粗砂岩
	15	831.50～831.70	中砂岩
	16	958.50～958.70	砂质泥岩
	17	1003.5～1003.7	砂质泥岩
	18	1006.0～1006.2	灰岩
	19	1020.0～1020.2	灰岩
13陷落柱1号孔	1	418.50～418.70	砂质黏土
	2	420.00～420.20	砂质黏土
	3	435.00～435.20	风化粉砂岩
	4	478.00～478.20	细砂岩
	5	458.00～458.20	强风化粉砂岩
	6	459.5.0～459.70	砂质泥岩
	7	484.50～484.70	砂质泥岩
	8	512.50～512.70	粉砂岩
	9	520.50～520.70	细砂岩
	10	531.00～531.20	粉细砂岩
	11	539.00～539.20	细砂岩
	12	551.00～551.20	粉细砂岩
	13	560.00～560.20	砂质泥岩
	14	564.00～564.20	粉细砂岩
	15	568.80～570.00	砂质泥岩
	16	580.50～580.70	泥岩
	17	583.00～583.20	砂质泥岩
	18	598.50～598.70	粉细砂岩
	19	600.80～601.00	粉砂岩
	20	608.50～608.70	砂质泥岩
	21	613.00～613.20	粉细砂岩
	22	632.50～632.70	细砂岩
	23	662.00～662.20	泥岩
	24	671.00～671.20	粉砂岩
	25	677.50～677.70	泥岩
	26	726.00～726.20	砂质泥岩
	27	771.00～771.20	粉砂岩
	28	774.20～774.40	花斑泥岩
	29	778.50～778.70	铝质泥岩

钻孔号	岩样编号	深　度(m)	岩　性
	30	784.00~784.20	含砾中粗砂岩
	31	790.50~790.70	中细砂岩
	32	792.00~792.20	粗砂岩
	33	800.00~800.20	粉砂岩
	34	805.50~805.70	泥岩
	35	808.00~808.20	细砂岩
	36	813.00~813.20	粉细砂岩
	37	819.50~819.70	细砂岩
	38	831.50~831.70	中砂岩
	39	855.00~855.20	细晶岩
	40	855.50~855.70	细晶岩
	41	860.00~860.20	细晶岩
	42	861.00~861.20	细晶岩
	43	862.00~862.20	泥岩
	44	863.00~863.50	火夹焦
	45	871.50~871.70	泥岩
	46	875.80~876.00	粉细砂岩
13陷落柱1号孔	47	892.00~892.20	细砂岩
	48	904.50~906.70	灰岩
	49	920.00~920.20	粉砂岩
	50	921.00~921.20	灰岩
	51	923.00~923.20	细砂岩
	52	926.00~926.20	砂质泥岩
	53	929.20~929.40	灰岩
	54	934.00~934.20	灰岩
	55	938.40~938.60	砂质泥岩
	56	943.00~943.20	灰岩
	57	947.00~947.20	细砂岩
	58	948.00~948.20	灰岩
	59	958.00~958.20	灰岩
	60	964.50~964.70	细砂岩
	61	984.00~984.20	灰岩
	62	991.50~991.70	灰岩
	63	994.00~994.20	灰岩
	64	1000.0~1000.2	泥岩
	65	1020.0~1020.2	灰岩

表4.2 顾桥矿八补3孔典型岩样信息

编号	深度(m)	岩石热导率(W/(m·K))	岩 性
1	346.3~346.5	1.141	砂质黏土
2	351.7~351.9	1.4545	黏土
3	353.8~354	1.3265	砂质黏土
4	370~370.2	1.21	黏土
5	389.2~389.4	1.6935	砂质黏土
6	426~426.2	1.6285	砂质泥岩
7	435.7~435.9	1.5275	砂质泥岩
8	442~442.2	2.345	粉细砂岩
9	738.8~739	4.1705	细砂岩
10	746.8~747	2.251	粉砂岩
11	772.5~772.7	2.8245	细砂岩
13	800.8~801	2.3	砂质泥岩
14	813.2~813.4	3.188	粉细砂岩
16	843.1~843.3	2.7945	粉砂岩
17	849.5~849.7	2.1715	泥岩
19	872.6~872.8	2.377	泥岩
21	907.6~907.8	4.1285	细砂岩
23	935.5~935.7	2.788	砂质泥岩
24	945.8~946	2.876	粉砂岩
25	956.5~956.7	3.2835	细砂岩
26	979.2~979.4	3.7375	细砂岩
27	987.3~987.5	2.474	泥岩
28	993~993.2	3.067	花斑泥岩
29	1021.8~1022	4.223	中砂岩
30	1033~1033.2	2.626	粉砂岩
31	1066.5~1066.7	2.084	泥岩
32	1083~1083.2	4.0925	中粗砂岩
34	1146.9~1147.1	2.5225	花斑泥岩
35	1160.5~1160.7	4.0205	粗砂岩
37	1174~1174.2	4.1595	中细砂岩
38	1190.7~1190.9	3.0925	砂质泥岩
39	1201.1~1201.3	2.8955	砂质泥岩
40	1213.8~1214	2.587	泥岩
41	1228.2~1228.4	2.653	灰岩

编号	深度(m)	岩石热导率(W/(m·K))	岩　性
42	1233.5～1233.7	2.6465	2灰
43	1240.5～1240.7	3.0315	3上灰
44	1250.9～1251.1	3.0345	3下灰

4.2　热导率测试

4.2.1　概述

热导率,又名导热系数,是指单位时间内单位面积上通过的热量与温度梯度的比例系数,在物体内部垂直于导热方向取两个相距1 m,面积为1 m²的平行平面,若两个平面的温度相差1 K,则在1 s内从一个平面传导至另一个平面的热量就规定为该物质的热导率,其单位为W/(m·K)。它反映物质的热传导能力,各种物质的热导率数值主要靠实验测定,其理论估算是近代物理和物理化学中一个活跃的课题。

根据傅里叶定律,其计算公式如下:

$$K = \frac{QD}{F(T_2 - T_1)} \tag{4.1}$$

式中,Q的意义是厚度为D的岩样两壁温差为$(T_2 - T_1)$时,t时间过程中流过截面积F的热量。

平均热导率的计算公式如下:

$$\overline{K} = \sum_{i=1}^{n} \frac{d_k d_i}{D} \tag{4.2}$$

式中,d_i为相应岩层的厚度,m;d_k为剖面相应厚度d_i岩层的热导率,W/(m·K);D剖面岩层总厚度,m。

热导率一般与压力关系不大,但受温度的影响很大。纯金属和大多数液体的热导率随温度的升高而降低,但水例外;非金属和气体的热导率随温度的升高而增大。传热计算时通常取用物料平均温度下的数值。此外,固态物料的热导率还与它的含湿量、结构和孔隙度有关。一般含湿量大的物料热导率大。如干砖的热导率约为0.27 W/(m·K),而湿砖热导率为0.87 W/(m·K)。物质的密度大,其热导率通常也较大。金属含杂质时热导率降低,合金的热导率比纯金属低。各类物质的热导率的大致范围是:金属为50～415 W/(m·K),合金为12～120 W/(m·K),绝热材料为0.03～0.17 W/(m·K),液体为0.17～0.70 W/(m·K),气体为0.007～0.17 W/(m·K),碳纳米管高达1000 W/(m·K)以上。

与岩石的其他热物理性质相比,各类岩石热导率的差异是相对较小的,但同类岩石的热导率则变化较大。一般情况下,松散的物质如干砂、干黏土和土壤的热导率最低,湿砂、湿黏土与某些热导率低的坚硬岩石具有相近的热导率值。在沉积岩中,煤炭的热导率最低,页岩和泥岩次之,石英岩、岩盐和石膏的热导率最大;砂岩和砾岩的热导率值变化大。岩浆岩、变质岩热导率一般介于2.1~4.2 W/(m·K)之间。

4.2.2 测试结果

从现场采集了样品之后,将样品保存在不易污染的袋子中带回实验室,并根据样品种类进行分类保存。野外采集的样品到达实验室后,对样品进行重新编号,并对样品进行预处理。

本次热导率测试在中国科学院地质与地球物理研究所完成,依据测试要求,需将采集回来的岩石样品进行预处理,即将所采集的岩石样品选择典型的部分,使用切割机进行切割,切割成3~15 cm的厚度,并且要使样品表面平整光滑平行,以适合仪器的测量分析。图4.2为热导率测试实验岩石样品预处理成果图。

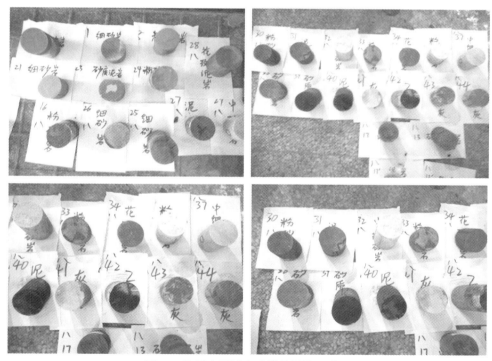

图4.2 热导率测试实验样品预处理成果

本次测试采用的是激光热导仪,仪器型号为NETZSCH LFA457,仪器见图4.3。该仪器测量的样品通常为小圆盘或方盘状,两面平行,测量固体材料的热扩散率、比热和导热系数,温度范围为−120~1000 ℃。在一定的设定温度T(恒温条件)下,由激光源在瞬间发射一束光脉冲,均匀照射在样品下表面,使其表层吸收光能后温度瞬时升高,并作为热端将能量以一维热传导方式向冷端(上表面)传播。使用红外检测器连续测量上表面中心部位的相应温升过程,则通过计量半升温时间即可得到样品在温度T下的热扩散系数。

这一非接触式与非破坏式的测量技术具有样品制备简易,所需的样品体积小,测量速度快,测量精度高等众多优点。测试结果如表4.3、表4.4所示。

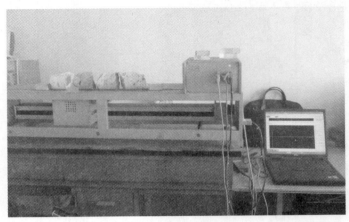

图4.3 激光热导仪

表4.3 潘三热导率测试结果

钻孔号	岩样编号	测试温度(℃)	热导率测试结果(W/(m·K))
十三东陷落柱1号孔	1	25	0.9990
	2	25	1.2495
	4	25	1.2080
	5	25	2.0975
	6	25	3.5360
	7	25	2.6600
	8	25	3.0750
	9	25	2.8040
	10	25	2.9645
	11	25	0.4910
	13	25	2.0565
	14	25	3.4470
	15	25	3.5540
	16	25	1.7375
	17	25	1.9450
	18	25	3.1250
	19	25	4.4365
十三陷落柱1号孔	1	25	1.6150
	2	25	1.4210
	3	25	2.3210
	4	25	4.3150

钻孔号	岩样编号	测试温度(℃)	热导率测试结果(W/(m·K))
	7	25	2.1050
	9	25	4.4270
	10	25	2.7895
	11	25	3.6730
	13	25	3.2935
	14	25	3.0275
	15	25	2.5460
	16	25	2.4035
	17	25	2.6085
	18	25	3.0160
	19	25	3.0510
	20	25	2.6670
	21	25	2.9240
	22	25	2.9060
十三陷落柱1号孔	23	25	2.4170
	24	25	3.1210
	25	25	2.5740
	26	25	2.2085
	27	25	3.2155
	28	25	2.6515
	29	25	2.6870
	30	25	4.2735
	31	25	3.5085
	32	25	3.4550
	33	25	2.8910
	35	25	2.2775
	36	25	3.0965
	37	25	3.6630
	38	25	4.5830
	39	25	1.9225
	40	25	1.9220
	41	25	1.9850
	42	25	1.8255
	43	25	2.3130
	44	25	1.6625

钻孔号	岩样编号	测试温度(℃)	热导率测试结果(W/(m·K))
	45	25	2.3120
	46	25	3.1725
	47	25	3.8465
	48	25	3.0155
	49	25	2.7910
	50	25	2.8735
	51	25	3.9085
	52	25	2.1120
十三陷落柱1号孔	53	25	2.8370
	54	25	2.8310
	55	25	2.0875
	56	25	2.7280
	57	25	3.9670
	58	25	3.0200
	59	25	2.5780
	60	25	2.5955
	61	25	2.8395
	62	25	3.1465
	63	25	2.7150
	64	25	2.4640
	65	25	3.6855

表 4.4 顾桥热导率测试结果

编号	深度(m)	测试温度(℃)	岩石热导率(W/(m·K))	岩性
1	346.3~346.5	25	1.141	砂质黏土
2	351.7~351.9	25	1.4545	黏土
3	353.8~354	25	1.3265	砂质黏土
4	370~370.2	25	1.21	黏土
5	389.2~389.4	25	1.6935	砂质黏土
6	426~426.2	25	1.6285	砂质泥岩
7	435.7~435.9	25	1.5275	砂质泥岩
8	442~442.2	25	2.345	粉细砂岩
9	738.8~739	25	4.1705	细砂岩
10	746.8~747	25	2.251	粉砂岩
11	772.5~772.7	25	2.8245	细砂岩

续表

编号	深度(m)	测试温度(℃)	岩石热导率(W/(m·K))	岩性
13	800.8~801	25	2.3	砂质泥岩
14	813.2~813.4	25	3.188	粉细砂岩
16	843.1~843.3	25	2.7945	粉砂岩
17	849.5~849.7	25	2.1715	泥岩
19	872.6~872.8	25	2.377	泥岩
21	907.6~907.8	25	4.1285	细砂岩
23	935.5~935.7	25	2.788	砂质泥岩
24	945.8~946	25	2.876	粉砂岩
25	956.5~956.7	25	3.2835	细砂岩
26	979.2~979.4	25	3.7375	细砂岩
27	987.3~987.5	25	2.474	泥岩
28	993~993.2	25	3.067	花斑泥岩
29	1021.8~1022	25	4.223	中砂岩
30	1033~1033.2	25	2.626	粉砂岩
31	1066.5~1066.7	25	2.084	泥岩
32	1083~1083.2	25	4.0925	中粗砂岩
34	1146.9~1147.1	25	2.5225	花斑泥岩
35	1160.5~1160.7	25	4.0205	粗砂岩
37	1174~1174.2	25	4.1595	中细砂岩
38	1190.7~1190.9	25	3.0925	砂质泥岩
39	1201.1~1201.3	25	2.8955	砂质泥岩
40	1213.8~1214	25	2.587	泥岩
41	1228.2~1228.4	25	2.653	灰岩
42	1233.5~1233.7	25	2.6465	2灰
43	1240.5~1240.7	25	3.0315	3上灰
44	1250.9~1251.1	25	3.0345	3下灰

4.2.3　测试结果分析

1. 热导率与岩性的关系

统计了研究区各种不同岩石类型的热导率表明(详见图4.4),不同岩性的岩石热导率值存在较大的差别,其中煤岩、天然焦的热导率最低,其值仅为0.681 W/(m·K),热导率最高的为中砂岩,其平均值为4.069 W/(m·K);泥岩、砂质泥岩、砂质黏土、粉砂岩、细砂岩、粗砂岩的热导率平均值分别为2.414 W/(m·K)、2.352 W/(m·K)、1.373 W/(m·K)、2.961 W/(m·K)、3.684 W/(m·K),3.455 W/(m·K)。研究区内煤系地层的岩石类型主要为砂岩及泥岩,泥岩的热导率相对较低且较稳定,其平均值为2.414 W/(m·K);砂岩包括粉砂岩、粉细砂岩、细砂岩、中细砂岩、中砂岩、粗砂岩,其热导率的大小变化较大,平均值为3.542 W/(m·K);钻孔底部一灰的热导率平均值为3.064 W/(m·K),以上不同岩性岩石的热导率特征很好地表明了岩石岩性的特征对其热导率的控制作用。

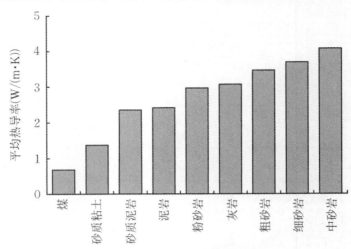

图4.4 岩石热导率岩石样品岩性对比

另外,谭静强等于2009年对淮北煤田中南部煤系岩石热导率进行了测试,共测定样品62块,徐胜平于2014年对淮南煤田煤系岩石热导率也进行了测试,共测定样品58块。将其测定的岩石热导率与本次岩石热导率进行对比(表4.5),可以看出两次测试的砂岩和泥岩的热导率基本相同,两者平均值相对差值分别为0.14 W/(m·K)和0.23 W/(m·K),从而说明本次测试的岩石样品的热导率较为准确可靠;但其煤岩和岩浆岩的测试件数较多,也为本次研究研究区地温分布特征提供了更为完善的基础数据。

表4.5 淮南矿区岩石热导率特征对比表(徐胜平测试,2014)

岩性	粗砂岩	中砂岩	细砂岩	粉砂岩	泥岩	石灰岩	砾岩	煤
数目(件)	—	15	15	15	15	2	1	2
最小值(W/m·K)	—	2.09	1.83	2.06	1.62	2.19	—	0.37
最大值(W/m·K)	—	3.67	4.3	3.31	2.94	2.42	—	0.57
平均值(W/m·K)	—	3.00	2.97	2.60	2.29	2.31	2.87	0.47

表4.6 三次热导率测试结果对比

对比内容	砂岩		泥岩		煤岩		岩浆岩	
	样品数(个)	热导率(W/(m·K))	样品数(个)	热导率(W/(m·K))	样品数(个)	热导率(W/(m·K))	样品数(个)	热导率(W/(m·K))
本次测试	35	3.54	5	2.41	5	0.68	10	1.81
谭静强测试	39	2.62	4	2.41	7	0.40	12	1.75
徐胜平测试	37	2.59	5	2.35	9	0.42	7	1.78

表4.7 常见矿物的热导率

矿物名称	热导率 （W/(m·K)）	比重	矿物名称	热导率 （W/(m·K)）	比重
正长石	2.31	2.57	古铜辉石	4.16	3.21～3.50
微科长石	2.42	2.57	硅灰石	4.03	2.80～2.90
α-石英	7.69	2.65	铁橄榄岩	3.16	4.39
黑云母	1.95	3.02～3.12	闪石	2.88	3.10～3.30
金云母	2.29	2.70～2.85	方解石	3.57	2.715
白云母	2.32	2.76～3.00	钠长石	2.31	2.61
透辉石	5.76	3.22～3.56	钙长石	1.68	2.76
磁铁矿	5.30	4.90～5.20			

从表4.6和表4.7中可看出,砂岩及泥岩的热导率高于岩浆岩,这主要是由岩石的矿物成分及矿物颗粒间的接触所决定的。一般情况下,沉积岩中会含有更多的石英,且含有其特有的碳酸盐矿物(岩浆岩中很少或没有),而这些矿物热导率都较大,因此沉积岩热导率高于岩浆岩。沉积岩中泥岩热导率较小,砂岩热导率较大。这是因为泥岩中含有大量的黏土矿物和少量的石英、长石和云母,且黏土矿物的热导率较低,因此沉积岩中泥岩热导率较低。而砂岩中的碎屑成分主要是石英、长石和岩屑,且在大多数砂岩中,石英是最主要的碎屑,也是最稳定的组分,在表生条件下不易受破坏,表4.7中看出石英的热导率比其他矿物热导率大的多(7.69 W/(m·K)),因此砂岩的热导率比泥岩热导率大。

2. 热导率在垂向上的分布

统计研究区内所测岩样的热导率与深度,并得到图4.5。从图4.5中可以看出,研究区内岩石热导率整体上随着深度的增大而增大,特别是在浅部地层中这种关系表现得较明显,在深部则表现得并不明显,其热导率随着深度的变化并不大。

根据本次研究所获得的岩石热导率数值,对研究区内不同时代地层的热导率进行了对比。研究区内岩石的热导率随着地层由新生界到二叠系石盒子组逐渐增大。对比钻孔岩样对应的岩性可以看出,不同时代地层岩样热导率之间的差异与其地层的岩性有关。根据上文的测试结果可知,砂岩的热导率普遍高于泥岩的热导率,而在研究区的煤系地层中,砂岩所占的比例相当大,尤其是在浅部地层中。故浅部地层热导率随着深度的增加而增大得较明显。但是在深部的太原组与山西组地层,占主导地位的为泥岩与煤,故深部的老地层随着泥岩的增加,其热导率随深度增加的趋势降低。

3. 热导率和密度的关系

岩石的热导率在很大程度上受岩石密度的控制。通常岩石的密度与其空隙的大小及多少有关,空隙大而多的密度较小,而致密坚硬的岩石则密度较大。本次研究在测试了岩样的热导率的同时,对其密度也进行了测试。通过分析二者之间的关系得到图4.6。从图4.6中可以看出研究区内岩石的热导率随着密度的增大而增大,而在岩石组成成分相同时,其致密度和孔隙度将成为其热导率大小的决定性因素。

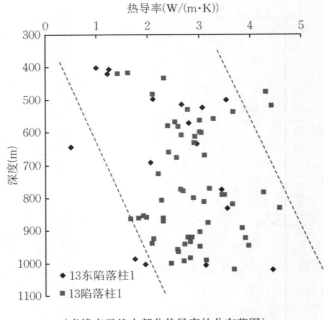

（虚线表示绝大部分热导率的分布范围）

图4.5 岩石热导率与随深度变化

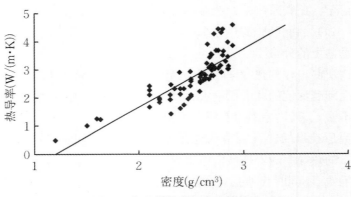

图4.6 岩石热导率与密度的关系

4.3 比热容测试

4.3.1 概述

单位重量的岩石当温度升高（或降低）1 K时所吸收（或放出）的热量,称为该岩石的比热,它可表示为

$$c = \frac{Q}{m\Delta T} \tag{4.3}$$

式中,m 为岩石的重量,g;ΔT 为升温(或降温)值,℃;Q 为加热(或冷却)m(g)岩石增(降)温 ΔT(℃)所需的热量,J;岩石比热 c 的国际通用单位为 J/(g·℃),但迄今最常用的比热单位为 cal/(g·℃)。

$$Q = c\rho(T_B - T_A) \tag{4.4}$$

$$c = \frac{M_w c_w + M_0 c_0 + M_t c_t}{M(T_r - T_B)}(T_B - T_A) \tag{4.5}$$

式中,c 为岩石的比热,J/(g·℃);c_w 为水的比热,$c_w = 1$ cal/(g·℃) $= 4.184$ J/(g·℃);c_0 为量热筒的比热,J/(g·℃);c_t 为水银温度计头的比热,J/(g·℃);T_A 为水的初始温度,℃;T_r 为岩样的加热温度,℃;T_B 为加热岩样和水混合后趋于平衡的温度,℃;M、M_w、M_0、M_t 分别为岩石、水、量热筒和温度计头的重量,g。

4.3.2　测试结果

潘三矿煤矿13东陷落柱1号钻孔的5、8、10、15、17、19号样品以及13陷落柱1号孔的1、3、7、9、13、16、19、25、27、29、31、35、39、43、44、48、51、55、58、64、65号样品,以及顾桥矿八补3钻孔的2、6、9、13、16、19、21、23、26、28、29、37、39、42、44号样品,共43个岩石样品在山西省太原市热物性检测中心进行了岩样比热容的测试。

测试方法:查实扫描热法。

测试仪器:德国耐驰DSC200F3。

测试条件:25 ℃。

图4.7为本次测试实验仪器,图4.8为13东陷落柱1号孔比热容测试原始图,比热容测试结果见表4.8和表4.9。

图4.7　比热容测试仪器

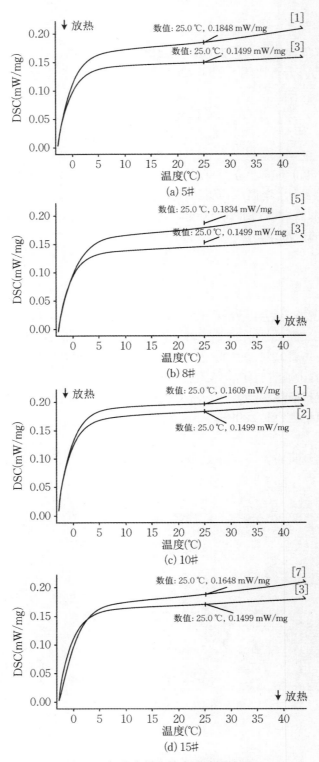

(a) 5#

(b) 8#

(c) 10#

(d) 15#

图4.8 部分岩样比热容测试原始图

表 4.8　潘三矿比热容测试结果

钻孔号	岩样编号	测试温度(℃)	比热容检测结果(J/(g·K))
13东陷落柱1号孔	5	25	0.948J
	8	25	0.945
	10	25	0.825
	15	25	0.845
	17	25	0.934
	19	25	0.962
13陷落柱1号孔	1	25	0.756
	3	25	0.878
	7	25	0.923
	9	25	0.714
	13	25	0.862
	16	25	0.861
	19	25	0.909
	25	25	0.913
	27	25	1.029
	29	25	0.927
	31	25	0.680
	35	25	0.914
	39	25	0.782
	43	25	0.903
	44	25	0.908
	48	25	0.790
	51	25	0.944
	55	25	0.687
	58	25	0.778
	64	25	1.037
	65	25	0.836

表 4.9　顾桥八补3孔比热容测试结果

编号	测试温度(℃)	比热容检测结果(J/(g·K))	岩性
2	25	1.155	黏土
6	25	0.794	砂质泥岩
9	25	0.694	细砂岩
13	25	1.033	砂质泥岩
16	25	0.989	粉砂岩

编号	测试温度(℃)	比热容检测结果(J/(g·K))	岩性
19	25	0.916	泥岩
21	25	0.858	细砂岩
23	25	0.742	砂质泥岩
26	25	0.820	细砂岩
28	25	0.917	花斑泥岩
29	25	0.856	中砂岩
37	25	0.667	中细砂岩
39	25	0.748	砂质泥岩
42	25	0.925	2灰

4.4 密度测试

选取与比热容测试相同编号的岩石样品,对岩石样品进行密度测试。从采集回来的岩石样品中选取典型的岩样,预先将风干岩石碎成重约100~200 g形状较方整、便于悬挂的小块,用密封袋封存并编号以待后续试验的使用。图4.9为部分岩样预处理的成果图。

图4.9 密度测试实验部分样品预处理成果

本次岩石密度测试采用净水称重法:应用阿基米德原理进行测量,将标本用石蜡密封并称重。岩样密度计算公式如下:

$$\rho = \frac{m}{(m-m_2)-\lambda(m_1-m)} \tag{4.6}$$

其中,$\lambda = \left(\dfrac{1}{\rho_0}-1\right)$为常数,石蜡的密度为

$$\rho_0 = \frac{m_0}{m_3-m_4}$$

式中,m为岩石在空气中的质量,g;m_1为岩石涂蜡在空气中的质量,g;m_2为岩石涂蜡在水中

的质量,g;m_0为石蜡在空气中的质量,g;m_3为浸蜡岩样和吊丝在空气中的质量,g;m_4为浸蜡岩样和吊丝在水中的质量,g。

研究区密度测试结果详见表4.10和表4.11。

表4.10　潘三矿密度测试结果

钻孔号	岩样编号	岩　性	密度测试结果(g/cm^3)
13东陷落柱1号孔	5	砂质泥岩	2.53
	8	粉砂岩	2.7
	10	粉细砂岩	2.56
	15	中砂岩	2.52
	17	砂质泥岩	2.53
	19	灰岩	2.58
13陷落柱1号孔	1	砂质黏土	1.7
	3	风化粉砂岩	2.21
	7	砂质泥岩	2.55
	9	细砂岩	2.67
	13	砂质泥岩	2.51
	16	泥岩	2.39
	27	粉砂岩	2.73
	29	铝质泥岩	2.47
	31	中细砂岩	2.54
	32	粗砂岩	2.49
	38	中砂岩	2.53
	48	灰岩	2.69
	51	细砂岩	2.59
	55	砂质泥岩	2.49
	58	灰岩	2.73

表4.11　顾桥八补3孔密度测试结果

编号	密度检测结果(g/cm^3)	岩　性
2	1.70	黏土
6	2.50	砂质泥岩
9	2.68	细砂岩
13	2.53	砂质泥岩
16	2.70	粉砂岩
19	2.52	泥岩
21	2.69	细砂岩
23	2.53	砂质泥岩

续表

编号	密度检测结果(g/cm³)	岩 性
26	2.71	细砂岩
28	2.54	花斑泥岩
29	2.63	中砂岩
37	2.54	中细砂岩
39	2.52	砂质泥岩
42	2.67	2灰

综合表4.8～表4.11,采用算术平均值法求得研究区潘三矿和顾桥矿热导率、比热容以及密度均值,详见表4.12。

表4.12 岩样参数测试综合表

参数	热导率K(W/m·K)	比热容C(J/(g·K))	密度ρ(g/cm³)
数值	2.64	0.87	2.51

4.5 岩石热扩散率的计算

岩石热扩散率(α)为热导率(k)除以岩石密度(ρ)和比热容(c)之积,它是表征岩石在环境温度变化时本身温度变化速度的一个物理量,即$\alpha=k/(\rho \cdot c)$,其中,热扩散率α,m²/s;热导率k,W/(m·K);比热容c,J/(kg·K);密度ρ,kg/m³。也就是说,岩石的热扩散率和它的热导率成正比,和它的密度与比热容之积成反比。当环境温度发生变化时,热扩散率大的岩石温度改变也快,接受影响的深度也大。如果某一物质有可靠的热导率数值,则最好按上式算出热扩散率;岩石的热扩散率也可以直接测定。在各向异性的非均质物质中,热扩散率不可用一个简单的数值来表征。通过公式可以计算出研究区的岩石热扩散率,见表4.13。

表4.13 岩石热扩散率

编号	岩石热扩散率(10⁻² cm⁻³/s)	岩 性
2	0.741	黏土
6	0.820	砂质泥岩
9	2.242	细砂岩
13	0.893	砂质泥岩
16	1.056	粉砂岩
19	1.045	泥岩
21	1.868	细砂岩

续表

编号	岩石热扩散率(10^{-2} cm^{-3}/s)	岩　性
23	1.507	砂质泥岩
26	1.688	细砂岩
28	1.348	花斑泥岩
29	1.911	中砂岩
37	2.521	中细砂岩
39	1.565	砂质泥岩
42	1.077	2灰

4.6　大地热流的计算

4.6.1　概述

大地热流(q)是表征由地球内部向地表传输并在单位面积上散发的热量。它是发生在地幔内部的热与动力学过程的表面特征,它是地热场最重要的表征,是地球内部热作用过程最直接的表示方式,其中蕴涵着丰富的地质、地球物理和地球动力学信息。作为一个综合性指标,大地热流对地壳的活动性、地壳与上地幔的热结构、岩石圈流变学结构等问题的研究和对区域热状况的评定等有重要意义。大地热流是指地表或近地表浅层单位面积上由地球内部向地表传输的热量,单位为 mW/m^2,它是进行深部温度预测的最主要参数。可为地质构造的形成机制和演化过程研究及煤田资源评价提供重要依据。此外,地温场数值模型的建立和分析也必须以研究区现今大地热流作为依据。

大地热流是反映研究区地温场特征的一个重要地热参数,通常与岩性、岩石的厚度、热导率及地温梯度等密切相关,其计算公式为

$$Q = -k \cdot \left(\frac{\mathrm{d}T}{\mathrm{d}Z}\right)$$

式中,Q为大地热流,mW/m^2;k为热导率,W/(m·K);$\mathrm{d}T/\mathrm{d}Z$为地温梯度,℃/hm。

我国大陆地区的区域大地热流分布格局可描述为东高、中低,西南高和西北低。这种热流分布格局主要受中、新生代岩石圈构造-热活动控制,并与我国大陆地区的阶梯状地势存在某种表观联系:地势最高的青藏高原表现为高热流(>80 mW/m^2),但地势最低的大陆东部地区亦表现为较高热流(60.75 mW/m^2),中间的中部和西北部地区以低热流(<60 mW/m^2)为特征。类似现象在北美大陆亦存在。其统计结果表明,我国大陆地区实测热流值变化范围为23~319 mW/m^2,平均为63±24.2 mW/m^2;剔除与地表热异常相关的数据后,热流值变化范围为30~140 mW/m^2,平均为61±15.5 mW/m^2。

淮南矿区所属的安徽省境内,在《中国大陆地区大地热流数据汇编》中公布的热流数据

共有11个(表4.14),安徽省大地热流均值为62.0 mW/m²。此外,谭静强等研究得出,淮北煤田中南部平均大地热流值约为60.0 mW/m²;何争光等研究成果表明在蚌埠以东、靠近郯庐断裂带附近的大地热流值为72.0 mW/m²,淮北大地热流值为53.0 mW/m²。

表4.14 安徽省大地热流数据一览表

位置	东经	北纬	深度范围(m)	地温梯度(K/km)	热导率(W/(m·K))	热流值(mW/m²)
安徽霍山	116°00′	32°18′	180~480	22.2±0.22	3.91±0.36	86.7
安徽濉溪	116°53′	33°39′	600~900	19.6±0.8	2.51	49.4
安徽濉溪	116°53′	33°43′	505~605	19.1±0.4	2.51	48.1
安徽安庆	116°56′	30°37′	400~780	21.0±0.2	2.51	52.8
安徽安庆	116°58′	30°38′	200~530	17.3±0.2	2.93(1)	50.7
安徽贵池	117°14′	30°26′	100~290	19.2±0.2	2.72±0.13(11)	52.3
安徽庐江	117°15′	31°09′	150~440	15.89±0.55	2.78±0.14(8)	44
安徽庐江	117°19′	31°00′	100~308	41.14±0.27	1.91±0.07(4)	78.7
安徽庐江	117°19′	31°00′	134~229	36.40±0.52	2.07±0.11(4)	75.4
安徽庐江	117°22′	31°01′	100~308	41.2±2.7	1.91±0.07(7)	78.7
安徽铜陵	117°49′	30°52′	106~644	20.9±0.1	3.14±0.13(12)	65.7

4.6.2 研究区大地热流的计算

1. 淮南矿区大地热流的分布特征

通常地温梯度都是根据其定义计算的,即从恒温带到井底的地温梯度值(也称为钻孔全井段地温梯度)。而松散层与基岩面下部岩石的导热率及地温梯度值差异较大,在计算大地热流时为了提高准确性,热导率范围和地温梯度的计算范围均为基岩面下部。而求取地温梯度时,选择具有代表性的近似稳态测温孔进行计算。而井田没有近似稳态测温孔时,选用两次测温差值最小的简易孔代替。

从收集的近两年对淮南煤田地温场的研究资料显示,淮南煤田煤系地层的岩石热导率平均值为2.59 W/(m·K),煤田内大地热流的变化范围为31.87~83.9 mW/m²,平均值为63.69 mW/m²,大地热流分布如图4.10所示。从图4.10可以看出,大地热流值高于70 mW/m²的区域位于煤田中东部,大概处于顾桥、张集、潘集背斜和阜凤推覆构造附近的新集矿区一带。从高值区往东,大地热流值逐渐变小,在东南部局部范围内大地热流值低于35 mW/m²。而在淮南煤田的西部,大地热流值一般接近60 mW/m²。参照《中国大陆地区大地热流数据汇编》的数据,中国大陆地区的大地热流平均值为61±15.5 mW/m²,安徽省大地热流平均值为62.0 mW/m²。可见,淮南煤田的大地热流值是处于中国大陆地区大地热流值的正常范围内,且略高于安徽省大地热流值。

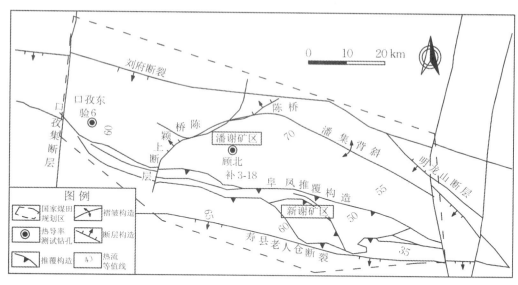

图4.10 淮南煤田大地热流分布图(据任自强,2015)

2. 研究区三矿大地热流

在研究区内对三个不同钻孔的岩样进行了热导率测试,测试结果见表4.15。所采岩样的深度在346.3~1250.9 m之间,地层时代范围为N~C₃,岩石类型包括粉砂岩、细晶岩、灰岩和各种类型的砂岩、泥岩、黏土等。但由于本次测试的资料中缺少对煤岩的热导率测试,故决定参考《淮南煤田现今地温场特征》中关于煤岩的热导率数据,其中丁集19-3孔的加权平均热导率为 2.30 W/(m·K),顾桥十二15孔为 2.39 W/(m·K),潘三十一西9孔为2.34 W/(m·K),研究区的平均热导率为2.34 W/(m·K)。

表4.15 岩石热导率测试结果汇总表

矿区	孔 号	采样深度范围(m)	样品数目(个)	热导率(W/(m·K))
顾桥矿	八补3号孔	346.3~1250.9	44	$\dfrac{1.13\sim4.24}{2.70}$
潘三矿	13号陷落柱1号孔	418.5~1020.2	65	$\dfrac{1.41\sim4.63}{2.85}$
潘三矿	13东陷落柱1号孔	400.5~1020.2	19	$\dfrac{0.49\sim4.62}{2.43}$

如果用各矿区钻孔全井段地温梯度的平均值计算,丁集矿区的大地热流值为76.13 mW/m²,顾桥矿为74.57 mW/m²,潘三矿为72.07 mW/m²。对矿区内近似稳态孔基岩面下部的温度-深度数据进行线性拟合求取其地温梯度值,并计算其大地热流值,所得数据见表4.16。根据近似稳态孔的计算结果可知,丁集矿的平均大地热流值为76.18 mW/m²,顾桥矿的平均大地热流值为77.62 mW/m²,潘三的大地热流值为77.22 mW/m²,研究区的平均大地热流值为76.86 mW/m²。对比可以发现,用基岩面下部地温梯度计算的大地热流值,比用钻孔全井段地温梯度平均值计算的结果要大些,不过可以推断研究区的大地热流值应该是75 mW/m²

左右。研究区大地热流值的计算结果,与淮南煤田的大地热流分布情况相吻合,呈现出较高的地热状态。

表4.16　研究区大地热流值汇总表

矿区	孔　　号	深度范围(m)	地温梯度 (℃/hm)	热导率 (W/(m·K))	大地热流值 (mW/m²)
丁集	十六11	480~940	3.79	2.30	87.17
	十八7	480~940	3.02	2.30	69.46
	二十6	500~880	3.53	2.30	81.19
	二十三12	480~1000	2.73	2.30	62.79
	二十九3	560~900	3.49	2.30	80.27
顾桥	丁补08-1	500~1168	3.56	2.39	85.08
	三-四3	480~946	3.50	2.39	83.65
	东进风井井筒检查孔	420~1340	3.03	2.39	72.42
	东回风井井筒检查孔	420~1080	2.90	2.39	69.31
潘三	十-十一17	400~1118	3.30	2.34	77.22

4.7　岩石放射性生热率测定与评价

4.7.1　概述

岩石放射性生热率是指单位体积的岩石在单位时间内由其所含的放射性元素衰变而产生的热量即为岩石放射性生热率,简称岩石生热率 A ,单位为 $\mu W/m^3$ 。放射性元素的衰变生热是地球内部驱动众多深部构造热过程的重要动力来源,也是岩石圈内热场(温度场)分布的主要控制因素。岩石中所含的天然放射性元素虽然很多,但只有U、Th、K 3个元素因具有足够的丰度且其半衰期可与地球的年龄相比拟而被列为主要生热元素。其中钾的分布较为均匀稳定,但总体生热贡献仅占总量的1/10~2/10;而铀最为活跃,钍次之,两者在地球演化和分异淋滤过程中易受水热活动影响而迁移富集至地壳顶部。

岩石放射性生热率的测试项目一般有U、Th和K, ^{238}U 、 ^{235}U 、 ^{232}Th 、 ^{40}K 、和 ^{87}Rb 是地球上现存的含量较高的、半衰期最长的天然放射性元素、半衰期分别为 4.468×10^9 A、 7.038×10^8 A、 1.41×10^{10} A、 1.28×10^9 A、和 4.8×10^{10} A。放射性元素的基本属性之一,在于它们在放射性衰变过程中能自发地释放出具一定能量的 α 、 β 和 γ 粒子并转换为放射性成因热量,单位时间内释放出的放射性成因热称为放射性生热率(Q_A)。天然岩石中Rb的含量及能量产生率很低,在总放射性生热量中所占的比例子很小(不及1%)。因此,岩石的放射性生热率取决于U、Th和K的含量。

放射性元素时空分布对地球内部温度场的影响很大,有时达30%~40%的地表热流密度是由放射性元素产生的。因此,放射性生热不仅是研究盆地深部热状况和岩石圈热结构等深部物理特征的有效参数,也是地热史恢复的重要参数。

在实际测量中,一般是测定岩石样品中铀、钍和钾的含量,采用一些学者提出的计算方法进行计算。根据现在学者对放射性生热率的研究进展,及两淮矿区对放射性生热率的科研材料,采用的计算公式为

$$Q_A = 0.315(0.73C_U + 0.2C_{Th} + 0.27C_K)$$

式中,Q_A为岩石的放射性生热率,$\mu W/m^3$;C_U、C_{Th}为岩石中 U 和 Th 的含量,$\mu g/g$(ppm);C_K为岩石中 K 的含量,%。

岩石放射性生热率是研究煤田地热及岩体热演化史的一个重要参数,因此,根据辐射衰变定律及岩石样品 U、Th 和 K 的放射性生热参数的测定,为研究区地热储量的估算提供数据基础。

4.7.2 样品采集与测试结果

本次采集了研究区内3个钻孔共35个岩石样品。对 Th、U 的测试方法为《硅酸盐岩石化学分析方法》(GB/T 14506.30—2010),仪器型号为 PerkinElmer,Elan DCR-e 型等离子体质谱分析仪,温度20 ℃,相对湿度为30%。对 K 的测试方法为《硅酸盐岩石化学分析方法》(GB/T 14506.11—2010),仪器型号为 z-2000 石墨炉原子吸收分析仪,温度20 ℃,相对湿度为30%。测试仪器如图4.11所示,测试结果见表4.17。

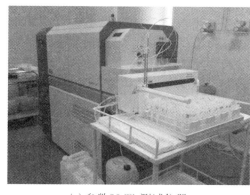
(a) 参数U-Th测试仪器

(b) 参数K测试仪器

图4.11 测试仪器

表4.17 研究区岩石放射性生热率成果表

孔号	样品编号	深度(m)	岩性	C_{Th} (μg/g)	C_U (μg/g)	C_K	生热率 (μW/m³)
顾桥八补3号孔	2	351.7	黏土	15.4	4.31	2.38%	2.16
	6	426	砂质泥岩	17.8	8.45	2.15%	3.25
	9	738.8	细砂岩	12.1	3.17	0.34%	1.52
	13	800.8	砂质泥岩	18.5	3.04	0.61%	1.92
	16	843.1	粉砂岩	15	3.61	1.39%	1.89
	19	872.6	泥岩	19	4.53	1.55%	2.37
	21	907.6	细砂岩	7.4	1.37	0.39%	0.81
	23	935.5	砂质泥岩	16.9	2.74	1.13%	1.79
	26	979.2	细砂岩	14.2	1.95	1.21%	1.45
	28	993	花斑泥岩	18.2	4.14	1.5%	2.23
	29	1021.8	中砂岩	8.1	1.23	0.55%	0.84
	37	1174	中细砂岩	9.08	1.43	0.73%	0.96
	39	1201.1	砂质泥岩	19.3	4.17	2%	2.34
	42	1233.5	2灰	0.59	3.82	0.13%	0.93
	44	1250.9	3下灰	0.32	2.07	0.04%	0.50
潘三13陷落柱1号孔	1	418.5~418.7	砂质黏土	13.2	2.07	1.22%	1.41
	3	435~435.2	风化粉砂岩	17.3	4.96	2.04%	2.40
	7	484.5~484.7	砂质泥岩	16.3	5.55	2.88%	2.55
	16	580.5~580.7	泥岩	17.8	5.78	0.98%	2.53
	19	600.8~601	粉砂岩	15	3.6	1.83%	1.93
	26	726~726.2	砂质泥岩	12.8	4.18	1.04%	1.86
	30	784~784.2	含砾中粗砂岩	22.3	5.24	1.05%	2.70
	33	800~800.2	粉砂岩	16.8	2.02	1.77%	1.67
	35	808~808.2	细砂岩	17.1	2.62	4.37%	2.05
	39	855~855.2	细晶岩	28.9	7.93	6.13%	4.17
	42	861~861.2	细晶岩	27.6	5	5.69%	3.37
	43	862~862.2	泥岩	16.4	4.73	1.25%	2.23
	48	904.5~906.7	灰岩	2.33	9.68	0.28%	2.40
	60	964.5~964.7	细砂岩	6.63	1.5	1.73%	0.91
	65	1020~1020.2	灰岩	0.58	0.79	0.07%	0.22
潘三13东陷落柱1号孔	12	685~685.2	泥岩	21.8	3.18	1.07%	2.20
	13	692.8~693	砂质泥岩	16.9	2.9	0.75%	1.79
	14	774.8~775	含砾粗砂岩	4.86	0.47	0.76%	0.48
	15	831.5~831.7	中砂岩	4.19	1.45	1.4%	0.72
	17	1003.5~1003.7	砂质泥岩	18.2	3.99	2%	2.23

从表4.17可知,研究区内岩石的放射性生热率范围为0.22~4.17 μW/m³,多数处于1.0~3.0 μW/m³之间,平均值为1.87 μW/m³。而1979年中国地质科学院地质研究所地热组,测试的华北盆地燕山期花岗岩的生热率为2.591 μW/m³。可见,研究区的岩石生热率远低于此。

1. 岩石生热率与岩性的关系

根据上述的岩样生热率,分布计算不同类别岩石的平均生热率,并绘制其对比图,见图4.12。从三大岩类的详细分类来讲,细晶岩属于火成岩大类下的浅成岩类。细晶岩的生热率最高,为3.77 μW/m³;其次为泥岩,为2.25 μW/m³;然后是砂岩,为1.24 μW/m³;煤和灰岩较低,分别为1.03 μW/m³、1.01 μW/m³。

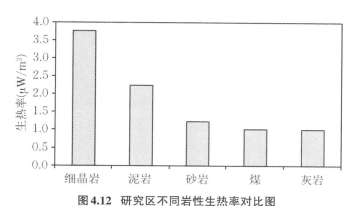

图4.12　研究区不同岩性生热率对比图

2. 岩石生热率与深度的关系

研究区内岩石的生热率随深度有一定变化,但不明显,见图4.13。在200~1400 m的深度范围内,生热率随深度有递减的趋势。但是由于受样品数目和取样深度的限制,生热率与

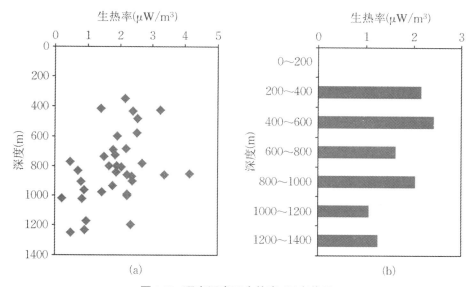

图4.13　研究区岩石生热率-深度关系

深度的关系尚不能准确判定。研究区内岩石的生热率-深度关系较为分散,生热率多数处于1.0～3.0 μW/m³之间,平均值为1.87 μW/m³。根据谢景娜运用自然伽马测井技术对丁集矿区不同地层放射性含量的探测,丁集矿区的岩石生热率为1.769 μW/m³,得出的结果也较低,与本次研究结果较为相符。

3. 放射性元素衰变产生的热效应

根据研究结果,泥岩的平均生热率为2.25 μW/m³,砂岩为1.24 μW/m³,灰岩为1.01 μW/m³。以丁集矿十六11孔、顾桥矿XLZL1孔和潘三十一十一17孔为例,计算并讨论沉积岩层中放射性衰变生成的热对大地热流的贡献。丁集矿十六11孔揭露的古生界碳酸盐岩厚度为2.64 m,砂岩厚度为148.65 m,泥岩厚度为328.47 m。顾桥矿XLZL1孔揭露的古生界碳酸盐岩厚度为461.39 m,砂岩厚度为143.04 m,泥岩厚度为352.96 m。潘三矿十一十一17孔揭露的古生界碳酸盐岩厚度为1.8 m,砂岩厚度为158.94 m,泥岩厚度为445.13 m。依据下列公式,计算不同岩性的岩层中放射性元素衰变产生的总的热量。

$$Q = Q_A \cdot H$$

计算结果显示:丁集十六11孔泥岩中放射性元素衰变生热贡献最大,达0.739 mW/m²,砂岩的热流值为0.184 mW/m²,灰岩热流值为0.003 mW/m²;顾桥XLZL1孔泥岩中放射性元素衰变生热最大,达0.794 mW/m²,碳酸岩的热流值为0.466 mW/m²,砂岩热流值为0.177 mW/m²;潘三十一十一17孔泥岩中放射性元素衰变生热最大,达1.001 mW/m²,砂岩的热流值为0.197 mW/m²,碳酸岩热流值为0.002 mW/m²。而丁集矿区的大地热流值为76.18 mW/m²,根据十六11孔的计算结果,该区古生界的沉积地层中放射性元素衰变产生的热量,对地表热流的累计贡献为0.926 mW/m²,占大地热流的1.2%左右;顾桥矿区的大地热流值为77.62 mW/m²,根据顾桥XLZL1孔的计算结果,该区古生界的沉积地层中放射性元素衰变产生的热量,对地表热流的累计贡献为1.437 mW/m²,占大地热流的1.9%左右;潘三矿的大地热流值为77.22 mW/m²,根据潘三矿十一十一17孔的计算结果,该区古生界的沉积地层中放射性元素衰变产生的热量,对地表热流的累计贡献为1.20 mW/m²,占大地热流的1.6%左右。这三个钻孔揭露的岩层基本包括了各井田的浅部地层,是具有一定代表性的。可见区内放射性元素衰变生热对大地热流具有一定贡献,但贡献较小。

4.8 井下巷道岩温实测

由于研究区部分矿井钻孔测温孔数量较少,而且多数矿井正在往深部延伸,地温影响也越来越大,为了掌握井下地温变化规律,利用井下采掘巷道,开展了井下巷道围岩温度测试工作。一方面补充矿区地温数据,另一方面与钻孔测温成果进行对比修正,提高钻孔测温数据的准确性。

4.8.1　浅钻孔测温方法

　　井下测温通常都采用浅钻孔测温方法。浅孔测温是利用井下炮眼温度测定方法在矿井掘进巷道布置深 2.0～2.5 m 的炮眼或锚杆眼(干眼),如图 4.14 所示,将测温棒送入孔内,外接精密温度计,用黄泥等材料封孔,经过一段时间,待温度计读数稳定后读取温度。为了保证测温的精度,尽量风排煤(岩)屑,不用水冲洗炮眼。由于受采掘工作面数量和位置的限制,所测数据只能代表测定区域的地温状况。但具有简单易行、测温成本低、测量时间短等优点。

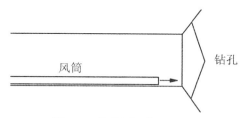

风筒　　　　　钻孔

图 4.14　炮眼测温布置

　　在受风流冷却时间短的新掘进巷道,特别是日进度大于 1 m 的掘进工作面,由于围岩冷却速度小于巷道的日进度,围岩调热圈发育不深。可以设岩壁均质,将围岩视为半无限大的固体,沿垂直于壁面的轴线方向温度为一维非稳态导热。从岩壁向围岩深处,岩温由壁面温度逐渐过渡到原岩温度,过渡带宽度及过渡带内岩温是壁面距离的函数。其温度 $T(x,t)$ 随着时间的变化可以写成

$$\frac{\partial T}{\partial t} = \lambda \frac{\partial^2 T}{\partial^2 t}$$

　　边界条件及初始条件为

$$T(x,t)|_{t=0} = T_v, \quad 0 \leqslant x < \infty \tag{4.7}$$

$$T(x,t)|_{t=0} = T_s, \quad t > 0 \tag{4.8}$$

式中,T 为围岩温度,℃;T_t 为初始围岩温度,℃;t 为时间,h;x 为测点距岩壁面的垂直距离,m;λ 为围岩热扩散率,m²/h。

　　式(4.7)、式(4.8)的解可以用下式表示:

$$\frac{T - T_v}{T_s - T_v} = \text{erfc} \frac{x}{2\sqrt{\lambda t}}$$

$$T = T_v + \text{erfc} \frac{x}{2\sqrt{\lambda t}} (T_s - T_v)$$

式中,erfc 为误差函数,可以从数学专用表中查出其计算公式。

　　对于新暴露的煤岩,一般情况下 $\text{erfc} \frac{x}{2\sqrt{\lambda t}} (T_s - T_v)$ 的值很小,可以忽略不计,即 $T = T_v$。从理论上讲,在钻孔暴露 24 h 以内掘进工作面采用 1～2 m 深浅钻孔测温可以反映原始岩温的真实情况。

4.8.2　测温仪器

井下实测工作采用的测温仪器均为半导体热敏电阻测温仪。温度测试系统由温度传感器探头和温度显示仪组成(图4.15),使用传感器探头由德国UST公司生产,安徽宝利公司封装,其可适用60 ℃的环境,防水、防爆,长于1000 h的测量漂移量为0.2%。显示仪为AD型显示仪,采用COMS微功耗继承电路和宽温度型大字段宽屏视角液晶显示,具有防水、防爆、抗震等特点。其具体指标见表4.18。

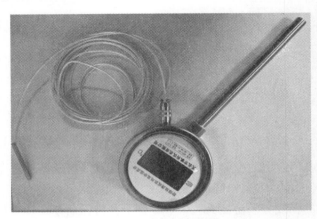

图4.15　井下测温仪器

表4.18　测试系统主要参数

名称	外壳	型号	精度	传感器尺寸	温度范围	功能
温度传感器	不锈钢管	PT100	0.01 ℃	$\varnothing$16 mm*300 mm	20～60 ℃	防水、井下防爆
温度显示仪	不锈钢面板	AD-C数码显示	±0.5%F.S	—	—	防水、井下防爆

在井下进行测温时,先将测温探头放入打好的炮眼内,然后将就地显示仪和探头连接后即可显示出所测温度。

测温孔的布置应能完全反映岩石温度场的变化情况以及与巷道围岩壁通过的风流热交换情况。测温地点宜选在受通风冷却(或者加热)影响最小的地方,如岩石掘进工作面及采煤工作面的回风巷道。在受风流冷却时间短的新掘进巷道,围岩调热圈不大,一般在砂岩中打炮后2 h左右,在离巷壁1.5 m眼孔底部,就能测出原始岩温。

4.8.3　井下岩温测试过程与结果分析

本次研究在潘三矿和顾桥矿共布置14个测点,并参考前人的9个测试数据,共23个测试数据。井下实测能够更精确地反映地温情况,但是为确保测温孔地温基础数据的有效性,将地面测温孔与井下实测地温比较,确定其可靠程度,提高测温孔数据的准确性。本次主要对比分析井下测温和地面钻孔测温所得地温梯度的差异。由表4.19可知,利用井下测温点计算的地温梯度和地面钻孔平均地温梯度基本相同,差异甚小。

表4.19　研究区井下测温结果汇总表

矿名	测点位置	测点温度(℃)	巷道风温(℃)	标高(m)	地面钻孔平均地温梯度(℃/hm)	测点平均地温梯度(℃/hm)
顾桥	E62,H:−1005.39+2 m;−1000~−943北翼二水平回风斜巷	47.3	27	−1005.39	3.12	3.21
顾桥	E59-15.6 m孔高度1.9 m,顶板底下1.9 m	37.5	27	−756		
顾桥	1125(1)运顺底板巷,距底板1.5 m左右,W28点附近	42.7	30	−910.83		
顾桥	TD3点后5~6 m处,左右各一点,相距1 m左右,距巷道底板约1.5 m	36.5	27	−730		
顾桥	−920 m矸石胶带机斜巷(9.1煤顶板)S23点往迎头方向10 m	42.1,	30	−921		
顾桥	1312(3)瓦斯底抽巷(13-1煤底板下33~35 m左右)T15向前54 m,上距底板1.75 m	36.6	28	−713.8		
顾桥	−796~−740轨道石门巷道,穿9-2煤层,T25+70点处,孔距底板1 m	40.4	28	−735		
顾桥	南三11-2胶带机斜巷(11-2底板),K15点后6.5 m	36.9	27	−715		
潘三	1662(1)轨顺进料联巷X3点前13.3 m,距巷顶2.4 m	37	27	−718	3.08	3.19
潘三	西3C组煤中部采区矸石胶带机上山点前8.4 m,距巷顶2.0 m	40.8	30	−750		
潘三	顶板−744 m,坐标B$_{15}$→39 m,2111(4)轨(顺)保护巷	39.2	30	−744		
潘三	1791(3)高抽巷;gh4点前5.4;标高−592.8 m	34.1	27	−592.8		
潘三	距巷道底板1.8 m左右ZN14点前33 m处	37.2	23	−833		
潘三	距巷道底板1.5 m左右MT39点前15 m	36.9	23	−815		
潘三	永久通风的−650 m大巷*	34.5	—	−650		
潘三	1462(3)运顺*	38.85	—	−7321.1		

矿名	测点位置	测点温度 (℃)	巷道风温 (℃)	标高 (m)	地面钻孔平均地温梯度 (℃/hm)	测点平均地温梯度 (℃/hm)
潘三	西三轨道大巷*	37.6	—	−634.7	3.31	3.28
丁集	西一1412底抽巷150 m*	49.8	—	−910		
丁集	西一C13回风大巷(2)*	44.5	—	−790		
丁集	东一1311(3)运输联巷*	44.5	—	−760		
丁集	1321(1)工作面119架*	45.05	—	−830		
丁集	1141(3)运顺掘进头煤巷*	40.95	—	−660		
丁集	1422(1)工作面83～129号架*	47.6	—	−890		

注:测点打星号的是参考徐胜平数据(2014)。

所以本次井下测温研究,也证实了地面钻孔井温测井结果比较可靠,对于研究区中缺少地温资料的矿井、勘探区,其井下测温资料以及利用恒温带法计算的地温梯度是可以直接使用的。

本 章 小 结

(1) 采集潘三矿煤矿13东陷落柱1号孔及13陷落柱1号孔以及丁集和顾桥矿衔接处地带八补3孔岩土样对研究区煤系岩石热导率、比热以及密度等参数进行了系统测试研究,并对热导率的影响因素进行了分析。得出:① 研究区煤系岩石热导率、比热以及密度均值分别为2.64 W/(m·K)、0.87 J/(g·K)和2.51 g/cm³;② 不同岩性的岩石热导率值存在较大的差别,其中煤岩、天然焦的热导率最低,其值仅为0.681 W/(m·K),热导率最高的为中砂岩,其平均值为4.069 W/(m·K);泥岩、砂质泥岩、砂质黏土、粉砂岩、细砂岩、粗砂岩以及灰岩的热导率平均值分别为2.414 W/(m·K)、2.352 W/(m·K)、1.373 W/(m·K)、2.961 W/(m·K)、3.684 W/(m·K)、3.455 W/(m·K)、3.064 W/(m·K),以上不同岩性岩石的热导率特征很好地表明了岩石岩性的特征对其热导率的控制作用;③ 岩石本身的成分对热导率起着控制作用,密度对其也有重要影响。

(2) 根据近似稳态孔的计算结果可知,丁集矿的平均大地热流值为76.18 mW/m²,顾桥矿的平均大地热流值为77.62 mW/m²,潘三的大地热流值为77.22 mW/m²,研究区的平均大地热流值为76.86 mW/m²。研究区大地热流值的计算结果与《中国大陆地区大地热流数据汇编》中公布的安徽省大地热流均值62.0 mW/m²非常接近,呈现出较高的地热状态。

(3) 对研究区煤系岩石生热率进行了测试研究,结果表明:① 研究区内岩石的放射性生热率范围为0.22～4.17 μW/m³,多数处于1.0～3.0 μW/m³之间,平均值为1.87 μW/m³。而1979年中国地质科学院地质研究所地热组测试的华北盆地燕山期花岗岩的生热率为2.591 μW/m³。可见,研究区的岩石生热率远低于此;② 研究区丁集、顾桥以及潘三三个矿煤系地层中放射性元素生热对地表热流的累计贡献分别为 0.926 mW/m²、1.437 mW/m²、1.20 mW/m²,分别占大地热流的 1.2%、1.9% 和 1.6% 左右。由此可见,研究区煤系岩石放射性生热对地表热流有一定的贡献,但贡献量不大。

(4) 对矿区缺少地温资料或钻孔测温孔数量较少的矿井、勘探区开展了井下巷道围岩温度测试工作,一方面补充矿区地温数据,另一方面与钻孔测温成果进行对比修正,提高钻孔测温数据的准确性,但是部分矿井地下水的异常活动、断裂构造的存在以及其他因素会使地层的正常温度场受到干扰,所测温度出现异常。根据井下测温发现,研究区内的井下岩温实测值一般都在勘探时期的地面钻孔测温资料的预测范围之内,利用恒温带法计算的地温梯度和地面钻孔平均地温梯度基本相同,差异甚小。

第5章 研究区地温分布规律

根据第3章所述,共收集研究区钻孔测温资料124个(近似稳态和稳态孔39个),井下测温3对矿井共23个点,并对这些资料进行了整理、汇总和计算,根据本次研究所提出的"简易测温曲线校正方法",对区内所有简易测温孔井底温度进行了校正,利用校正后的井底温度计算了地温梯度;同时利用分水平的温度校正系数,对各个水平的温度进行了校正,分别编制了研究区地温梯度分布图和各水平地温分布趋势图,在此基础上对研究区的地温分布特征进行了系统论述。

5.1 地温梯度分布规律

深度每增加100 m地温所增加的温度,称之为地温梯度,单位是℃/hm,用G来表示。地温梯度为1.6~3.0 ℃/hm正常区,如果某地区的地温梯度>3.0 ℃/hm,可视为正异常,如果某地区的地温梯度<1.6 ℃/hm为负异常。地温梯度虽然明显地受地层结构及热物理性质的影响,所以它不仅能较好地反映地层剖面上的温度变化情况,而且也具有区域性特征。例如,在地壳活动地区,地温梯度较大可达10~100 ℃/hm,甚至更高。在构造稳定地区,一般接近正常地温梯度为1.6~3.0 ℃/hm,所以,地温梯度和大地热流密度一样,是表征一个地区地热状况的重要参数,作为判别地温正常与否的尺度,也是地温场平面上分布特征的一个重要标志。

5.1.1 淮南矿区地温梯度整体分布规律

根据以往的勘查资料与研究资料显示,淮南矿区恒温带的深度为30 m,恒温带温度为16.8 ℃。钻孔全井段地温梯度的计算公式如下:

$$G = 100 \times \frac{T_2 - T_1}{H_2 - H_1} \tag{5.1}$$

式中,G为钻孔全井段的平均地温梯度,℃/hm;T_1为矿区恒温带的温度,℃;T_2为钻孔孔底测量校正温度,℃;H_1为矿区恒温带的深度,m;H_2为钻孔孔底深度,m。

根据常年观测和大量统计资料表明,淮南矿区恒温带深度$h_0 = 30$ m,恒温带温度$t_0 = 16.8$ ℃,基本都是根据九龙岗矿长期观测的钻孔资料得来的;只有新集一矿、二矿和罗园勘探区使用新集一矿13线恒温观测孔的实测数据,恒温带深度为20 m,温度为17.1 ℃。

淮南矿区的地温梯度分布状况见表5.1。根据表5.1数据绘制了淮南煤田钻孔全井段

(即从恒温带至孔底)的平均地温梯度等值线图。区内钻孔全井段梯度值普遍较高,变化范围为 0.70~4.78 ℃/hm,中值在 2.50~3.50 ℃/hm 之间,平均梯度为 2.90 ℃/hm。从图 5.1 中可以看出:淮南矿区地温区域性分布明显,不同分矿区的地温梯度变化是不一致的;同一分矿区,甚至同一井田的不同地段的地温梯度也不完全相同。淮南矿区地温特征总体表现为北高南低、东高西低。主要特征分述如下:

(1) 地温梯度大于 3 ℃/hm 的高温异常区,从矿区东部至西部基本连续成片分布,且异常区的分布和陈桥-潘集背斜的轴线的走势如出一辙,即地温分布与地层走向具有明显的一致性,东部为近 EW 向,中部丁集、顾桥井田为 NE 向,陈桥、颍上断层西部又转向近 EW 向,整体呈倒"S"形分布。区内高温异常区占总面积的一半以上。

首先是煤田东部的潘集矿区,包括潘一、潘二、潘三、潘北井田和朱集东矿区东部,区内 G 的平均地温梯度变化范围为 1.7~4.8 ℃/hm,中值集中在 3.0~3.5 ℃/hm 之间,平均梯度达到 3.0 ℃/hm。地温梯度大于 3 ℃/hm 的区域主要位于潘一、潘三北部和潘二、潘北南部,呈条带状分布,最大值超过了 3.5 ℃/hm。具体梯度值变化见表 5.2。

表 5.1　淮南矿区地温正异常井田(据徐胜平 2014,有改动)

矿名	潘一	潘二	潘三	潘北	朱集东	刘庄
地温梯度(℃/hm)	1.90~4.80 3.10	1.74~3.86 3.09	2.58~4.09 3.08	2.47~3.81 3.05	1.70~3.80 2.83	1.90~4.70 2.97
矿名	丁集	顾桥	张集	新集一	新集二	杨村
地温梯度(℃/hm)	2.33~4.02 3.31	2.24~3.73 3.12	2.50~5.20 3.05	2.23~4.30 3.40	1.95~3.90 3.40	2.40~3.80 2.95

其次为淮南矿区中部,所属矿区有丁集、顾桥、张集、罗园勘探区和新集一、二井田,该处为陈桥-潘集背斜转折处,背斜的轴向在此处发生改变,由东西向转为北北东向。该区内梯度均在 3 ℃/hm 以上,在张集、顾桥交界处以及新集井田局部达到 3.5 ℃/hm,特别是在新集一、二矿井内,地温梯度均值就达到了 3.4 ℃/hm。

矿区东西部的分割线-陈桥颍上断层附近,是一个小范围的"分水岭",其相对较低的温度使得此处成为高温异常区的"滞点"。矿区西部即陈桥-颍上断层以西也分布有大范围高温异常区,包括杨村井田南部、刘庄井田北部和板集井田,区内地温梯度变化范围为 1.9~4.7 ℃/hm,平均梯度达到 2.96 ℃/hm。

(2) 淮南矿区地温正常区多位于高温异常区井田的周围,高温区至正常区多呈渐变的形式。如潘集矿区周边的潘一东、朱集西和朱集东井田,地温梯度多分布于 2.5~3 ℃/hm 之间,但是在朱集东井田西部,存在一地温梯度小于 2.5 ℃/hm 的低值区;西部矿区的口孜集、板集和谢桥井田地温梯度均在 2.5~3 ℃/hm 之间,很少存在异常区。

(3) 阜凤推覆构造南北地温差异明显,阜凤逆掩断层以南的地温梯度值明显小于北部,特别是在淮南矿区东南部、淮河以南的谢一矿(包括望峰岗谢一深部井),平均梯度值只有 1.37 ℃/hm。其他井田如罗园和新庄孜,均值也仅为 2.27 ℃/hm 和 2.21 ℃/hm。

从整体上看,淮南矿区由东至西,地温的变化规律是先略微增大,然后逐渐减小的趋势(图 5.1)。即在颍上-陈桥断层东部,从东往西温度逐渐增大,在顾桥矿达到顶峰;颍上-陈桥断层西部,从东往西温度逐渐降低,在口孜集井田为最低值。

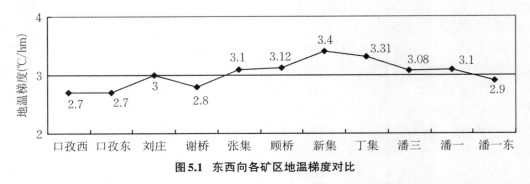

图5.1 东西向各矿区地温梯度对比

通过统计和整理本次研究区的丁集、顾桥、潘三矿区内的井温测量数据,对各个简易测温孔的井底温度进行校正后,根据上述公式计算出各测温点的地温梯度。研究区地温梯度的具体分布状况见表5.2所示。

表5.2 研究区地温汇总

矿名	测温钻孔数(个)	近似稳态测温孔数(个)	测深(m)	校正后的井底温度(℃)	地温梯度(℃/hm) 最小~最大 / 平均
丁集矿	42	5	716~1045	37.52~52.47	$\frac{2.33\sim4.02}{3.31}$
顾桥矿	56	33	590~1740	32.62~67.08	$\frac{2.24\sim3.73}{3.12}$
潘三矿	26	1	570~1280	33.08~53.94	$\frac{2.58\sim4.09}{3.08}$

从表5.2中可以看出,研究区三矿位于潘谢矿区中部,平均地温梯度均超过3℃/hm,且从图5.2可以看出,和研究区相邻的矿井地温梯度均较高。以下将重点讨论研究区三矿的具体地温梯度的分布规律。

5.1.2 丁集矿地温梯度分布规律

1. 地温钻孔分布概况

对丁集矿区的42个测温钻孔进行分析、整理,矿区共收集5个近似稳态孔(十六11、十八7、二十6、二十三12、二十九3)和37个简易测温孔(847、849、8414、二十1、二十4、二十8、二十10、二十13、二十八4、二十八7、二十八8、二十八10、二十八11、二十二11、二十九2、二十六1、二十六5、二十七9、二十七11、二十七12、二十三6、二十三9、二十四5、二十五7、二十五13、二十一6、三十5、十八8、十八20、十六1、十六4、十六6、十六8、十六10、十六12、十七6、水12)。这些钻孔的温度、地温梯度的变化情况,主要分布在丁集矿三十一勘探线以东,西部基本不涉及。钻孔分布情况,见图5.2。

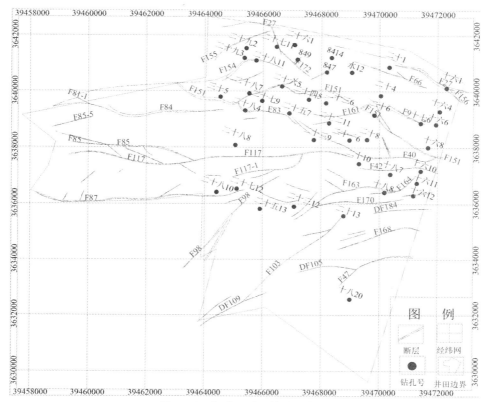

图5.2　丁集矿区测温钻孔分布图

2. 地温梯度变化特征

在 Excel 中绘制散点图，发现温度随深度的分布呈一元线性关系，设地温回归方程为 $y=ax+b$，得到趋势线，通过趋势线可以得到深度与温度的拟合关系公式，以近似稳态孔二十九 3、二十 6 和经过校正后的简易测温孔 847、849 为例，见表5.3。

表5.3　丁集矿部分钻孔深度和温度关系表

深度(m)	温　　　度(℃)			
	二十九3	二十三12	847	849
100	21	19.40	19.03	19.58
200	23	22.40	21.54	22.11
300	25.5	25.30	24.73	24.83
400	28.7	28.30	29.16	28.86
500	31.8	31.00	32.80	31.70
600	34.6	34.70	36.86	34.52
700	37.5	37.30	40.34	37.79
800	40.9	39.70	44.93	—
900	45.4	42.40	50.90	—
1000	—	45.50	—	—

Excel作图可以得到拟合曲线,如图5.3所示。

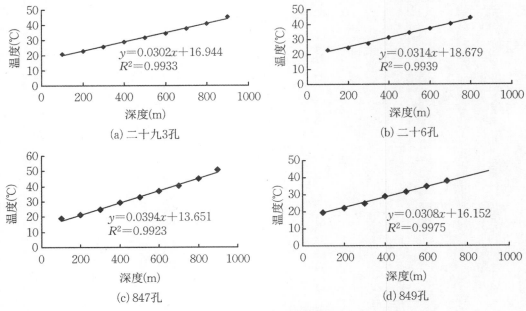

图5.3 深度与温度相关性图

得到的回归方程以二十九3孔为例,线性回归方程为$y=0.0302x+16.944$,该公式的相关系数平方为0.9933。式中,0.0302的物理意义是每往下深入1 m,温度增加0.0302 ℃。经上述计算方法得到丁集矿其他钻孔的拟合公式和相关系数平方,如表5.4所示,从表中可以看出拟合的一元回归方程是高度显著的,y对x的关系密切,可信度非常高。

表5.4 丁集矿各钻孔拟合公式列表

钻孔号	拟合公式	$R \times R$
847	$y=0.0394x+13.651$	0.9923
849	$y=0.0308x+16.152$	0.9975
8414	$y=0.0339x+16.114$	0.995
二十1	$y=0.0303x+17.01$	0.998
二十4	$y=0.0353x+15.951$	0.9968
二十8	$y=0.0308x+15.72$	0.9972
二十10	$y=0.0298x+16.612$	0.996
二十13	$y=0.0297x+17.108$	0.9983
二十八4	$y=0.0276x+18.234$	0.9976
二十八7	$y=0.0316x+14.778$	0.9972
二十八8	$y=0.033x+14.073$	0.9946
二十八10	$y=0.0293x+15.897$	0.9979
二十八11	$y=0.0354x+14.081$	0.988

钻孔号	拟合公式	$R \times R$
二十二 11	$y = 0.0331x + 14.68$	0.9981
二十九 2	$y = 0.0272x + 20.277$	0.9901
二十六 1	$y = 0.0317x + 15.532$	0.9954
二十六 5	$y = 0.0299x + 17.609$	0.985
二十七 9	$y = 0.0315x + 14.23$	0.996
二十七 11	$y = 0.0283x + 18.74$	0.9909
二十七 12	$y = 0.0287x + 17.664$	0.9982
二十三 6	$y = 0.0351x + 17.705$	0.9932
二十三 9	$y = 0.0311x + 15.057$	0.9977
二十四 5	$y = 0.0303x + 16.774$	0.9959
二十五 7	$y = 0.0288x + 17.408$	0.9919
二十五 13	$y = 0.0298x + 14.785$	0.9989
二十一 6	$y = 0.0295x + 17.353$	0.9932
三十 5	$y = 0.0222x + 16.521$	0.9803
十八 8	$y = 0.028x + 18.644$	0.995
十八 20	$y = 0.0293x + 15.381$	0.9993
十六 1	$y = 0.0304x + 15.537$	0.9979
十六 4	$y = 0.036x + 16.195$	0.9914
十六 6	$y = 0.0376x + 15.427$	0.9949
十六 8	$y = 0.0299x + 17.486$	0.983
十六 10	$y = 0.0316x + 14.265$	0.9987
十六 12	$y = 0.0308x + 16.855$	0.9964
十七 6	$y = 0.0365x + 17.215$	0.9987
水 12	$y = 0.0372x + 17.362$	0.9955
十六 11	$y = 0.0321x + 16.653$	0.9872
十八 7	$y = 0.0302x + 16.972$	0.9987
二十 6	$y = 0.0314x + 18.679$	0.9939
二十三 12	$y = 0.0289x + 16.68$	0.9989
二十九 3	$y = 0.0302x + 16.944$	0.9933

根据丁集矿长期观测钻孔资料及前期地质勘探研究,其恒温带深度为 30 m,温度为 16.8 ℃。根据本区测温钻孔资料及式(5.1)计算出各钻孔的地温梯度,见表 5.5。

从表 5.5 中可以看出,丁集矿各钻孔测温深度在 716~1045 m 之间,井底温度值在 37.52~52.47 ℃之间。根据该区的恒温带深度和温度(30 m,16.8 ℃),计算出各孔的平均地热梯度范围为 2.33~4.02 ℃/hm,全区平均地温梯度为 3.31 ℃/hm,为正异常区,增温率为 30.2 m/℃。

表5.5 丁集矿各温度孔的地温梯度表

钻孔号	y	x	测温深度(m)	$T(℃)$	地温梯度(℃/hm)
847	3640682.92	39468185.61	900	51.77	4.02
849	3641135.54	39467179.29	716	39.84	3.36
8414	3641202.9	39468353.99	815	46.56	3.79
二十1	3640866.05	39470335.95	1000	48.04	3.22
二十4	3639843.5	39470044.06	905	50.43	3.84
二十8	3638276.96	39469574	820	43.34	3.36
二十10	3637422.86	39469301.98	890	45.98	3.39
二十13	3635566.34	39468776.37	1045	48.16	3.09
二十八4	3639309.59	39465382.73	1010	45.40	2.92
二十八7	3639919.2	39465523.9	880	41.86	2.95
二十八8	3638078.85	39465052.04	1010	47.23	3.10
二十八10	3636419.49	39464610.06	862	42.06	3.04
二十八11	3641154.64	39465858.12	1000	51.33	3.56
二十二11	3638830.3	39468481.71	788	42.64	3.41
二十九2	3641540.98	39465417	943	48.72	3.50
二十六1	3641660.92	39467079.16	878	43.14	3.11
二十六5	3640172.54	39466651.84	980	47.21	3.20
二十七9	3639650.84	39465973.44	870	42.18	3.02
二十七11	3641521.65	39466464.31	950	48.63	3.46
二十七12	3636543.56	39465140.5	960	46.19	3.16
二十三6	3639579.06	39468160.44	971	52.47	3.79
二十三9	3638266.82	39467743.02	845	42.89	3.20
二十四5	3639702.48	39467570.84	980	47.65	3.25
二十五7	3639210.47	39466903.1	850	42.74	3.16
二十五13	3635780.13	39465884.62	1030	46.56	2.98
二十一6	3638258.08	39468971.2	819	42.81	3.30
三十5	3639794.44	39464539.4	920	37.52	2.33
十八8	3636404.87	39470175.58	860	42.64	3.11
十八20	3632494.47	39468928.73	975	45.66	3.05
十六1	3640121.29	39472298.76	950	45.57	3.13
十六4	3639284.49	39472068.06	770	44.74	3.78
十六6	3638818.44	39471940	830	46.31	3.69
十六8	3638002.43	39471671.82	900	43.50	3.07
十六10	3637162.72	39471422.54	890	41.97	2.93

续表

钻孔号	y	x	测温深度(m)	T(℃)	地温梯度(℃/hm)
十六12	3636295.7	39471171.15	880	44.86	3.30
十七6	3638859.90	39471417.41	880	50.02	3.91
水12	3640675.34	39469051.05	870	49.15	3.85
十六11	3636736.07	39471291.56	1020	50.5	3.40
十八7	3637046.48	39470374.4	950	47	3.28
二十6	3639147.7	39469825.08	893	48.5	3.67
二十三12	3635935.28	39467029.7	1000	45.5	2.96
二十九3	3641190.93	39465354.76	909	45.9	3.31

　　根据表5.5测温钻孔计算出的各钻孔的地温梯度,作出本区地温梯度等值线图,如图5.4所示。

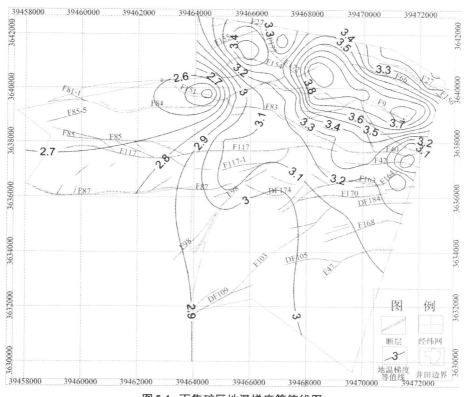

图5.4 丁集矿区地温梯度等值线图

　　从图5.4丁集矿区地温梯度等值线图可以看出,丁集矿区煤层埋深较浅的北东区域地温梯度较煤层埋深较深的南西区域高。

3. 主采煤层地温梯度变化特征

　　对于同一煤层来说,由于其受到地形地质构造的影响,煤层不可能均匀的分布在相同的深度。在分析了42个钻孔所包含的煤层中,发现每个钻孔所含的煤层不尽相同,一些煤层仅存于个别钻孔之中,并不是每个层都具有分析的价值,所以选取丁集井田主采煤层进行分析。煤系地层地温梯度见表5.6。从表中得出主采煤层13-1煤的地温梯度范围为2.24～4.15 ℃/hm,平均值为3.08 ℃/hm,11-2煤的地温梯度范围为2.79～3.99 ℃/hm,平均值为3.22 ℃/hm,8煤的地温梯度范围为2.8～3.88 ℃/hm,平均值为3.34 ℃/hm,4-1煤的地温梯度范围为2.81～3.88 ℃/hm,平均值为3.41 ℃/hm,3煤的地温梯度范围为2.99～3.88 ℃/hm,平均值为3.59 ℃/hm。随着煤层深度的增加,煤层的平均地温梯度呈现增长的趋势。

表5.6 丁集矿煤系地层地温梯度统计表

钻孔号	13-1煤	11-2煤	8煤	4煤	3煤
847	3.86	3.86	3.88	3.88	3.88
849	—	3.19	—	—	—
8414	—	—	3.40	3.53	3.60
二十1	3.02	3.05	3.08	3.10	—
二十4	—	3.64	3.65	3.66	3.69
二十8	3.17	3.20	—	—	—
二十10	3.25	3.25	—	—	—
二十13	2.94	2.95	—	—	—
二十八4	2.86	2.88	2.89	—	—
二十八7	2.89	2.90	—	—	—
二十八8	3.15	3.07	3.08	—	—
二十八10	2.93	—	—	—	—
二十八11	3.36	3.38	3.38	3.39	—
二十二11	3.24	3.28	—	—	—
二十九2	3.16	3.38	—	—	—
二十六1	—	—	2.99	3.00	2.99
二十六5	3.20	3.17	3.14	3.13	—
二十七9	2.80	2.82	—	—	—
二十七11	3.28	3.30	3.32	3.36	—
二十七12	3.01	3.04	—	—	—
二十三6	4.15	3.99	3.88	3.80	3.72
二十三9	3.07	3.10	—	—	—
二十四5	2.93	3.03	3.09	3.14	—
二十五7	3.00	3.03	—	—	—
二十五13	2.89	—	—	—	—
二十一6	3.08	3.15	—	—	—
三十5	2.24	—	—	—	—
十八8	3.00	3.00	—	—	—

续表

钻孔号	13-1煤	11-2煤	8煤	4煤	3煤
十八20	2.93	—	—	—	—
十六1	2.96	2.97	—	—	—
十六4	—	3.53	3.59	3.62	3.66
十六6	—	3.43	3.47	3.50	3.52
十六8	2.94	2.99	3.01	3.02	—
十六10	2.78	2.78	2.80	2.81	—
十六12	3.17	3.15	—	—	—
十七6	—	3.76	3.80	3.76	3.72
水12	—	—	3.80	3.76	3.73
十六11	3.13	3.19	3.24	3.68	—
十八7	3.21	3.17	3.17	3.17	—
二十6	—	3.56	3.53	3.55	3.36
二十三12	2.87	—	—	—	—
二十九3	3.18	3.19	—	—	—

通过统计分析丁集钻孔测温资料,获得丁集地温梯度数据,重新厘定丁集井田主要开采的13-1煤、11-2煤、8煤、4-1煤、和3煤层的地温梯度的变化范围和特征,通过绘制主采煤层的地温梯度等值线图,对其变化规律进行分析,为丁集煤层开采提供理论基础。各主采煤层的地温梯度等值线图见图5.5至图5.9。

13-1煤主要分布在847、二十1、二十8、二十10、二十13、二十八4、二十八7、二十八8、二十八10、二十八11、二十二11、二十九2、二十六5、二十七9、二十七11、二十七12、二十三6、二十三9、二十四5、二十五7、二十五13、二十一6、三十5、十八8、十八20、十六1、十六8、十六10、十六12、十六11、十八7、二十三12、二十九3这33个钻孔中。根据表5.6中13-1煤的地温梯度数据,通过软件绘制出的地温梯度等值线图,从图5.5可以看出,在丁集矿13-1煤层的地层中,全井田范围内的地温梯度都较为正常,井田中部以南,从东向西,地温梯度逐渐增大,中部以北以潘集背斜为轴,向南北方向地温梯度逐渐减低,除了温度孔二十三6附近区域的地温梯度较大且变化趋势较大外,其余部分地温梯度的变化均缓慢平和。

11-2煤主要分布在847、849、二十1、二十4、二十8、二十10、二十13、二十八4、二十八7、二十八8、二十八11、二十二11、二十九2、二十六5、二十七9、二十七11、二十七12、二十三6、二十三9、二十四5、二十五7、二十一6、十八8、十六1、十六4、十六6、十六8、十六10、十六12、十七6、十六11、十八7、二十6、二十三12、二十九3这35个钻孔中。根据表5.6中11-2煤的地温梯度数据,通过软件绘制出的地温梯度等值线图,从图5.6可以看出,在丁集矿11-2煤层的地层中,全井田范围内的地温梯度都较大,大部分区域的地温梯度都大于3.0 ℃/hm。除了井田F83断层附近也就是二十八4温度孔控制的区域以及井田的东部井田边界温度孔十六10区域地温梯度较小外,其他其他超过90%区域的地温梯度都大于3.0 ℃/hm,属于地温正异常。可见丁集井田的11煤层的地温场温度整体呈较高状态。

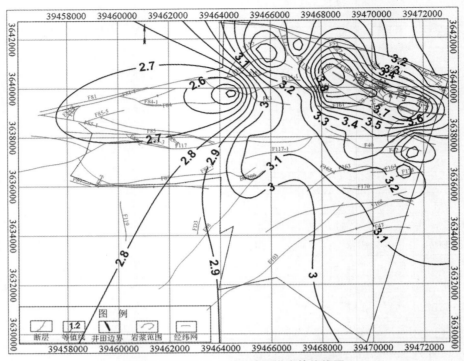

图5.5　丁集矿13-1煤层地温梯度等值线图

092

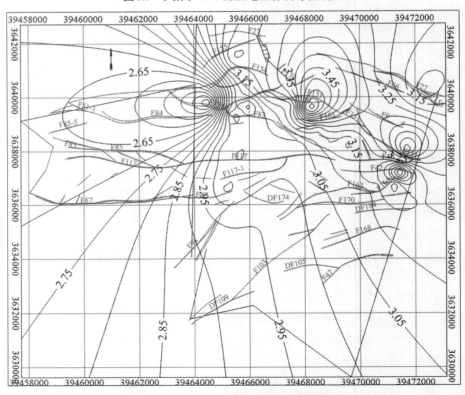

图5.6　丁集矿11-2煤层地温梯度等值线图

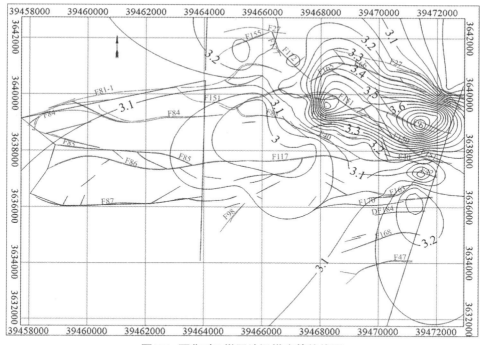

图5.7 丁集矿8煤层地温梯度等值线图

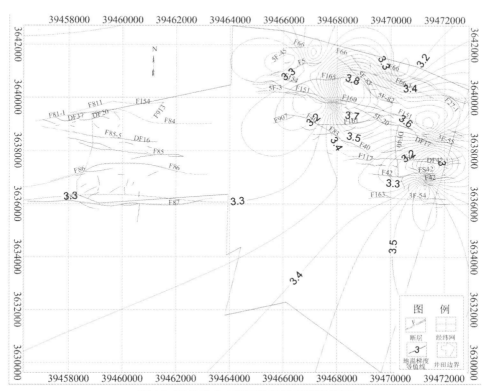

图5.8 丁集矿4-1煤层地温梯度等值线图

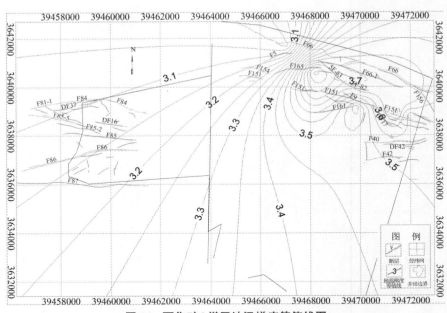

图5.9　丁集矿3煤层地温梯度等值线图

8煤主要分布在847、8414、二十1、二十4、二十八4、二十八8、二十八11、二十六1、二十六5、二十七11、二十三6、二十四5、十六4、十六6、十六8、十六10、十七6、水12、十六11、十八7、二十6这21个钻孔中。只占到所有温度孔数量的50%,根据表5.6中8煤的地温梯度数据,通过软件绘制出的地温梯度等值线图,从图5.7可以看出,在丁集矿8煤层的地层中,大部分区域的地温梯度都大于3.05 ℃/hm。井田温度孔二十八4和十六10区域地温梯度较小,其他超过90%区域的地温梯度都大于3.05 ℃/hm,属于地温正异常,从图中可以看出井田的东部被岩浆岩侵入,地温梯度变化疏密程度较大,岩浆岩对煤层的地温梯度的影响将在第7章详细论述。地温梯度的高值区分布在潘集背斜附近。丁集井田的8煤层比上部主采煤层13-1和11-2煤的地温场温度整体偏高。

4-1煤主要分布在847、849、8414、二十1、二十4、二十8、二十10、二十13、二十八7、二十八10、二十八11、二十二11、二十九2、二十六1、二十六5、二十七9、二十七11、二十七12、二十三6、二十三9、二十四5、二十五7、二十五13、二十一6、三十5、十八8、十八20、十六1、十六4、十六6、十六8、十六10、十六12、十七6、水12、十六11、十八7、二十6、二十三12、二十九3这19个钻孔中。总数不到所有温度孔数量的50%,根据表5.6中4-1煤的地温梯度数据,通过软件绘制出的地温梯度等值线图,从图5.8可以看出,在丁集矿4-1煤层的地层中,大部分区域的地温梯度都大于3.2 ℃/hm。除了井田北部二十六1、二十一孔以及井田东部十六8、十六10孔区域地温梯度较小外,其他几乎所有的区域的地温梯度都大于3.2 ℃/hm,同样属于地温正异常,在井田的北东方向断层密集区,地温梯度高值区也富集在此。丁集井田的4-1煤层比上部主采煤层13-1、11-2、8煤的地温场温度整体偏高。

3煤主要分布在847、8414、二十4、二十六1、二十三6、十六4、十六6、十七6、水12、二十6这10个钻孔中。控制区域温度孔的数量很少,不能很准确地反应丁集3煤层真实地温梯度的情况,只能概括性地分析出在丁集矿3煤层的地层中,大部分区域的地温梯度都大于

3.3 ℃/hm。除了井田北部二十六1孔控制区域地温梯度较小外,其他几乎所有的区域的地温梯度都大于3.3 ℃/hm,井田西部地温梯度从图上看地温梯度小于3.3 ℃/hm,但是因为这部分区域没有温度孔加以控制,所以不做考虑,3煤地温梯度属于地温正异常。丁集井田的3煤层在所有主采煤层中的地温场温度整体呈最高状态。

5.1.3 顾桥矿地温梯度变化规律

1. 地温钻孔分布概况

对顾桥矿区56个测温钻孔进行分析、整理,矿区共收集33个近似稳态孔(十二9、七19、七49、补4、十一—十二7、六12、丁补08-1、三—四3、十八补3、十北补2、十九补3、东进风井筒检查孔、十九南1-2、十南补3、东回风井筒检查孔、深部进风井筒检查孔、XLZE1、XLZE2、XLZJ1、XLZJ2、XLZK1、XLZK2、XLZK3、XLZL1、XLZL2、XLZL3、XLZM1、XLZM2、十二15、五25、五20、五23、十二16),和23个简易测温孔(十南14、69、七17、十六16、九15、七14、三8、七15、九13、六10、三9、一7、水13、六16、七16、八8、十一13、十一17、水33、十五14、十四12、十二17、十二12)。这些钻孔的温度、地温梯度的变化情况,主要分布在潘三矿十四勘探线以北,南部钻孔稀少。钻孔分布情况,见图5.10。

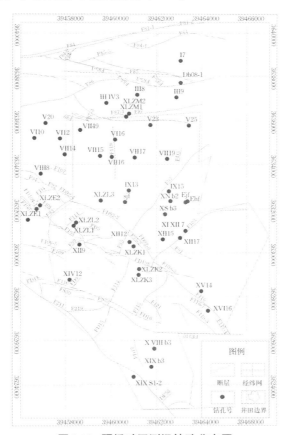

图5.10 顾桥矿区测温钻孔分布图

2. 地温梯度变化特征

用相同的计算方法得到顾桥矿测温钻孔的拟合公式和相关系数平方,见表5.7。淮南矿区恒温带深度为30 m,温度为16.8 ℃。根据本区测温钻孔资料及式(5.1)计算出各钻孔的地温梯度,见表5.8。

从表中可以看出,顾桥矿各钻孔测温深度在590~1740 m之间,井底温度在32.62~67.08 ℃之间。根据该区的恒温带深度和温度(30 m,16.8 ℃),计算出各孔的平均地热梯度范围为2.24~3.73 ℃/hm,全区平均地温梯度为3.12 ℃/hm,为正异常区,增温率为32.1 m/℃。

表5.7 顾桥矿各钻孔拟合公式列表

钻 孔 号	拟 合 公 式	$R \times R$
三-四3	$y = 0.0349x + 12.894$	0.9833
十八补3	$y = 0.0212x + 21.109$	0.9819
十北补2	$y = 0.022x + 21.520$	0.9849
十九补3	$y = 0.0269x + 17.909$	0.9587
东进风井井筒检查孔	$y = 0.0270x + 18.601$	0.9861
十九南1-2	$y = 0.0254x + 18.829$	0.9977
十南补3	$y = 0.0305x + 14.728$	0.9552
东回风井井筒	$y = 0.0306x + 13.660$	0.953
深部进风井井筒检查孔	$y = 0.0292x + 18.505$	0.9935
XLZE1	$y = 0.0304x + 17.234$	0.9926
XLZE2	$y = 0.03x + 14.44$	0.9844
XLZJ1	$y = 0.0249x + 15.222$	0.9858
XLZJ2	$y = 0.0194x + 19.983$	0.9914
XLZK1	$y = 0.0317x + 16.246$	0.9872
XLZK2	$y = 0.0317x + 13.615$	0.9866
XLZK3	$y = 0.0355x + 17.639$	0.9935
XLZL1	$y = 0.0333x + 15.003$	0.9907
XLZL2	$y = 0.0319x + 14.303$	0.9858
XLZL3	$y = 0.0190x + 21.569$	0.9567
XLZM1	$y = 0.0338x + 14.628$	0.9926
XLZM2	$y = 0.0354x + 13.034$	0.9968
十二9	$y = 0.0301x + 18.091$	0.9992
七19	$y = 0.0298x + 15.096$	0.9985
六12	$y = 0.0309x + 16.056$	0.9926
丁补08-1	$y = 0.0315x + 12.324$	0.9882
十一-十二7	$y = 0.0270x + 17.901$	0.9808

续表

钻　孔　号	拟　合　公　式	$R \times R$
十二 15	$y=0.0277x+18.614$	0.996
五 25	$y=0.0273x+17.279$	0.9971
五 20	$y=0.0229x+19.128$	0.958
七 49	$y=0.0291x+18.613$	0.9923
五 23	$y=0.0280x+18.155$	0.9921
十二 16	$y=0.0328x+17.841$	0.99
补 4	$y=0.0292x+15.976$	0.9917
十南 14	$y=0.0305x+16.291$	0.9962
69	$y=0.0274x+20.294$	0.9875
七 17	$y=0.0291x+18.254$	0.995
十六 16	$y=0.0287x+18.406$	0.9952
九 15	$y=0.0254x+18.929$	0.9897
七 14	$y=0.0351x+12.835$	0.9946
三 8	$y=0.0241x+18.301$	0.9834
七 15	$y=0.0287x+19.036$	0.9906
九 13	$y=0.0250x+19.817$	0.9747
六 10	$y=0.0260x+18.509$	0.9899
三 9	$y=0.0240x+18.530$	0.9832
一 7	$y=0.0273x+18.944$	0.9902
水 13	$y=0.0305x+16.962$	0.9973
六 16	$y=0.0288x+17.822$	0.9912
七 16	$y=0.0293x+16.342$	0.9946
八 8	$y=0.0289x+16.686$	0.9924
十一 13	$y=0.0294x+16.833$	0.9967
十一 17	$y=0.0331x+14.792$	0.9951
水 33	$y=0.0230x+18.937$	0.9937
十五 14	$y=0.0289x+18.687$	0.9835
十四 12	$y=0.0382x+13.528$	0.9971
十二 17	$y=0.0274x+20.848$	0.9757
十二 12	$y=0.0297x+17.436$	0.9958

表5.8 顾桥矿各温度孔的地温梯度表

钻孔号	y	x	测温深度(m)	$T(℃)$	地温梯度(℃/hm)
三-四3	3636782.29	39459788.24	946.22	47.00	3.30
十八补3	3625643.608	39461919.47	1272.28	50.25	2.69
十北补2	3632346.461	39462633.03	1230	50.60	2.82
十九补3	3624810.588	39461787.05	1195.6	53.50	3.15
东进风井检查孔	3632295.185	39463300.88	1348.92	56.90	3.04
十九南1-2	3624357.964	39461003.41	1158.58	49.00	2.85
十南补3	3631754.627	39462395.86	1278.8	58.70	3.36
东回风井井筒	3632338.722	39463388.87	1080.37	46.80	2.86
深部进风井检查孔	3632303.8	39460619.01	1135.1	51.80	3.17
XLZE1	3631997.090	39456706.970	1501.95	62.22	3.09
XLZE2	3632155.216	39456863.687	1065.02	46.55	2.87
XLZJ1	3634080.736	39452943.414	1502.98	56.08	2.67
XLZJ2	3634641.129	39453418.288	1100.25	40.75	2.24
XLZK1	3630295.040	39461000.930	1338.33	60.31	3.33
XLZK2	3629263.310	39461243.570	1732.57	67.08	2.95
XLZK3	3628998.610	39461225.430	1423.18	65.41	3.49
XLZL1	3631236.110	39458345.100	1501.16	61.10	3.01
XLZL2	3631383.030	39458452.020	1168.85	54.23	3.29
XLZL3	3632373.065	39459546.342	1111.24	48.47	2.93
XLZM1	3636162.790	39460664.290	1502.36	62.62	3.11
XLZM2	3636298.990	39460791.780	1223.33	54.48	3.16
十二9	3630379.620	39458600.380	845.16	43.69	3.30
七19	3634248.450	39462484.220	964.67	44.14	2.93
六12	3635170.880	39457733.320	879.06	43.19	3.11
丁补08-1	3637704.035	39463077.65	1172.88	51.65	3.05
十一-十二7	3631003.344	39463297.95	1256.8	56.68	3.25
十二15	3630613.100	39462298.780	946.8	45.90	3.17
五25	3635765.520	39463442.420	838.5	41.50	3.06
五20	3635877.200	39457095.280	822.98	39.60	2.88
七49	3635561.460	39458625.150	795.05	42.40	3.35
五23	3635788.240	39461735.060	847.15	42.80	3.18
十二16	3630166.320	39455752.160	771.98	43.60	3.61
补4	3640011.000	39322221.000	1106	49.64	3.05
十南14	3631507.940	39456324.840	750	39.56	3.16

钻孔号	y	x	测温深度(m)	T(℃)	地温梯度(℃/hm)
69	3630703.230	39455605.700	680	39.50	3.49
七17	3634309.350	39461044.840	990	48.91	3.34
十六16	3627359.990	39464295.080	980	46.63	3.14
九15	3632789.240	39462562.700	900	43.82	3.11
七14	3634449.480	39457944.710	880	45.74	3.40
三8	3637154.060	39461151.470	810	38.84	2.83
七15	3634380.280	39459515.660	934	47.41	3.39
九13	3632825.020	39460785.590	800	41.64	3.23
六10	3635195.610	39456602.800	800	40.31	3.05
三9	3637036.700	39462888.860	780	38.11	2.84
一7	3638728.110	39463074.840	800	41.16	3.16
水13	3631520.820	39455075.700	800	40.79	3.12
六16	3635125.260	39460175.460	820	41.49	3.13
七16	3634335.280	39460032.280	808	41.19	3.13
八8	3633583.950	39456887.100	780	39.66	3.05
十一13	3630915.970	39454021.140	700	38.66	3.26
十一17	3630927.480	39454698.970	600	35.93	3.36
水33	3632037.310	39452830.480	590	32.62	2.83
十五14	3628251.980	39463994.730	950	47.51	3.34
十四12	3628775.160	39458167.340	880	48.54	3.73
十二17	3630681.040	39463061.500	885	44.88	3.28
十二12	3630493.530	39460821.240	890	45.42	3.33

根据表5.8测温钻孔计算出的各钻孔的地温梯度,作出本区地温梯度等值线图,如图5.11所示。

从图5.11顾桥矿区地温梯度等值线图可以看出,顾桥矿区煤层埋深较浅的西南区域地温梯度较煤层埋深较深的东北部区域高。

3. 主采煤层地温梯度变化特征

对顾桥矿57个钻孔所含的煤层进行分析,整理出顾桥井田主采煤层的地温梯度,见表4.9。从表中得出主采煤层13-1煤的地温梯度范围为2.44~3.74 ℃/hm,平均值为2.99 ℃/hm,11-2煤的地温梯度范围为2.54~3.77 ℃/hm,平均值为3.03 ℃/hm,8煤的地温梯度范围为2.43~3.81 ℃/hm,平均值为3.07 ℃/hm,6-2煤的地温梯度范围为2.38~3.83 ℃/hm,平均值为3.08 ℃/hm,1煤的地温梯度范围为1.34~3.64 ℃/hm,平均值为3.02 ℃/hm。

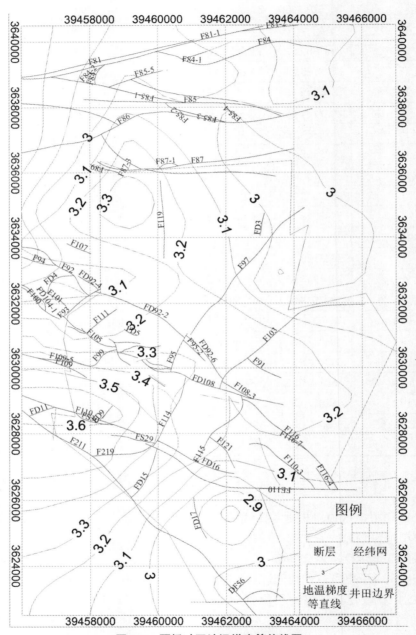

图5.11 顾桥矿区地温梯度等值线图

表 5.9　顾桥矿区各主采煤层地温梯度统计表

钻孔号	13-1煤	11-2煤	8煤	6-2煤	1煤
三-四3	2.93	3.01	3.04	3.12	3.13
十八补3	2.64	2.62	2.43	2.62	2.40
十北补2	2.73	2.74	2.75	2.78	2.80
十九补3	2.86	2.93	2.96	3.00	3.08
东进风井井筒检查孔	2.94	2.98	2.96	3.01	3.05
十九南1-2	2.60	2.62	2.70	2.74	2.84
十南补3	2.89	2.97	3.01	3.09	3.28
东回风井井筒	2.82	2.82	—	—	—
深部进风井井筒检查孔	3.32	3.26	3.25	3.24	3.15
XLZE1	3.35	3.26	3.40	3.50	3.44
XLZE2	2.44	2.54	2.75	2.75	2.87
XLZJ1	—	—	—	—	—
XLZJ2	—	—	—	—	2.13
XLZK1	3.10	3.15	3.20	3.23	3.27
XLZK2	2.83	2.94	—	—	3.11
XLZK3	3.74	3.77	3.81	3.83	3.64
XLZL1	3.22	3.18	3.26	3.33	3.43
XLZL2	2.85	2.87	2.95	2.97	2.95
XLZL3	2.73	2.77	2.77	2.79	2.66
XLZM1	3.15	3.21	3.28	3.36	3.44
XLZM2	3.11	3.19	3.27	3.34	3.39
十二9	3.35	3.31	3.28	3.29	
七19	2.88	2.92	—	—	—
六12	3.10	3.07	3.09	3.15	3.12
丁补08-1	2.63	2.71	2.81		2.91
十一-十二7	2.82	2.87	—	2.87	3.02
十二15	3.02	—	—	—	—
五25	2.94	—	—	—	—
五20	—	2.73	2.71	2.38	2.84
七49	3.29	3.35	3.37	3.31	—
五23	3.16	3.12	—	—	—
十二16	3.69	3.62	3.39	3.56	3.62
补4	2.88	2.93	2.95	2.95	3.03
十南14	—	3.32	3.10	3.02	3.05
69	—	—	3.45	3.33	3.36
七17	3.08	3.11	3.07	3.10	—
十六16	3.08	—	—	—	—
九15	2.97	—	—	—	—
七14	2.79	2.83	2.91	2.97	3.14

钻孔号	13-1煤	11-2煤	8煤	6-2煤	1煤
三8	2.70	2.56	2.51	2.52	—
七15	3.09	3.09	3.14	3.19	—
九13	3.09	—	—	—	—
六10	—	3.02	2.90	2.89	2.82
三9	2.59	—	—	—	—
一7	3.01	—	—	—	—
水13	—	—	3.25	3.05	2.96
六16	3.11	3.08	—	—	—
七16	2.70	2.96	—	—	—
八8	3.12	3.14	3.14	3.04	3.07
十一13	—	3.05	3.04	—	3.08
十一17	—	3.09	—	—	1.34
水33	—	—	—	—	2.79
十五14	3.13	—	—	—	—
十四12	3.21	3.31	3.44	3.45	3.57
十二17	2.89	—	—	—	—
十二12	3.03	3.18	—	—	—

通过统计分析顾桥钻孔测温资料,重新厘定丁集井田主要开采的13-1煤、11-2煤、8煤、6-2煤和1煤层的地温梯度的变化范围和特征,各主采煤层的地温梯度等值线图见图5.12至图5.16。

13-1煤主要分布在三-四3、十八补3、十北补2、十九补3、东进风井井筒检查孔、十九南1-2、十南补3、东回风井井筒检查孔、深部进风井井筒检查孔、XLZE1、XLZE2、XLZK1、XLZK2、XLZK3、XLZL1、XLZL2、XLZL3、XLZM1、XLZM2、十二9、七19、六12、丁补08-1、十一-十二7、十二15、五25、七49、五23、十二16、补4、七17、十六16、九15、七14、三8、七15、九13、三9、一7、六16、七16、八8、十五14、十四12、十二17、十二12这46个钻孔中。根据表5.9中11-2煤的地温梯度数据,通过软件绘制出的地温梯度等值线图。从13-1煤的地温梯度等值线图可以看出:在顾桥矿13-1煤层的地层中,全井田范围内有一半区域为地温梯度正异常区;在钻孔XLZK3附近地温梯度较大且变化较明显,而向四周逐渐变小;井田西北角和中部地温梯度为正异常区,在中南部共轭剪切区的地温梯度值变化趋势较大,东部区域地温梯度的变化较缓慢平和。

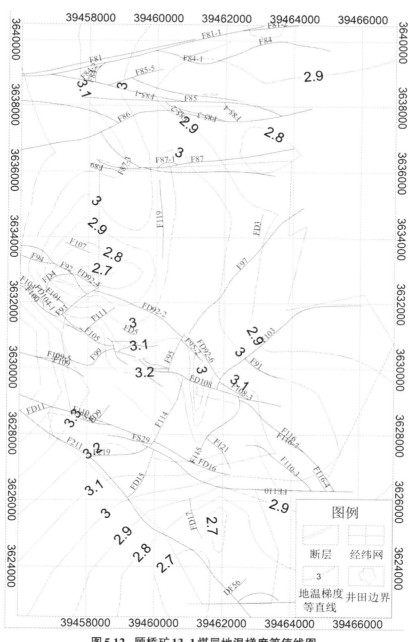

图5.12 顾桥矿13-1煤层地温梯度等值线图

11-2煤主要分布在三-四3、十八补3、十北补2、十九补3、东进风井井筒检查孔、十九南1-2、十南补3、东回风井井筒检查孔、深部进风井井筒检查孔、XLZE1、XLZE2、XLZK1、XLZK2、XLZK3、XLZL1、XLZL2、XLZL3、XLZM1、XLZM2、十二9、七19、六12、丁补08-1、十一十二7、五20、七49、五23、十二16、补4、十南14、七17、七14、三8、七15、六10、六16、七16、八8、十一13、十一17、十四12、十二12这42个钻孔中。根据表5.9中11-2煤的地温梯度数据,通过软件绘制出的地温梯度等值线图。从图5.13可以看出:在顾桥矿11-2煤层的地层中,有一半区域为地温正异常区,地温梯度正异常区集中在井田中南部共轭剪切区;地温梯度在中南部共轭剪切区和北部宽缓褶曲挤压区的变化趋势较大,中部简单单斜区的变化趋势都较平缓。

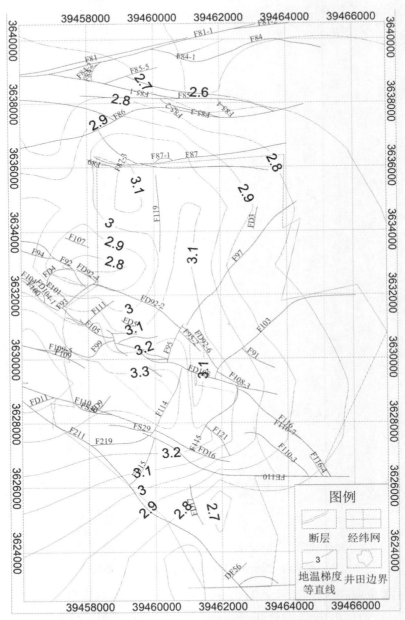

图5.13 顾桥矿11-2煤层地温梯度等值线图

8煤主要分布在三-四3、十八补3、十北补2、十九补3、东进风井井筒检查孔、十九南1-2、十南补3、深部进风井井筒检查孔、XLZE1、XLZE2、XLZK1、XLZK3、XLZL1、XLZL2、XLZL3、XLZM1、XLZM2、十二9、六12、丁补08-1、五20、七49、十二16、补4、十南14、69、七 17、七 14、三 8、七 15、六 10、水 13、八 8、十一 13、十一 17、十四 12 这 35 个钻孔中。根据表 5.9 中 8 煤的地温梯度数据,通过软件绘制出的地温梯度等值线图。从图 5.14 可以看出:在顾桥矿井田范围内,8 煤层地温梯度大于 3.0 ℃/hm 的正异常区占全区面积 80%;在钻孔 XLZK3 附近地温梯度大于 3.5 ℃/hm;地温梯度较高的区域位于中南部共轭剪切区,且地温梯度变化趋势较大;中部简单单斜区地温梯度的变化趋势都较平缓。

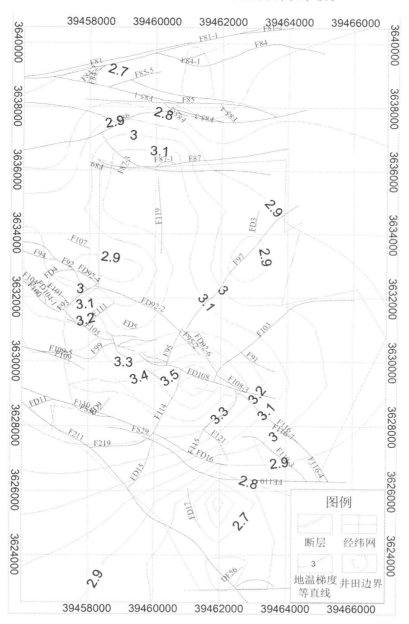

图 5.14 顾桥矿 8 煤层地温梯度等值线图

6-2 煤主要分布在三-四 3、十八补 3、十北补 2、十九补 3、东进风井井筒检查孔、十九南

1-2、十南补3、深部进风井井筒检查孔、XLZE1、XLZE2、XLZK1、XLZK3、XLZL1、XLZL2、XLZL3、XLZM1、XLZM2、十二9、六12、十一-十二7、五20、七49、十二16、补4、十南14、69、七17、七14、三8、七15、六10、水13、八8、十四12这34个钻孔中。根据表5.9中6-2煤的地温梯度数据,通过软件绘制出的地温梯度等值线图。从图5.15可以看出:顾桥矿井田范围内,6-2煤层的地层中大部分区域属于地温梯度正异常区;地温梯度较高的区域位于中南部共轭剪切区,且地温梯度变化趋势较大,甚至在钻孔XLZK3附近地温梯度大于3.5 ℃/hm;北部宽缓褶曲挤压区地温梯度正常,中部简单单斜区地温梯度的变化趋势最为平缓。

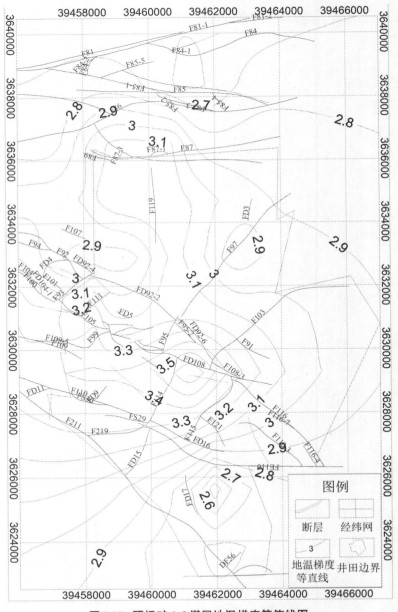

图5.15　顾桥矿6-2煤层地温梯度等值线图

　　1煤主要分布在三-四3、十八补3、十北补2、十九补3、东进风井井筒检查孔、十九南1-2、十南补3、深部进风井井筒检查孔、XLZE1、XLZE2、XLZJ2、XLZK1、XLZK2、XLZK3、XLZL1、XLZL2、XLZL3、XLZM1、XLZM2、六12、丁补08-1、十一—十二7、五20、十二16、补4、十南14、69、七14、六10、水13、八8、十一13、十一17、水33、十四12这35个钻孔中。根据表5.9中1煤的地温梯度数据,通过软件绘制出的地温梯度等值线图。从图5.16可以看出:井田范围内,1煤层的大部分区域属于地温梯度正异常区;中南部共轭剪切区的地温梯度值都较高;西南部地温梯度变化趋势较大,其他区域地温梯度变化平缓;可以看出井田内1煤层地温梯度的变化趋势与13-1煤、11-2煤、8煤、6-2煤大体相同。

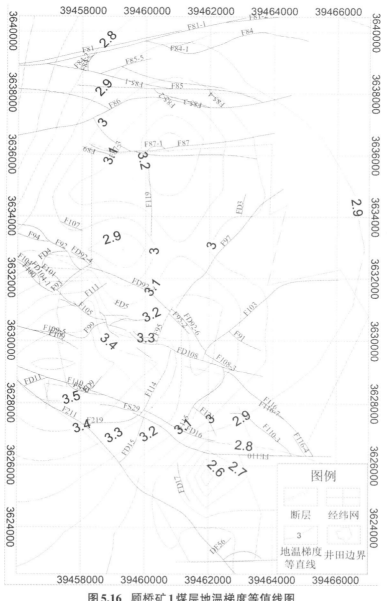

图5.16　顾桥矿1煤层地温梯度等值线图

5.1.4　潘三矿地温梯度变化规律

1. 地温钻孔分布概况

对潘三矿区的26个测温钻孔进行分析、整理,矿区共收集1个近似稳态孔(十一-十一17)和25个简易测温孔(十一东7、十一东3、十一东5、十一东9、十一15、十二7、水四14、十三5、十三西5、十三西7、十三西1、十三西3、十四东9、十东7、十二西2、十一西13、十一西2、十四西13、十四西3、十四西7、十四西9、十一西9、十一西7、十四西11、13-14E-1)。这些钻孔的温度、地温梯度的变化情况,主要分布在潘三矿十三勘探线西部、十一-十二勘探线至十-十一勘探线之间,井田南部钻孔稀少。钻孔分布情况,见图5.17。

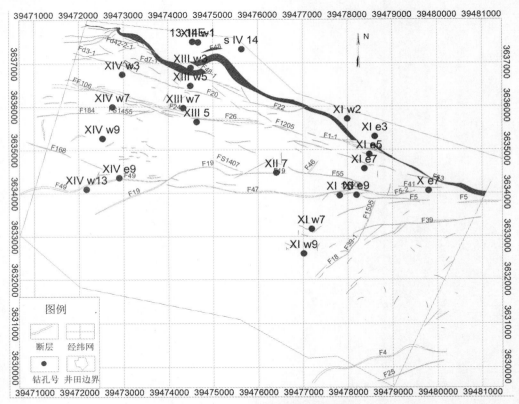

图5.17　潘三矿区测温钻孔分布图

2. 地温梯度变化特征

用相同的计算方法得到潘三矿测温钻孔的拟合公式和相关系数平方,见表5.10。淮南矿区恒温带深度为30 m,温度为16.8 ℃。根据本区测温钻孔资料及式(5.1)计算出各钻孔的地温梯度,见表5.11。

从表5.11中可以看出,潘三矿各钻孔测温深度范围为570~1280 m,井底温度范围为33.08~53.94 ℃。根据该区的恒温带深度和温度(30 m,16.8 ℃),计算出各孔的平均地热梯度范围为2.58~4.09 ℃/hm,全区平均地温梯度为3.08 ℃/hm,为正异常区,增温率为32.5 m/℃。

表5.10　潘三矿各钻孔拟合公式列表

钻　孔　号	拟　合　公　式	$R \times R$
十东7	$y=0.0311x+14.719$	0.9811
十二西2	$y=0.0247x+15.647$	0.9969
十一西13	$y=0.0235x+14.967$	0.9767
十四东9	$y=0.0341x+14.252$	0.9962
十一西2	$y=0.0303x+24.045$	0.9738
十四西13	$y=0.0365x+17.713$	0.9771
十四西3	$y=0.0232x+18.119$	0.9871
十四西7	$y=0.0265x+17.711$	0.9751
十四西9	$y=0.0314x+19.735$	0.9802
十一西9	$y=0.0272x+16.371$	0.9622
十一西7	$y=0.0268x+16.273$	0.9705
十四西11	$y=0.0268x+15.602$	0.987
13-14E-1	$y=0.0231x+22.95$	0.9801
十一东7	$y=0.0279x+19.446$	0.9971
十一东3	$y=0.411x+12.709$	0.9991
十一东5	$y=0.0291x+17.195$	0.9997
十一东9	$y=0.0286x+19.762$	0.9973
十一15	$y=0.0260x+15.840$	1
十二7	$y=0.0282x+15.652$	0.9995
水四14	$y=0.0280x+16.842$	0.9785
十三5	$y=0.0324x+15.747$	0.9994
十三西5	$y=0.0386x+15.039$	0.998
十三西7	$y=0.0329x+15.506$	0.9994
十三西1	$y=0.0363x+16.248$	0.9918
十三西3	$y=0.0382x+15.627$	0.9985

表5.11　潘三矿各温度孔的地温梯度表

钻孔号	y	x	测温深度(m)	T(℃)	地温梯度(℃/hm)
十东7	3634056.7	39479800.92	860	44.25	3.31
十二西2	3636543.356	39476505.91	680	33.55	2.58
十一西13	3633896.707	39477420.87	970	41.81	2.66
十四东9	3634356.66	39472900.73	570	33.08	3.01
十一西2	3635712.267	39477994.76	711.45	44.70	4.09
十四西13	3634092.12	39472171	1009	44.21	2.80

钻孔号	y	x	测温深度(m)	T(℃)	地温梯度(℃/hm)
十四西3	3636748.308	39472974.62	922	42.57	2.89
十四西7	3635992.27	39472753.19	1009	44.37	2.82
十四西9	3635264.008	39472526.82	1043.3	51.57	3.43
十一西9	3632606.89	39477013.01	985	45.16	2.97
十一西7	3633177.11	39477189.28	1045	45.53	2.83
十四西11	39472341.08	3634581.20	1030	45.37	2.86
13-14E-1	3637502.629	39474544.29	1280	53.94	2.97
十一东7	3634564.9	39478371.98	724	38.12	3.07
十一东3	3635303.93	39478605.65	649	40.04	3.75
十一东5	3634895.07	39478481.71	787.56	39.42	2.99
十一东9	3633955.37	39478194.09	700.81	38.30	3.21
十一15	3633946.47	39477819.51	705.23	34.20	2.58
十二7	3634469.87	39476408.13	801.52	36.98	2.62
水四14	3637329.43	39475636.35	773.4	42.17	3.41
十三5	3635642.8	39474634.54	855.47	42.17	3.07
十三西5	3636479.59	39474498.18	974.34	47.49	3.25
十三西7	3635967.02	39474336.7	684.81	37.62	3.18
十三西1	3637488.53	39474671.52	764.3	43.39	3.62
十三西3	3636900.09	39474504.49	859.03	42.50	3.10

根据表5.11测温钻孔计算出的各钻孔的地温梯度,作出本区地温梯度等值线图,如图5.18所示。

从图5.18潘三矿区地温梯度等值线图可以看出:潘三矿区北部靠近潘集背斜处的地温梯度较高,南部煤层埋深较深的区域地温梯度较低。

3. 主采煤层地温梯度变化特征

同一煤层来说,由于其受到地形地质构造的影响,煤层埋深不同。在潘三矿25个简易测温孔所包含的煤层中,每个钻孔所含的煤层不尽相同。选取潘三井田主采煤层进行分析,煤系地层地温梯度见表5.12。从表中得出:主采煤层13-1煤的地温梯度范围为2.15～3.87℃/hm,平均值为3.05℃/hm;11-2煤的地温梯度范围为2.35～3.96℃/hm,平均值为3.15℃/hm;8煤的地温梯度范围为2.23～5.43℃/hm,平均值为3.26℃/hm;5-2煤的地温梯度范围为2.27～4.90℃/hm,平均值为3.24℃/hm;4-1煤的地温梯度范围为2.28～4.77℃/hm,平均值为3.26℃/hm;1煤的地温梯度范围为2.41～4.14℃/hm,平均值为3.23℃/hm。

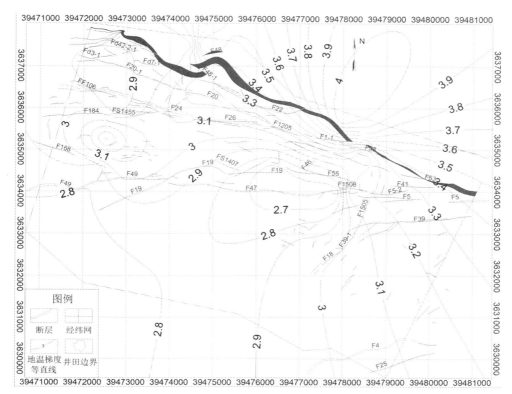

图5.18 潘三矿区地温梯度等值线图

表5.12 潘三矿煤系地层地温梯度统计表

钻孔号	13-1煤	11-2煤	8煤	5-2煤	4-1煤	1煤
十东7	2.75	2.87	2.82	2.87	3.02	3.30
十二西2	—	—	2.62	2.55	2.45	—
十一西13	2.15	2.35	2.23	2.27	2.28	2.41
十一西2	—	—	5.43	4.90	4.77	4.14
十四西13	2.84	3.12	3.09	3.04	3.05	2.89
十四西3	2.81	2.70	2.69	2.69	2.66	2.58
十四西7	3.12	3.11	3.05	2.95	2.90	—
十四西9	3.83	3.87	3.75	3.60	3.53	—
十一西9	2.87	3.01	2.95	3.00	—	—
十一西7	2.82	2.88	2.93	2.88	2.89	2.89
十四西11	2.59	2.79	2.76	—	—	—
13-14E-1	3.46	3.33	3.14	3.05	2.99	2.89
十一东7	3.27	3.22	—	—	—	—
十一东3	—	—	3.61	3.60	3.64	3.82
十一东5	3.16	3.09	3.06	3.05	3.10	—

续表

钻孔号	13-1煤	11-2煤	8煤	5-2煤	4-1煤	1煤
十一东9	3.49	3.37	—	—	—	—
十一15	2.64	2.67	—	—	—	—
十二7	2.85	2.87	—	—	—	—
水四14	—	—	3.24	3.31	3.59	3.41
十三5	3.28	—	3.19	3.19	3.14	—
十三西5	3.87	3.84	3.82	3.84	3.79	3.68
十三西7	3.22	3.30	—	—	—	—
十三西1	—	3.96	3.81	3.78	3.74	3.50
十三西3	—	3.69	3.76	3.73	3.92	—
十四东9	2.99	3.02	—	—	—	—

通过统计分析潘三钻孔测温资料,获得潘三地温梯度数据,重新厘定潘三井田主要开采的13-1煤、11-2煤、8煤、5-2煤、4-1煤、和1煤层的地温梯度的变化范围和特征,通过绘制主采煤层的地温梯度等值线图,对其变化规律进行分析,为丁集煤层开采提供理论基础。各主采煤层的地温梯度等值线图见图5.19至图5.24。

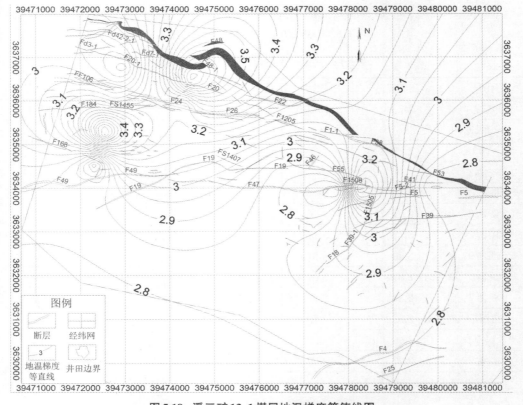

图5.19 潘三矿13-1煤层地温梯度等值线图

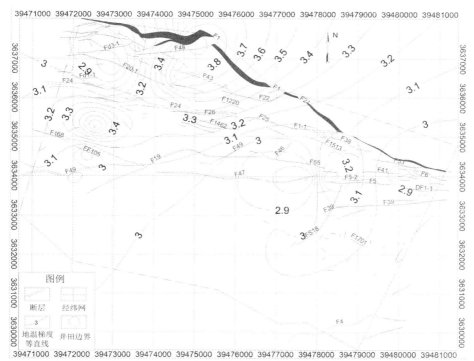

图5.20 潘三矿11-2煤层地温梯度等值线图

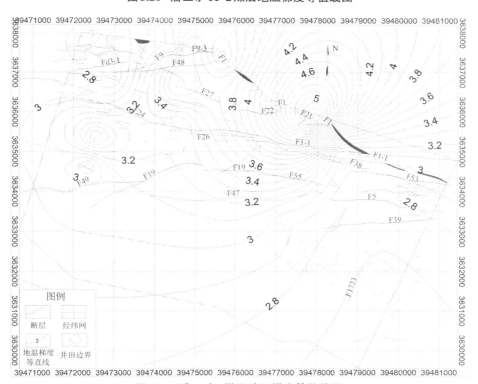

图5.21 潘三矿8煤层地温梯度等值线图

113

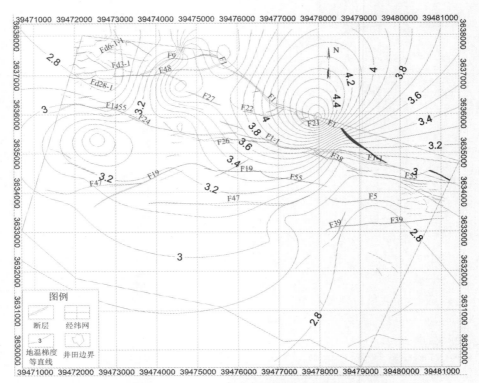

图5.22 潘三矿5-2煤层地温梯度等值线图

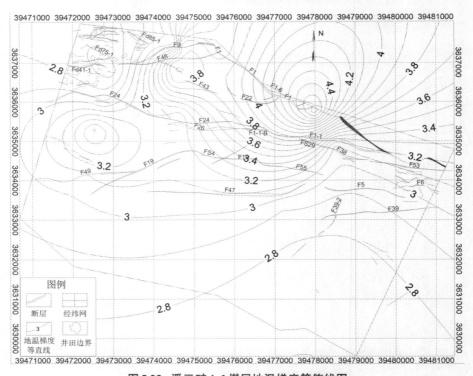

图5.23 潘三矿4-1煤层地温梯度等值线图

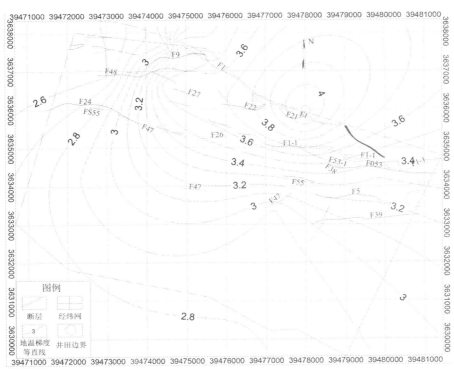

图 5.24　潘三矿 1 煤层地温梯度等值线图

13-1 煤主要分布在十东 7、十一西 13、十四西 13、十四西 3、十四西 7、十四西 9、十一西 7、十四西 11、13-14E-1、十一东 7、十一东 5、十一东 9、十一 15、十二 7、十三 5、十三西 5、十三西 7、十四东 9 这 19 个钻孔中。根据表 5.12 中 13-1 煤的地温梯度数据,通过软件绘制出的地温梯度等值线图,从图 5.11 可以看出:在潘三矿 13-1 煤层的地层中,井田南部及东部地区地温梯度为正常值,北部及西部地温梯度大于 3.0 ℃/hm;在井田北部十三西 5 钻孔处及西部十四西 9 钻孔处存在两个高地温梯度的正异常区,在西部十四西 9 钻孔及东部十一东 9 钻孔附近地温梯度变化幅度较大;井田中部及南部区域地温梯度变化较为平缓,其他区域地温梯度变化趋势较大。

11-2 煤主要分布在十东 7、十二西 2、十一西 13、十四西 13、十四西 3、十四西 7、十四西 9、十一西 7、十四西 11、13-14E-1、十一东 7、十一东 5、十一东 9、十二 7、十三 5、十三西 7、十四东 9 这 19 个钻孔中。根据表 5.12 中 11-2 煤的地温梯度数据,通过软件绘制出的地温梯度等值线图,从图 5.20 可以看出:在潘三矿 11-2 煤层的地层中,井田大范围内的地温梯度值大于 3.0 ℃/hm,地温梯度正常的区域分布于中部、东部及西北角处;在井田北部水四 14 钻孔处存在地温梯度大于 3.8 ℃/hm 的高值区;井田西北部地温梯度变化趋势较大,南部、东部地区地温梯度变化趋势较为缓和。地温梯度正常,西部地温梯度为正异常区;在十一东 9 钻孔附近地温梯度变化幅度大,南部地温梯度变化趋势较平缓。

8 煤主要分布在十东 7、十二西 2、十一西 13、十一西 2、十四西 13、十四西 3、十四西 7、十四西 9、十一西 9、十一西 7、十四西 11、13-14E-1、十一东 5、十三西 5、十三西 1、十三西 3 这 16 个钻孔中。根据表 5.12 中 8 煤的地温梯度数据,通过软件绘制出的地温梯度等值线图。从图 5.21 可以看出:在潘三矿 8 煤层的地层中,井田东南部及西北角的地温梯度值正常,其他大范围的地温梯度都大于3.0 ℃/hm,特别是靠近北部潘集背斜附近属地温正异常;在井田北部十一西2钻孔附近存在地温梯度大于5.0 ℃/hm的高温异常区,潘三矿8煤的地温梯度比上部13-1煤和11-2煤高;北部十一西2钻孔附近地温梯度趋势变化较大,东部及南部地区地温梯度变化平缓。

5-2煤主要分布在十东7、十二西2、十一西13、十一西2、十四西13、十四西3、十四西7、十四西9、十一西9、十一西7、13-14E-1、十一东3、十一东5、水四14、十三5、十三西5、十三西1、十三西3这18个钻孔中。根据表5.12中5-2煤的地温梯度数据,通过软件绘制出的地温梯度等值线图。从图5.22可以看出:潘三矿5-2煤层的地温梯度分布情况与8煤层的地温梯度较相似,井田东南部及西北角的地温梯度值正常,其他大范围的地温梯度都大于3.0 ℃/hm;在井田北部十一西2钻孔附近存在地温梯度大于4.0 ℃/hm的正异常区;北部地温梯度趋势变化较大,东部及南部地区地温梯度变化平缓。

4-1煤主要分布在十东7、十二西2、十一西13、十一西2、十四西13、十四西3、十四西7、十四西9、十一西9、十一西7、13-14E-1、十一东3、十一东5、水四14、十三5、十三西5、十三西1、十三西3这18个钻孔中。根据表5.12中4-1煤的地温梯度数据,通过软件绘制出的地温梯度等值线图。从图5.23可以看出:潘三矿4-1煤层的地温梯度分布情况与5-2煤层的地温梯度分布情况非常相似,煤层地温梯度的平均值也相近;井田东南部及西北角的地温梯度值正常,其他大范围的地温梯度都大于3.0 ℃/hm;在井田北部十一西2钻孔附近存在地温梯度大于4.0 ℃/hm的正异常区;北部地温梯度趋势变化较大,其他地区的地温梯度变化平缓。

1煤主要分布在十东7、十一西13、十一西2、十四西13、十四西3、十一西7、13-14E-1、十一东3、水四14、十三西5、十三西1、这11个钻孔中。总数不到所有温度孔数量的50%,仅作为参考数据。根据表5.12中1煤的地温梯度数据,通过软件绘制出的地温梯度等值线图。从图5.24可以看出:与4-1煤层地温梯度的分布情况相比,潘三矿1煤层的地温场温度相对较低些,但仍有近60%的区域地温梯度大于3.0 ℃/hm;北部及东北部属于地温正异常区,其他区域地温正常;在井田北部十一西2钻孔附近1煤层的地温场温度最高;与上部主采煤层相比,1煤层的地温梯度分布趋势相对较平缓,南部地温梯度变化趋势最小。

5.2 水平向地温分布规律

为了研究三个矿区不同水平深度上地温的分布规律,将 -600 m、-700 m、-800 m和 -900 m的测温孔地温数据整理出来,并绘制各水平深度的温度等值线图。部分钻孔孔底深度较浅,为了能够有效地显示各水平深度的地温分布情况,对全孔校正后的温度与其深度进行趋势分析,再利用拟合公式推测其深部的温度值。

5.2.1 丁集矿不同水平地温分布规律

丁集矿不同水平(-600 m、-700 m、-800 m以及 -900 m)的地温分布规律如图5.25至5.28所示。

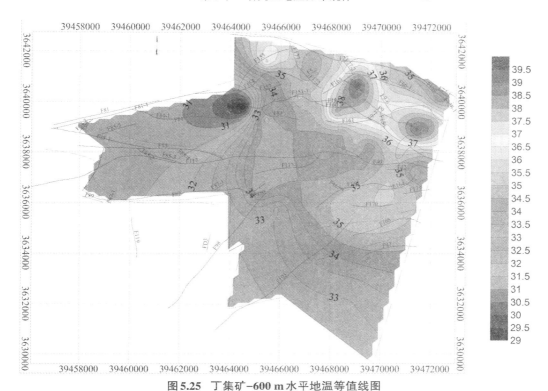

图 5.25 丁集矿−600 m 水平地温等值线图

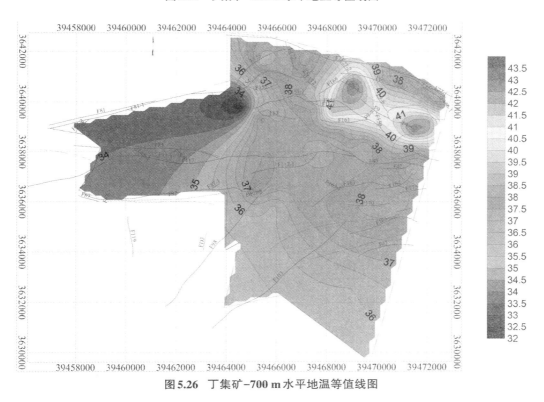

图 5.26 丁集矿−700 m 水平地温等值线图

117

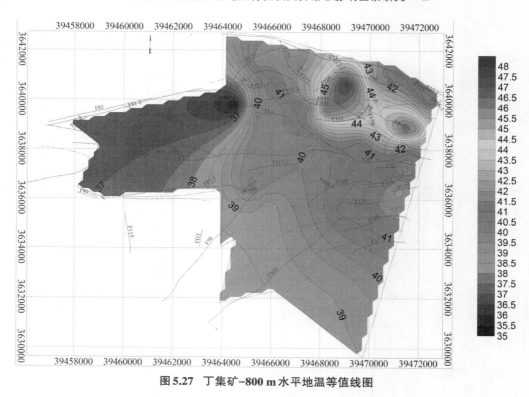

图5.27 丁集矿−800 m水平地温等值线图

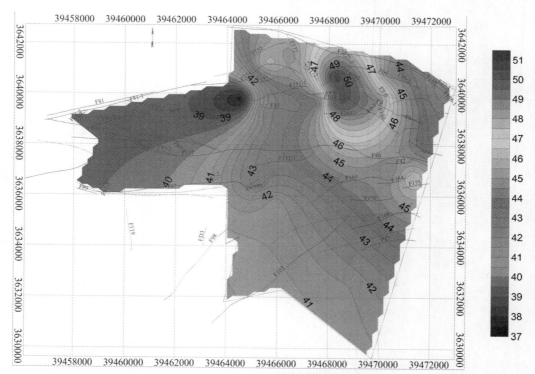

图5.28 丁集矿−900 m水平地温等值线图

综合图5.25至图2.58可以看出不同水平深度上地温的分布趋势基本相同,高温区都是位于潘集背斜轴线附近,而且从背斜轴线向南北两侧逐渐降低。高温异常孔基本是位于847孔、水12孔、849孔及二十4孔附近,在经线39464000以西是相对低温区。各水平面的最低、最高温度分别相差10.5~14 ℃。−600 m水平的平均地温为35.22 ℃,最高地温为39.41 ℃;−700 m水平的,平均地温为38.58 ℃,最高地温为44.30 ℃;−800 m水平的,平均地温为41.81 ℃,最高地温为47.77 ℃;−900 m水平的,平均地温为44.50 ℃,最高地温为50.90 ℃。井田内除西北一隅,几乎全部达到了40 ℃,属于低温地热资源中的温热水资源。

5.2.2　顾桥矿不同水平地温分布规律

顾桥矿不同水平(−600 m、−700 m、−800 m以及−900 m)的地温分布规律如图5.29至图5.32所示。综合各图可以看出:各水平深度上地温的分布趋势基本相同,温度最高的区域主要位于井田南部"X"共轭剪切区,在井田北部F87断层附近形成第二高温区,井田南部的单斜构造区地温相对较低。XLZK3孔测得的温度值是全井田的温度最高点,在−600 m时温度就超过了37 ℃,在−900 m时达到49.80 ℃。−600 m水平的,平均地温为34.08 ℃,最高地温为38.50 ℃;−700 m水平的,平均地温为37.19 ℃,最高地温为41.60 ℃;−800 m水平的,平均地温为40.32 ℃,最高地温为45.0 ℃,井田内除东部和南部一带,几乎全部达到了40 ℃,属于低温地热资源中的温热水资源。−900 m水平的,平均地温为43.34 ℃,最高地温为49.80 ℃,井田区域全部达到了40 ℃温热水资源标准。各水平面的最低、最高温度分别相差6.5~10.5 ℃。

综上所述,井田内的高温区位于顾桥矿中南部共轭剪切区,或者靠近共轭剪切区的F92断层附近,可以说井田内的温度受中南部共轭剪切作用的影响最大。

5.2.3　潘三矿不同水平地温分布规律

潘三矿不同水平(−600 m、−700 m、−800 m、−900 m以及−1000 m)的地温等值线图见图5.33至图5.37。由于潘三矿测温孔数目较少些,多集中于十四西、十三西、十一西及十一东勘探线上,在井田中部、南部和东南部区域缺乏测温孔控制,使得地温等值线图在以上区域控制不够,故仅供参考。

综合各图可以看出:各水平深度上地温的分布趋势基本相同。高地温区域也基本相同,大致位于钻孔十四西9、十三西3及十一西2附近。对照井田构造纲要图可以看出:测温孔十三西3和十一西2靠近潘集背斜轴部,钻孔十四西9处于董岗郢向斜处。钻孔十一西13和十二西2附近是个相对低温的区域,十一西13孔位于叶集背斜处,十二西2孔处于钻孔十三西3和十一西2之间。分析各深度的温度等值线图可知,同一水平面的温度都是从三个高温区向四周降温的趋势,而且总体上井田南部的地温相对较低。

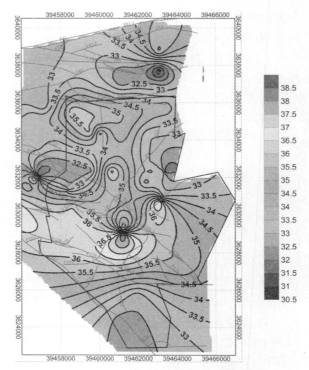

图5.29 顾桥矿-600 m水平地温等值线图

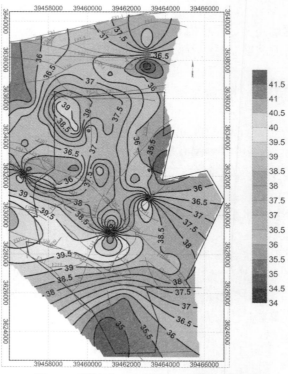

图5.30 顾桥矿-700 m水平地温等值线图

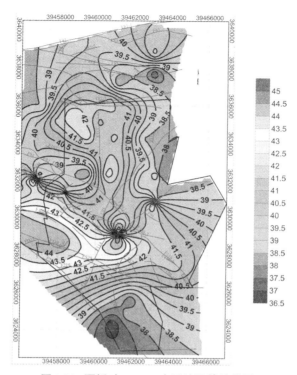

图5.31　顾桥矿-800 m水平地温等值线图

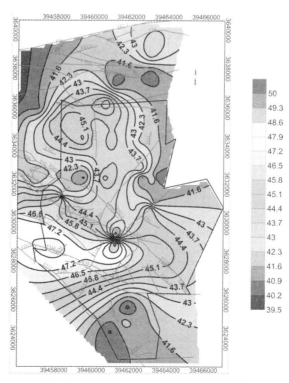

图5.32　顾桥矿-900 m水平地温等值线图

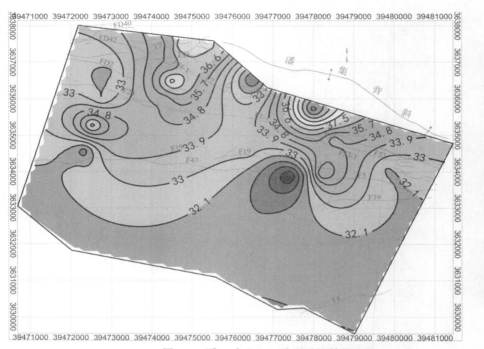

图5.33 潘三矿-600 m水平地温等值线图

122

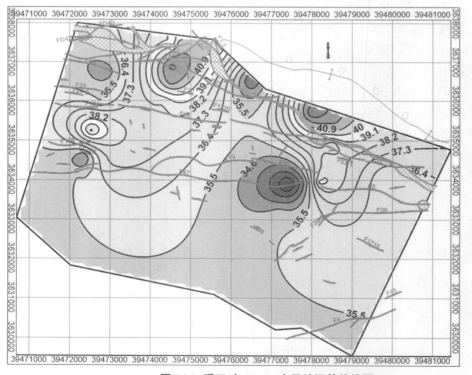

图5.34 潘三矿-700 m水平地温等值线图

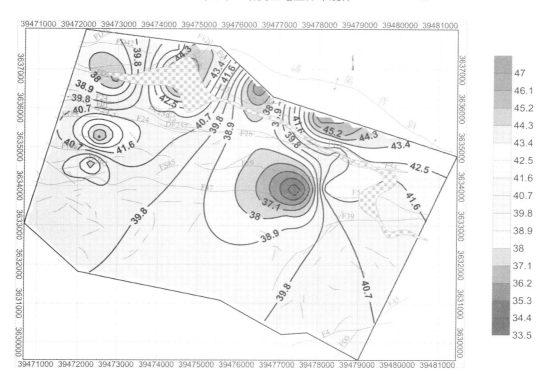

图5.35　潘三矿−800 m水平地温等值线图

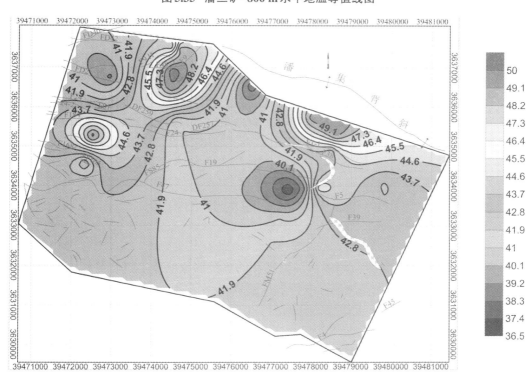

图5.36　潘三矿−900 m水平地温等值线图

123

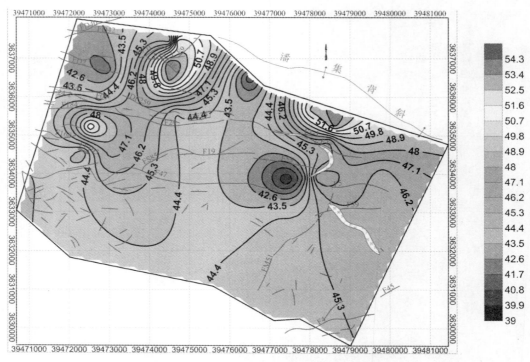

图 5.37 潘三矿 -1000 m 水平温度等值线图

—600 m 水平的平均地温为 34.38 ℃,最高地温为 42.50 ℃;—700 m 水平的,平均地温为 37.54 ℃,最高地温为 43.50 ℃;—800 m 水平时,平均地温为 40.96 ℃,最高地温为 46.7 ℃,该 水平矿井北部和西部已达到温热水资源;—900 m 水平的,平均地温为 43.72 ℃,最高地温为 50.50 ℃。各水平面的最低、最高温度分别相差 11.7~13.5 ℃。

进一步分析各水平深度温度等值线图中的高温区域与潘三矿地质构造的分布情况,可 以明显看出:井田内的高温、低温区均位于三个构造带附近(潘集背斜、董岗郢向斜和叶集背 斜)。可以说井田内的温度受潘集背斜的影响最大,越靠近潘集背斜轴部温度越高。

5.3　垂向上地温分布特征

研究地温的垂向分布特征,可以从测温钻孔的连续测温曲线上进行分析。这里选择研 究区内具有代表性的近似稳态测温孔进行数据汇总,绘制测温孔的温度-深度关系曲线图及 地温梯度-深度关系散点图。近似稳态孔的测温数据通常是在完井 72 h 后取得的,此时井液 与岩温已经基本达到平衡,其数据能较真实地反映地层的温度情况。

图 5.38 是具有代表性的近似稳态孔连续测温的曲线图,从图可以看出,各钻孔的温度总 体是随着深度的增加而增加的。在靠近地表处,由于受到太阳辐射的因素的影响,温度与深 度的关系不具有规律性。像顾东进风井井筒检查孔,其温度与深度表现出良好的线性关系,

反映了传导型的增温特点。如果在有地下水活度的区域,围岩温度同时受传导型和对流型控制,温度–深度的关系由直线变为曲线,例如,丁集十六11钻孔的井温曲线在接近1000 m埋深时变成"上凸"形式。

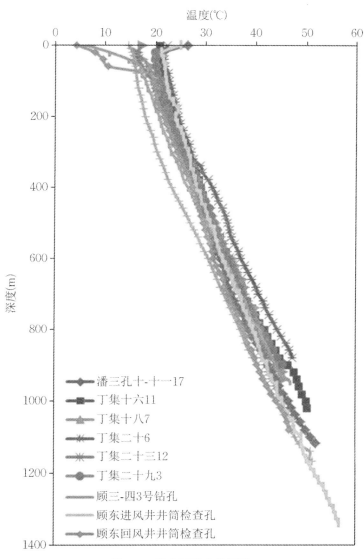

图5.38 研究区综合井温图

图5.39反映了研究区地温梯度与深度的关系,图中各孔的地温梯度总体是随着深度的增加而减少的,且逐渐趋于一致。一般来说,松散层由于多是松软的非结晶质岩石,其导热性差、传热慢,地温梯度要比基岩面以下的岩石大。在埋深小于500 m时,不同钻孔的地温梯度较为分散,多数随深度增加而减小。但是顾三-四3号钻孔的地温梯度是随着深度的增加而增大的,推断其异常现象可能是该点的恒温带温度受到外界温度影响造成的。在埋深大于500 m时,地温梯度的变化范围多处于2.6~3.6 ℃/hm之间,且各钻孔地温梯度的变化

幅度很小,基本趋于一致。严格来讲,不同钻孔地温梯度与深度关系的变化趋势还是有所不同的,这与测温点具体的地质构造情况、松散层厚度及地下水活动有关。例如,在靠近潘集背斜轴线处的丁集二十6钻孔的地温梯度最大,其地温梯度-深度的关系也明显与其他钻孔不同;丁集十六11钻孔的地温梯度在900 m附近时明显稍有增大。

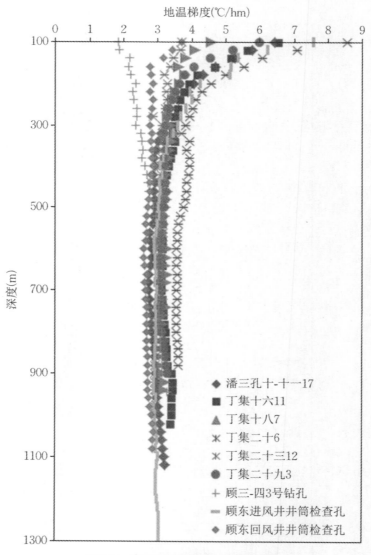

图5.39 研究区地温梯度-深度关系图

结合研究区地温场的特征可以发现,温度-深度的综合井温曲线和地温梯度-深度的关系图所反映的地温现象,与研究区的地温梯度分布及矿井的水平温度分布规律相符,高温和地温异常区均一一对应。

5.4 主采煤层底板温度分布规律

5.4.1 丁集矿主采煤底板温度分布规律

对丁集矿的所有钻孔进行统计整理,整理出各主采煤层13-1,11-2,8,4-1,3煤的钻孔揭露深度,得出各主采煤层的等温图,见图5.40至图5.44。

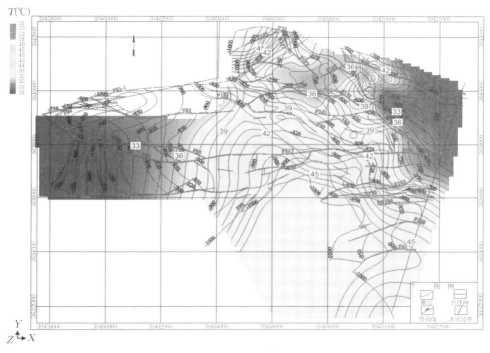

图5.40 13-1煤等温图

从13-1煤等温图可以看出,13-1煤的温度大致范围在32~45 ℃之间,13-1煤的温度变化趋势和煤层的等高线变化趋势大体一致。井田南部的地温较高,标高−900 m以下,几乎全部的区域温度都达到45 ℃左右。井田区域向北温度逐渐降低,标高在−700 m以上的,颜色由浅色变成深色的区域,温度小于36 ℃。在潘集背斜处,有一温度异常点,温度高达42 ℃以上。其余部分地温变化均缓慢平和。

从图5.41中11-2煤等温图可以看出,11-2煤从北向南的埋藏深度逐渐加深,随着深度的加深,南部的11-2煤的温度高于北部。11-2煤的温度大致范围在33~48 ℃之间。井田60%以上的区域,温度在45~48 ℃之间,而且主要集中在井田的中部。11-2煤层的温度异常点延续了13-1煤的特征,都是在潘集背斜处,出现一个温度异常点,此处的温度比附近的温度值要高,温度在43 ℃左右。

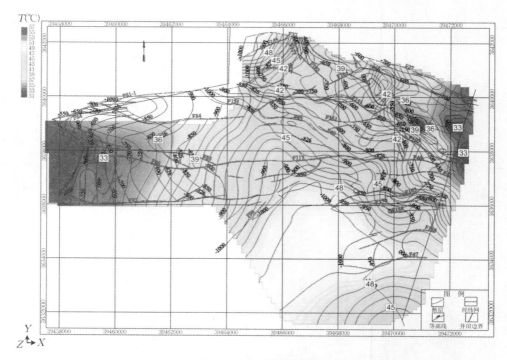

图5.41　11-2煤等温图

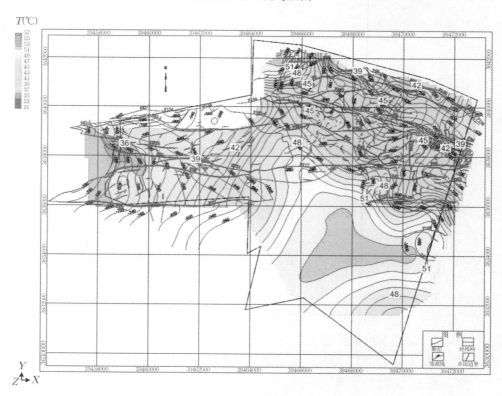

图5.42　8煤等温图

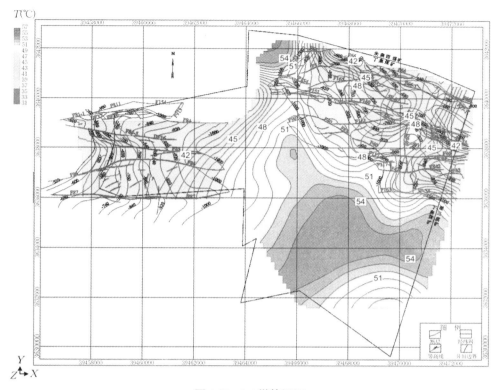

图5.43 4-1煤等温图

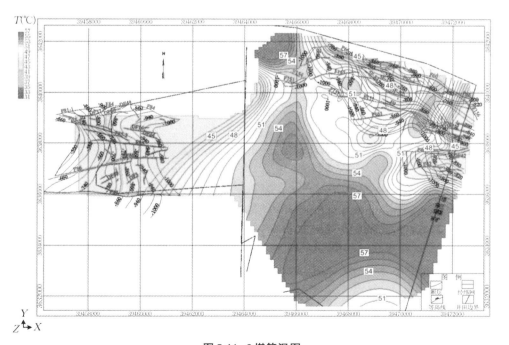

图5.44 3煤等温图

从图 5.42 中 8 煤等温图可以看出,整个井田的区域几乎被暖色调覆盖,温度在 39~51 ℃ 之间,已经达到二级热害区,在煤层开采时要注意通风降温措施。8 煤层的分布依然延续上部煤层的特征,即北浅南深,所以南部的 8 煤温度一般要高于北部。但是在井田范围的南部 −1000 m 以下出现两个异常区,中间温度低,两边温度高,由于附近没有温度孔加以控制,这种异常现象并不能真实地反映该区域的深度和温度之间的关系。

从图 5.43 中 4-1 煤等温图可以看出,煤层的温度大致范围是 42~54 ℃,4-1 煤层只在丁集井田的北部和西部被揭露,温度孔也只是控制这部分区域,在标高 −1000 m 以下的深部,没有温度加以控制周围的温度,也不具有考究的意义。

从图 5.44 中 3 煤等温线图可以看出,整个井田范围温度值都在 45 ℃ 以上,标高 −1000 m 以上的 3 煤温度范围为 45~51 ℃,标高 −1000 m 以下的深部温度不做分析。从图中可以大致估计标高 −1000 m 对应的温度 51 ℃,−900 m 对应 48 ℃,−800 m 对应 45 ℃,但是在潘集背斜处 3 煤标高只有 −760 m 左右,但是温度却对应了 48 ℃,属于异常区。

综上所述,丁集矿同一煤层,南部煤层的温度高于北部的煤层,在浅部煤层 13-1、11-2 中潘集背斜温度高于附近温度的现象较深部煤层明显。这与前面介绍的各主采煤层的地温梯度异常区域的分布是一致的。

5.4.2 顾桥矿主采煤底板温度分布规律

对顾桥矿的所有钻孔进行统计整理,整理出各主采煤层 13-1、11-2、8、6-2、1 煤的温度数据,通过绘制主采煤层的温度等值线图,对其变化规律进行分析。各主采煤层的温度等值线图见图 5.45 至图 5.50。

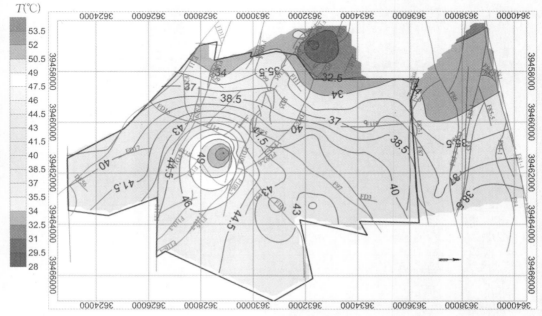

图 5.45　13-1 煤等温图

　　从13-1煤等温图可以看出,13-1煤的温度大致范围为28～53.5 ℃,在中南部共轭剪切区钻孔XLZK3附近出现一个温度异常点,温度高达50 ℃以上。而在井田西部钻孔XLZE2附近出现一个相对低温区域,温度低至28 ℃。13-1煤的温度变化趋势和煤层的等高线变化趋势大体一致,井田东部的地温较高,温度都大于40 ℃,向西温度逐渐降低,颜色由浅蓝色变成深蓝色的区域,温度小于37 ℃。井田北部地温变化较南部缓慢平和。

　　从图5.46中11-2煤等温图可以看出,11-2煤从西向东的温度逐渐升高,而11-2煤的埋藏深度为由西向东逐渐加深,可以明显地得出,随着深度的加深,东部的11-2煤的温度高于西部。11-2煤的温度大致范围为30～57 ℃。井田60%以上的区域,温度在40～50 ℃之间,而且主要集中在井田的东部。11-2煤层的温度异常点延续了13-1煤的特征,都是在井田中南部钻孔XLZK3附近存在一个温度异常点,此处的温度比附近的温度值要高,温度在50 ℃左右。

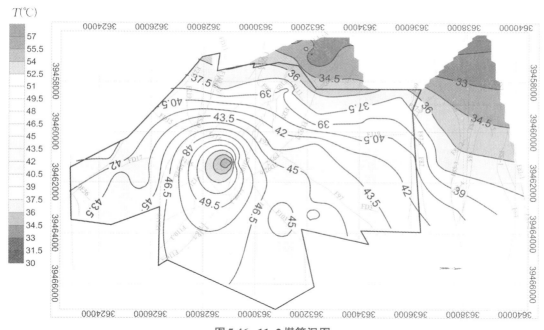

图5.46　11-2煤等温图

　　从图5.47中8煤等温图可以看出,井田内80%的区域温度高于37 ℃,已经达到二级热害区,在煤层开采时要注意通风降温措施。8煤层的分布依然延续上部煤层的特征,即西浅东深,所以东部的8煤温度依然高于西部。并且温度异常点还是出现在中南部的剪切共轭区,中心温度可达59 ℃。井田南部8煤的温度变化较为明显。

　　从图5.48中6-2煤等温图可以看出,煤层的温度大致范围为32～62 ℃,煤层埋深由西向东逐渐加深,煤层温度也是由西向东逐渐升高。在井田中南部钻孔XLZK3附近存在温度异常点,温度高达60 ℃。

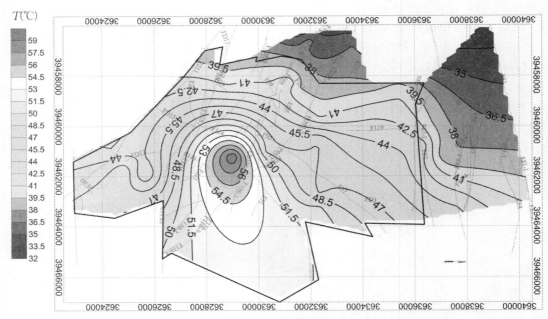

图5.47　8煤等温图

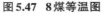

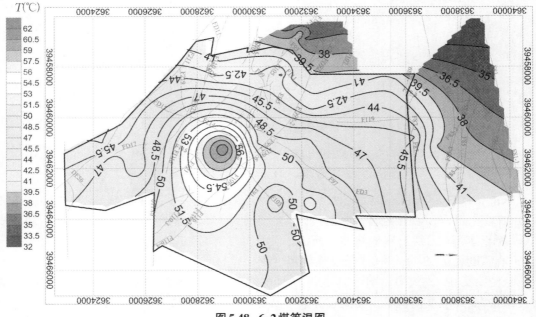

图5.48　6-2煤等温图

从图5.49中1煤等温线图可以看出,几乎整个井田的温度值都在40℃以上,由西向东温度逐渐升高。分析数据并对照煤层底板等高线图可知,煤层埋深大于1000 m时煤层温度大于42.5℃。在井田中南部剪切共轭区有个温度异常点,温度可达60℃。北部温度变化趋势较南部平缓。

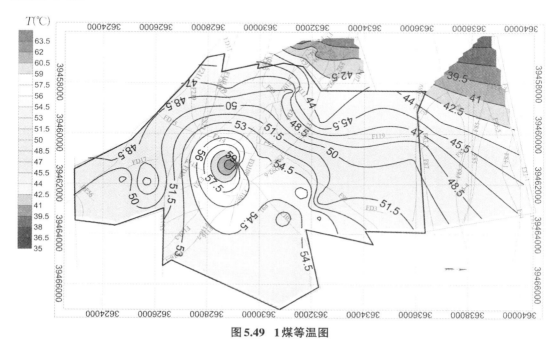

图5.49 1煤等温图

所以,从各主采煤层的等温图可以总结出,顾桥矿同一煤层,中南部地温最高,东部温度较高,西北部地温最低;高温度异常点均位于井田中南部共轭剪切区钻孔XLZK3附近。这与前面介绍的各主采煤层的地温梯度异常区域的分布是一致的。

5.4.3 潘三矿主采煤底板温度分布规律

对潘三矿的所有钻孔进行统计整理,整理出各主采煤层13-1、11-2、8、5-2、4-1、1煤的温度数据,通过绘制主采煤层的温度等值线图,对其变化规律进行分析。各主采煤层的温度等值线图见图5.50至图5.55。从13-1煤等温图可以看出,13-1煤的温度大致范围为28~45℃,在十一西勘探线西侧的温度明显高于东侧,井田内13-1煤的煤层等高线是由西向东递减的趋势,而13-1煤的温度则是西部明显高于东部,温度最多可相差17℃。在钻孔十四西9和十三西1附近形成两个高温区,其中钻孔十四西9附近温度异常高,温度可达44℃,向东温度变化较为平缓。而在两个高温区之间,钻孔十四西3处则形成一个相对低温区。

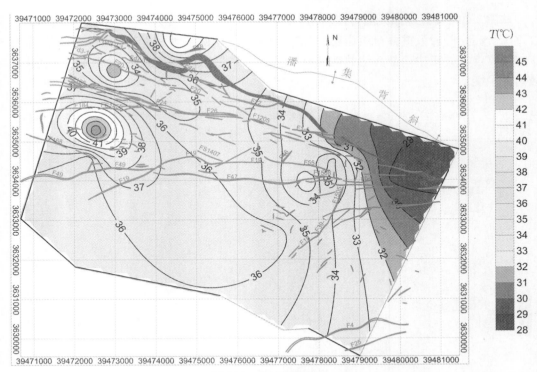

图5.50　13-1煤等温图

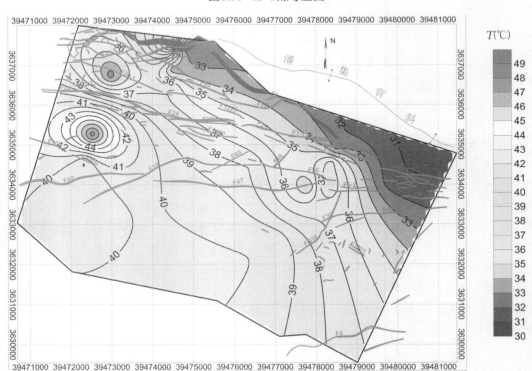

图5.51　11-2煤等温图

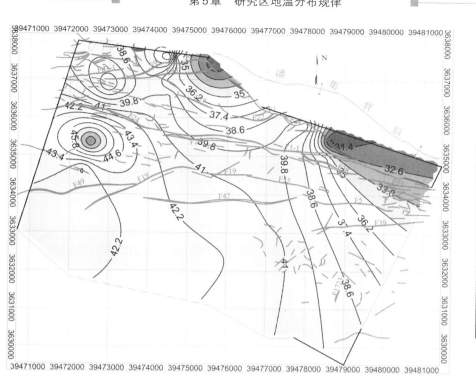

图 5.52　8 煤等温图

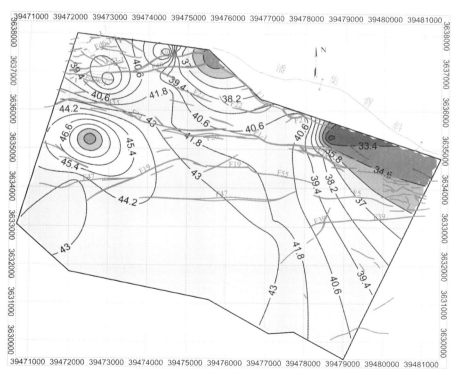

图 5.53　5-2 煤等温图

135

从图5.51中11-2煤等温图可以看出,11-2煤的温度是从西南向东北逐渐减低的,总体上说南部温度高于北部,这与煤层地板等高线分布趋势大体相似。11-2煤的温度大致范围为30~49 ℃,井田内50%的区域温度高于37 ℃,而且主要集中在井田的西南部。11-2煤层的温度异常点延续了13-1煤的特征,在钻孔十四西9附近出现一个高温异常点,此处的温度大概在46 ℃,而在钻孔十四西3处则形成一个温度低于34 ℃的相对低温区。

从图5.52中8煤等温图可以看出,整个井田的区域几乎被暖色调覆盖,温度大于37 ℃的区域占井田面积的80%,已经达到二级热害区,在煤层开采时要注意通风降温措施。与上部煤层对比,8煤的高温异常点依然出现在钻孔十四西9附近,而在钻孔水四14和十一东3附近形成两个的相对低温区。钻孔十四西3处的温度依然比其周边低,但不是最明显的了。温度变化趋势也是由西向东逐渐降低,且井田南部温度高于北部。

从图5.53中5-2煤等温图可以看出,煤层的温度大致范围为31~51.4 ℃,5-2煤层的温度分布与8煤层相似,在钻孔十四9附近出现一个高温异常点,靠近潘集背斜的钻孔水四14和十一东3附近形成两个相对低温区。井田温度从西南向东北递减,南部温度总体比北部温度高,且南部的变化趋势较为缓慢。

从图5.54中4-1煤等温图可以看出,煤层的温度大致范围为32~51.5 ℃,井田内80%的区域温度高于37 ℃,在钻孔十四9附近有一个高温异常点,总体上南部温度高于北部。据统计,揭露4-1煤层的测温孔数仅为钻孔总数的一半,且揭露的4-1煤底板埋深集中在500~1000 m之间。故此次对4-1煤层地温的分析结果具有一定的局限性,在标高-1000 m以下的深部,没有测温孔加以分析,不具有考究的意义。

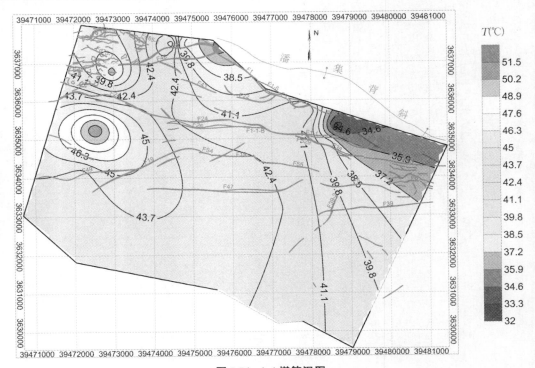

图5.54　4-1煤等温图

从图 5.55 中 1 煤等温图可以看出,整个井田范围温度都在 37 ℃以上,井田 80% 的区域温度高于 40 ℃。在钻孔十三西 1 和十三西 5 附近存在两个高温异常区,而在钻孔十四西 3 和十一东 3 处存在两个相对的低温区。1 煤温度由井田中部向东西两侧逐渐减低,中部的温度变化趋势较为宽缓。由于井田内揭露 1 煤的钻孔只有 11 个,不足井田内钻孔总数的 50%,且 1 煤层地板等高线都集中在井田北部,故 1 煤的等温图仅供参考。

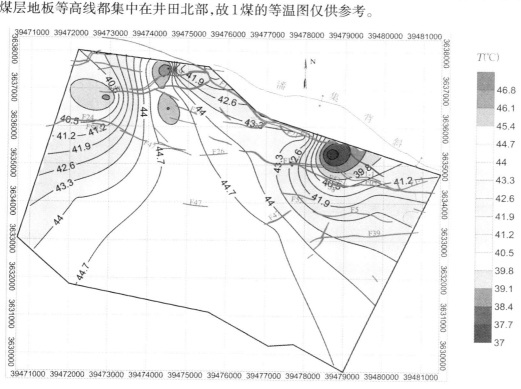

图 5.55　1 煤等温图

从各主采煤层的等温图可以总结出,潘三矿同一煤层,南部煤层地温高于北部,西部煤层地温高于东部。除 1 煤外,各主采煤层的高温异常点都位于钻孔十四西 9 处,而靠近潘集背斜处反而形成相对低温区。根据井田内测温孔揭露的岩性资料显示:西部钻孔揭露的松散层厚度稍高于东部,井田内松散层深度范围为 257.89~422.39 m,钻孔十四西 9 揭露的松散层深度为 405.33 m,与附近钻孔揭露的松散层深度相近。钻孔十四西 9 处于董岗郢向斜处,揭露的钻孔岩性与邻近钻孔相比,无明显特征。从图 5.56 十四西勘探线局部剖面图可以看出,十四西 9 钻孔并没有触及大型断层。综上所述,潘三矿钻孔十四西 9 处的温度异常现象,可能是受地下水影响所致的。

以上潘三各煤层底板温度分布规律与前面介绍的各主采煤层的地温梯度异常区域的分布是一致的。最后指出,研究区各矿的地温异常原因将在后续章节展开详细论述。

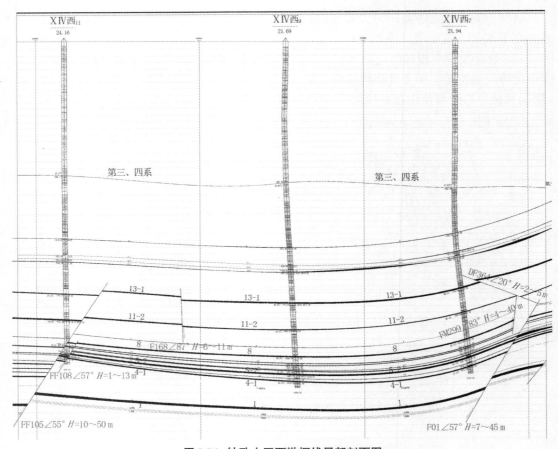

图 5.56 钻孔十四西勘探线局部剖面图

本 章 小 结

根据研究区内的近似稳态孔以及校正后的简易测温孔数据,分别编制了研究区地温梯度分布图、各水平地温分布趋势图以及主采煤层底板温度分布图,在此基础上对研究区的地温分布特征进行了系统论述,得出研究区地温分布规律如下:

1. 研究区地温梯度分布规律

(1)研究区三矿皆位于淮南矿区的高温异常区范围内,区内大部分区域地温梯度大于3.0 ℃/hm,其中潘三平均地温梯度为3.08 ℃/hm;顾桥平均地温梯度为3.12 ℃/hm;丁集矿平均地温梯度为3.31 ℃/hm。

(2)丁集矿主采煤层13-1煤的地温梯度范围为2.24~4.15 ℃/hm,平均值为3.08 ℃/hm,11-2煤的地温梯度范围为2.79~3.99 ℃/hm,平均值为3.22 ℃/hm,8煤的地温梯度范围为2.8~3.88 ℃/hm,平均值为3.34 ℃/hm,4-1煤的地温梯度范围为2.81~3.88 ℃/hm,平均值为3.41 ℃/hm,3煤的地温梯度范围为2.99~3.88 ℃/hm,平均值为3.59 ℃/hm。顾桥矿主采煤层 13-1 煤的地温梯度范围为 2.44~3.74 ℃/hm,平均值为 2.99 ℃/hm,11-2 煤的地温梯度范围为 2.54~3.77 ℃/hm,平均值为 3.03 ℃/hm,8 煤的地温梯度范围为 2.43~3.81 ℃/hm,平均值为 3.07 ℃/hm,6-2 煤的地温梯度范围为 2.38~3.83 ℃/hm,平均值为 3.08 ℃/hm,1 煤的地温梯度范围为 1.34~3.64 ℃/hm,平均值为 3.02 ℃/hm。潘三矿主采煤层 13-1 煤的地温梯度范围为 2.15~3.87 ℃/hm,平均值为 3.05 ℃/hm;11-2 煤的地温梯度范围为 2.35~3.96 ℃/hm,平均值为 3.15 ℃/hm;8 煤的地温梯度范围为 2.23~5.43 ℃/hm,平均值为 3.26 ℃/hm;5-2 煤的地温梯度范围为 2.27~4.90 ℃/hm,平均值为 3.24 ℃/hm;4-1 煤的地温梯度范围为 2.28~4.77 ℃/hm,平均值为 3.26 ℃/hm;1 煤的地温梯度范围为 2.41~4.14 ℃/hm,平均值为 3.23 ℃/hm。

2. 研究区水平向地温分布规律

潘三矿井水平上的地温分布,总体呈北高南低的趋势,在靠近潘集背斜轴线一带的地温场呈较高状态,而且在井田西部十四西 9 钻孔附近也形成一个地温正异常区;顾桥矿水平上的地温分布显示,最大高温区位于井田中南部"X"共轭剪切区(如 XLZL1、XLZK2 和 XLZK3 钻孔附近),而在中部简单单斜区的 F87 断层(如 XLZM1 和 XLZM2 钻孔)附近也形成一个次一级的高温区,整体上是西部高东部低;丁集矿井水平上的地温分布,总体呈北高南低、东高西低的趋势。地温高值区基本上是沿着潘集背斜轴线分布的,并且在潘集背斜轴线两端呈对称形式。

3. 研究区垂向上地温分布规律

根据测温孔的温度-深度关系,分析可知地温随深度的增加而增加,表现出以传导型为主的增温特点,只是在部分地段存在热对流现象。如在潘三井田的十四西 9 和 13-14E-1 钻孔附近、在顾桥井田的 XLZM1、XLZM2、XLZL1、XLZK2 和 XLZK3 钻孔附近以及在丁集井田的十六 11 和水 12 钻孔附近,其温度分布与地下水活动有关。

钻孔的温度总体是随着深度的增加而增加的,在有地下水活动的区域,测温孔对应的温度-深度关系将由直线变为曲线;钻孔的地温梯度总体是随着深度的增加而降低的,且逐渐趋于一致。

4. 研究区主采煤层底板温度分布规律

(1) 丁集矿 13-1 煤的温度大致范围为 32~45 ℃;11-2 煤的温度大致范围为 33~48 ℃;8 煤温度范围为 39~51 ℃;4-1 煤层的温度大致范围为 42~54 ℃;整个井田范围 3 煤底板的温度值都在 45 ℃以上。丁集矿同一煤层,南部煤层的温度高于北部的煤层,在浅部煤层 13-1 煤、11-2 煤层中潘集背斜温度高于附近温度的现象较深部煤层明显。这与前面介绍的各主采煤层的地温梯度异常区域分布是一致的。

(2) 顾桥矿 13-1 煤的温度大致范围为 28~53.5 ℃;11-2 煤的温度大致范围为 30~57 ℃;井田内 8 煤 80% 的区域温度高于 37 ℃;6-2 煤等温图可以看出,煤层的温度大致范围为 32~62 ℃;1 煤等温线图可以看出,几乎整个井田的温度值都在 40 ℃以上,由西向东温度逐渐升高。同一煤层,中南部地温最高,东部温度较高,西北部地温最低;高温度异常点均位于井田中南部共轭剪切区钻孔 XLZK3 附近。这与前面介绍的各主采煤层的地温梯度异常区域的分布是一致的。

（3）潘三矿13-1煤的温度大致范围为28~45 ℃；11-2煤的温度大致范围为30~49 ℃；8煤底板温度大于37 ℃的区域占井田面积的80％；5-2煤层的温度大致范围为31~51.4 ℃；4-1煤层的温度大致范围为32~51.5 ℃，井田内80％的区域温度高于37 ℃；1煤底板温度在整个井田范围温度值都在37 ℃以上，井田80％的区域温度高于40 ℃。潘三矿同一煤层，南部地温高于北部，西部煤层地温高于东部。

第6章 研究区地温异常的构造与岩性因素分析

地温分布受诸多种因素的控制和影响,包括大地构造及深部区域地质背景、地质构造特征、岩性、岩浆作用和地下水的活动等。基于前面对研究区现今地温场分布的研究,本章将着重从地质构造以及岩性等因素对地温异常原因进行分析,进而揭示研究区内现今地温场的异常机理。

6.1 区域地质背景对淮南矿区地温的控制

一个地区的地温场特征是该区地质结构与长期地质演化的反映,即一个地区的地温状况首先取决于该区所处的大地构造部位、深部地质构造背景及其区域地质构造的稳定性(徐胜平,2014)。

淮南煤田属华北晚古生代聚煤区的一部分,位于华北板块东南缘,而华北晚古生代聚煤区与作为华北板块主体的克拉通范围大体相当。华北板块与周缘板块之间的相互作用以及岩石圈的深部作用过程构成了研究区长期演化的地球动力学机制。

淮南煤田地处华北板块内,了解华北板块在聚煤盆地形成后的构造演化对研究区内地温和大地热流的分布特点具有重要的宏观指导作用。根据华北板块的构造变形机理,基于淮北和淮南煤田的构造部位、构造演化、沉积历史、地层煤层等的相似性和可比性特点,对淮南矿区区域地质背景对地温场的控制作用进行分析。

6.1.1 华北板块地温特征

根据华北板块演化特征,华北板块虽然是属于较为稳定的板块,但是在中、新生代又重新活动,新构造活动强烈,地震也常沿着深部断裂发生。近年来,有关大陆岩石圈的深部作用与浅部作用之间的相互耦合已成为地球科学研究的热点领域之一,地壳浅部测得的大地热流是地球内热在近地表最直接的显示,其能反映岩石圈深部热结构。已有研究表明,华北板块经受了构造体制转换、华北克拉通的分化与"活化"以及岩石圈大范围大幅度的减薄作用等(王桂梁),这些作用在很大程度上影响着研究区地温场的分布。从华北聚煤区构造演化分析,侏罗纪之前,华北板块为一个冷而厚的克拉通岩石圈,在中生代早期挤压造山机制下,即燕山早期运动,大陆岩石圈的破坏改造使地壳产生较强的构造变形和岩浆活动;在晚侏罗世和早白垩世时期,即燕山晚期运动,岩石圈出现大规模减薄,并出现强烈的岩浆活动(Zhou X H);至新生代时期,由于华北周边板块及岩石圈深部的共同作用,即喜马拉雅山运动,进一步导致了岩石圈的裂陷与伸展减薄(马宗晋)。华北克拉通岩石圈地幔部分熔融、软流圈物质上涌,促使大量对流地幔物质和热输入陆内,造成岩石圈减薄与构造——热作用的失衡(邱瑞照)。

由于华北板块经历了多次大的构造运动,板块之间的冲撞,形成了一系列近南北、北北东向等张性或张切性断裂,地下水渗入并向深部循环,而被正常地温或潜伏的热源体加热沿上述断裂上升,隐伏于地下或出露于地表,形成了一系列的温泉及高温异常区,其排列方向同构造一致。由于它的影响面积较大,地热活动强度高,所以它常常干扰了区域地温分布的形态。这些异常区的存在都有深层的地热地质背景,所以它们的分布基本上都在较高地温分布的范围之内,一系列小型盆地的地温分布都具有类似于华北盆地受基底构造所控制的特点。这种特点一方面反映了隆起与凹陷对地温分布的控制,同时也显示了基底断裂导致热水对流对地温分布产生的影响。

由上述多种原因导致华北板块的地温均较高,地温梯度均值在3 ℃/hm左右,特别是沿隆起郯庐断裂的一侧常形成地温梯度大于4 ℃/hm的地热异常区。华北板块的基底构造对上覆盖层的地温有着明显的控制作用,地温场的分布与基底构造的延伸方向一致,它们都明显地受北北东向区域构造的控制,并形成隆起和凹陷相间与地温高、低相间的对应关系。

另外,深部地壳结构对地温分布也有一定的控制作用。许多地球物理工作者在近几年对中国的地壳结构做了大量的地震、重力及大地电磁测深等地球物理探测和研究工作,所得的中国地壳结构的结果大部是类似的。其研究结果表明,在中国境内地壳厚度是由东向西变化,东部较薄在30~35 km之间,向西增厚可达50 km以上,最厚在青藏高原的西南部超过70 km。综合现代地质、地球物理手段的研究分析,表明华北板块现今地温和热流分布与该区所处华北岩石圈的结构和厚度密切相关。华北各构造单元的热流值、40 km处温度值以及岩石圈厚度三者之间具有良好的对应关系:高热流值对应于40 km处高温度值和较薄的岩石圈(图6.1);华北地区莫霍面相对隆起部位对应于大地热流密度值高异常区,而莫霍面相对凹陷部位则对应于大地热流密度值低异常区(邢作云)。对河淮盆地的地震测深剖面分析,显示河淮盆地地壳厚33~35 km,壳内没有明显的低速度层出现,表明河淮地块内部具有较稳定的结构(邓晋福)。

由图6.1可知,华北板块处于中国东部莫霍面较浅的地段,其温度也较高,深部地壳结构对大区域的地温分布的控制是十分明显的,在某种程度上它们之间是相互依存的。因此,研究区域地温分布是探讨深部地质结构的一种行之有效的手段;深部地质却控制了大区域地温分布的状况,然而在局部地区反映则不明显,这与地区的构造类型、沉积物的厚度等因素的干扰有关。所以,深部地壳结构对地温分析的控制作用是:地壳厚度与大区域地温分布都有着密切关系;地壳薄地温高,地壳厚地温低,地壳与地温成镜像关系。

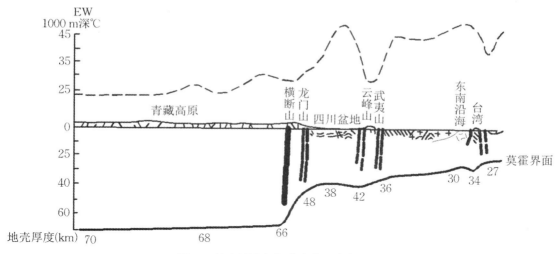

图6.1　地壳厚度与温度变化示意剖面图

6.1.2　华北板块南部地温特征

淮南矿区隶属华北板块南缘,前人在系统分析华北克拉通南部地区现今地温场数据的基础上,对该区现今地温场特征进行了系统的研究(何争光,2009)。华北克拉通南部地区位于栾川-确山-固始-肥中断裂,秦岭-大别造山带以北,焦作-商丘断裂以南,东邻渤海湾盆地;东至郯庐断裂,西为豫西隆起区。华北克拉通南部地区是不同地质时期、不同动力学背景下形成的多期次、多旋回叠合盆地。古生代为大华北克拉通的一部分,沉积以海相、海陆交互相为主的地层。中生代总体在挤压应力背景下,华北克拉通南部地区出现差异性隆升,形成一些零星的山间盆地。新生代该区在张剪性环境下发生走滑裂陷与后期的整体沉降,沉积了新生代一套陆源碎屑岩系,其范围分布较广,地层厚度较大。华北克拉通南部地区现今构造单元由北向南依次为开封坳陷、太康隆起和周口坳陷,东部为徐州-蚌埠隆起、合肥坳陷,西部为豫西隆起区。总体表现为由深大断裂所控而形成的坳-隆-坳分布格局。

华北克拉通南部地区地温场特征表现为北高南低,东高西低的特征。地温梯度为1.96~2.98 ℃/100 m,平均梯度为2.69 ℃/100 m。大地热流值范围是30.0~79.3 mW/m²,平均热流值为56.54 mW/m²。与中国其他盆地相比,属于"冷盆-热盆"过渡型。其现今地温场变化幅度大,差异性强,但主体呈NWW和NNE向隔挡式分布。主要受以下因素影响:

1. 岩石圈厚度

华北克拉通南部地区,新生代受太平洋板块向西俯冲的影响,上地幔发生扰动,总体制约着整个岩石圈厚度的变化。研究区现今岩石圈的厚度总体表现为南厚北薄,西厚、中部-东部薄的特征,这与现今地温场的东高西低、北高南低趋势总体对应良好,从宏观上控制着华北克拉通南部地区的现今地温场的大小及其分布(邢作云等,2006)。该区岩石圈厚度最薄约80 km,分布在东部郯庐断裂带附近、济源、开封地区,分别与该区65~75 W/m²的几个最高大地热流值分布区相吻合,但登封、阜阳地区岩石圈厚度较薄,不排除其他因素影响该区大地热流值。尉氏-太康地区岩石圈厚度在90 km左右,这与现今55~70 mW/m²大地热流值有良好对应关系,周口地区岩石圈介于90~100 km,这与其45~65 mW/m²值对应一致。岩石圈厚度大于120 km的最厚地区,如信阳-东岳之东南与黄口-徐州之南,也与该区大地热流值30~35 mW/m²的最低值分布区和50~55 mW/m²的较低值分布区(黄口之南)大致对应。向西南进入南阳盆地,岩石圈厚度减薄到约80 km,与该区大地热流值增高的趋势相一致。

2. 构造特征和隆坳结构格局

主要为深大断裂、基底的隆坳结构与局部热力构造对地温场的控制。一般认为在深大断裂的周围,其地温梯度相对高,大地热流值较高。在靠近郯庐断裂带、焦作-商丘断裂带、夏邑-涡阳-麻城断裂带,现今地温场相对较高,走向与断裂方向趋于一致,明显具有一定相关性。

区内的大地热流值的高低和展布方向,与该区一、二级构造单元属性也有较明显关联。华北克拉通南部地区构造格局为隆-坳相间。主要为徐州-蚌埠隆起和太康隆起两个正向构造单元与开封坳陷、周口坳陷以及合肥盆地3个负向构造单元。其中东部徐州-蚌埠隆起区现今古生界顶面埋深小于600 m,基底抬升最大;中部太康隆起古生界顶面为1300~2000 m。而在负向构造单元中,周口坳陷、开封坳陷沉降幅度最大,现今古生界顶面埋深多为3000~5000 m;合肥盆地已揭示的中生代地层埋深为2800~3500 m,基底抬升相对较小。这与现今地温场徐州-蚌埠隆起区、太康隆起高,周口坳陷、合肥盆地偏低有一定的吻合,开封坳陷地温场的异常与现今岩石圈厚度以及断裂有一定的关系。此外,太康隆起深大断裂不太发育,沉积盖层多数向北部倾斜,以太康-开封为中心,向四周递减,刘池阳等认为太康隆起为热力构造,形成时间为中生代中-晚期,新生代虽处于降温过程,但整体表现为较高的热流值,对该区现今地温场有一定控制作用。

3. 地下水

地下水发生垂直对流,进入了更深层的地下水层系,把断裂带的热量带到地表或更远的排泄区。从而造成排泄区地温场相对较高,地貌相对高的地区地温场相对较低。例如周口坳陷南部靠近栾川-固始断裂带的沈丘凹陷。开封、新郑地区异常地热场主要由地下水活动引起。

6.1.3 区域地质背景对研究区地温的控制

淮南矿区位于华北板块南缘,受华北板块区域地质背景的控制,其现今地温场的分布与华北板块的地温特征及其古地温演化过程都有一定的相似性,淮南煤田现今地温和热流分布与该区所处华北岩石圈的结构和厚度等因素都密切相关。

从华北聚煤形成以后,板块经历了多次大规模的构造运动,包括二叠系的印支运动、中生代的燕山运动和新生代的喜马拉雅山运动。从区构造演化分析,在侏罗纪之前,华北板块为一个冷而厚的克拉通岩石圈,在中生代的燕山运动,挤压造山机制下大陆岩石圈的破坏改造使地壳产生较强的构造变形和岩浆活动,特别是在燕山运动晚期,岩石圈出现大规模减薄,并出现强烈的岩浆活动,岩石圈地幔部分熔融、软流圈物质上涌,促使大量对流地幔物质和热输入陆内,造成岩石圈减薄与构造——热作用的失衡;至新生代时期的喜马拉雅山运动时,由于华北周边板块及岩石圈深部的共同作用,进一步加剧了岩石圈的裂陷与伸展减薄。从中生代早期开始至新生代,华北板块东部经历了至少100 km厚的岩石圈减薄事件且伸展减薄具有不均一性。新生代虽处于降温过程,但多期板块运动引发的热流上升、岩石圈的减薄都会导致华北板块现今地温较高。所以,从地球动力学角度考虑,无论是华北岩石圈减薄,还是处于华北板块南缘地带,以及陆内郯庐断裂带的存在,都能与淮南矿区局部较高的地温和热流值分布相对应。

淮南矿区具有由下太古界和下元古界组成的变质基底和由中上元古界及上覆地层组成的沉积盖层所构成的垂向二元结构特征。变质基底构造复杂,经历了多次变质变形作用,构造样式以紧闭或倒转的线性褶皱为主。盖层构造则相对简单,构造样式以断裂为主,褶皱平缓开阔,并受断层破坏改造。研究区现今的基本格架主要是由挤压体制中形成的逆冲推覆构造与拉张体制中形成的伸展构造叠加演化而成的,因而在区域上表现为不同方向、不同规模和不同性质断层控制的断块构造组合。显然,两淮矿区复杂的基底构造形态与演化,多样的盖层构造组合,在很大程度上影响着深部热流在浅部的重新分配,进而在不同的构造部位形成不同的热流和地温分布区,如背斜隆起区和断裂通过处出现高地温分布区,而推覆体上侧出现低地温分布区。

淮南矿区热流值的大小也能反映该区地温受区域地质影响较大。热流值与地壳的稳定性有关,不同的大地构造单元其热流值是不同的,越年轻的活动性地带热流值越高。淮南矿区大地构造环境处在华北古大陆板块东南缘,豫淮坳陷带东部、徐宿弧形推覆构造南端,又处于郯庐断裂带的西侧。因此,该区较高的热流值可能与中生代(三叠纪末)南、北两大板块碰撞,新生代郯庐断裂活动等因素有关。因而,研究区所处的特殊的构造部位及深部地质事件的接连发生并演化至今,直接造成现今较高的热流值分布,淮南矿区平均热流值为63.69 mW/m²,和其他学者计算的区内热流值差别甚微(淮南矿区大地热流58.0 mW/m²(何争光,2009))。

淮南地区在早期挤压体制中形成的逆冲推覆构造与在后期拉张体制中形成的伸展构造相叠加,以及活跃的岩石圈深部作用等造成研究区构造格局、热流及地温分布发生明显的变化。实际上,淮南煤田的构造格局、热流及地温分布与华北、华南板块的相互碰撞、郯庐断裂的活动以及中国东部岩石圈减薄等中生代以后华北主要的地质事件关系密切。华北晚古生代聚煤区南侧为秦岭-大别造山带,东部分布有郯庐断裂带。按照现代大陆动力学观点以及区域地温场与区域构造间的关系,不同板块间碰撞后的伸展区域以及深部断裂带一般是高热流分布带。

综上历述,矿区现今地温场分布受区域地质背景的影响可以将其概括为区域地质构造是该区地质历史发展的结果和现今所处构造环境的集中体现,它反映了地质结构的组成和目前活动的程度,并能宏观地控制地温分布的特点。矿区地温分布特征主要是华北板块大地构造背景的控制。矿区位于华北板块南缘,地温场分布受华北板块区域地质背景的控制非常明显。矿区所处的特殊的构造部位及深部地质事件的接连发生并演化至今,直接造成现今较高的热流值分布。从华北聚煤形成以后,华北板块经历多期运动引发的热流上升、岩石圈的减薄,且矿区处于华北板块南缘地带,以及陆内郯庐断裂带的存在,这都能与矿区局部较高的地温和热流值分布相对应。

6.2 褶皱构造对现今地温场的影响

构造运动使地壳变形,发生褶皱和断裂,形成隆起和坳陷,致使地壳中岩石热导率不仅在垂向上有变化,而且在水平方向上也有变化,进而使来自地球内部的均匀热流在地壳浅部重新分配,如图6.2所示。

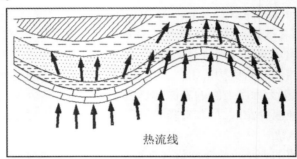

热流线

图6.2 褶皱构造热流传递图

一般情况下,隆起区上部具有较高的地温、地温梯度和热流值,坳陷区则相对较低;基底埋深浅,盖层和基底岩石热导率差异大,于隆起区上方形成的高温异常十分明显。基底抬高部位上部等温线为上凸曲线,等温线的轮廓基本反映基底隆起形态,基底隆起带较基底坳陷带的地温和地温梯度要高。从褶曲构造形态来看,在同一水平背斜部位比向斜部位地温及增温率要高,即背斜部位地温高、地温梯度大,向斜部位地温低、地温梯度小。造成上述特征的原因主要有两个:一是岩层的热导率随地质年龄的增加而增加,古代的结晶基底及较古老的致密岩石热导率高、热阻小;上覆较新的沉积层,特别是新生界的半固结的或松散的沉积物热导率低、热阻大。二是岩石热导率具有各向异性,由于岩层结构的变化改变了热流方向,平行层面的热导性好、热阻小,垂直层里的热导性差、热阻大,垂直层理方向的导热性能小于沿层理方向的导热性能,这就造成了热量向着基底隆起部位和背斜轴部集中。

6.2.1 潘集-陈桥背斜对区域地温场的影响

淮南矿区区内地温分布受背斜构造控制非常明显。由地温梯度分布图和各水平地温分布图可以看出,高温异常区从东至西基本连续成片分布,和陈桥-潘集背斜轴向的走向基本保持一致。在陈桥、潘集背斜轴部附近,地温梯度一般为3.5~4.5 ℃/hm,顺倾向梯度渐变为3.0 ℃/hm及3.0 ℃/hm以下。地温梯度大于3 ℃/100 m的区域沿着背斜的轴部呈条带状分布,特别是在潘集矿区的潘一、潘三井田的背斜轴部附近梯度超过了3.5 ℃/hm,向轴部的两边的呈逐渐减小的趋势。淮南矿区中部所属矿区有丁集、顾桥、张集、罗园和新集一、二井田,该处为陈桥-潘集背斜转折处,背斜的轴向在此处发生改变,由东西向转为NNE向,高温异常区的分布方向也转为NNE,区内梯度均在3 ℃/100 m以上,在张集、顾桥交界处以及新集井田局部达到3.5 ℃/100 m,特别是在新集一、二矿井内,地温梯度均值就达到了3.4 ℃/hm。矿区西部即颍上-陈桥断层以西的地温梯度也主要受到了陈桥背斜的控制,在陈桥背斜的核部梯度值较背斜两翼高,一般在3.5 ℃/hm左右,在向斜两翼的刘庄南部、口孜集、板集和杨庄勘查区的梯度值在2.5 ℃/hm左右。

以潘集背斜为例,从潘集背斜垂深-700 m地温等温线及地温剖面图上可以看出(图6.3),背斜隆起,其核心部分的地温面抬升最高,向两翼等温下降;地温梯度以背斜核心部分为最大,其中第四系平均地温梯度为4.5~5.0 ℃/hm,二叠系为4.3 ℃/hm,核部两侧第四系、二叠系平均为3.5 ℃/hm,两翼为2.5~3.0 ℃/hm,-700 m水平背斜核部的温度达到40 ℃以上。对照潘集矿区图中的等温线和T、C_3及O_2露头的分布可以明显看出,图中的背斜为一个北西走向的椭圆状的闭合构造。-700 m的地温等值线(35 ℃及40 ℃)也作同方向的闭合分布。该背斜的中部因受F1断层带的切割和错动,背斜上有两个高点,分别形成两个次一级的背斜。一个扁平椭圆状,另一个椭圆状,两者在形态上有明显的不同。前者两翼倾角较大,背斜核心部分较窄;后者两翼倾角较小,背斜核心部分较宽,40 ℃的等温线虽都绕这两个次一级背斜高点呈闭合分布,但其范围前者比后者狭窄得多。从横切背斜的Ⅰ-Ⅰ′及Ⅱ-Ⅱ′剖面可见,背斜均呈秃顶状,在其核心部分的地温面抬升最高,在垂深100 m左右仍有明显

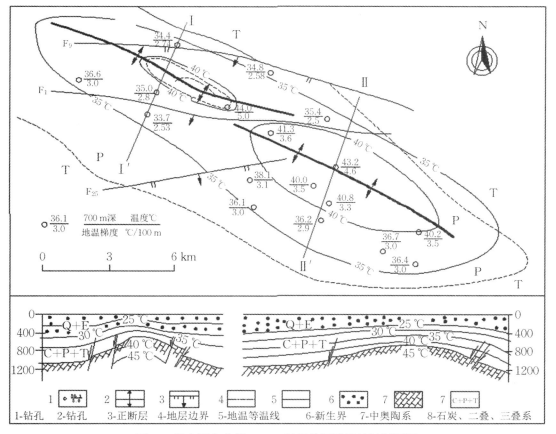

图6.3 淮南潘集背斜-700 m地温等温线及地温剖面图

的反应。向两翼等温下降,其外形轮廓大体随岩面的起伏而变化,但等温线的坡度一般都比岩层的坡度小。地温梯度以背斜核心部分为最大,一般为 3.5 ℃/hm,往两翼呈逐渐变小趋势。

从陈桥背斜南翼的刘庄井田地温分布图(图6.4)上也可以看出,背斜部位比向斜部位地温及增温率要高。这也就是刘庄井田北、西部地温较高的原因,越往北(西)越靠近陈桥背斜,地温越高,越是靠近背斜轴部地层越老,地温也就越高。

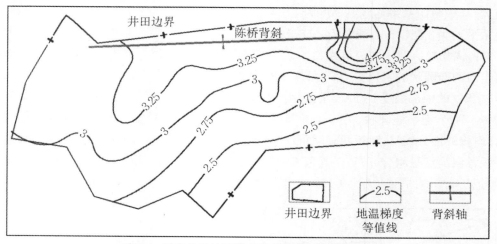

图6.4 刘庄井田地温梯度分布图(吴基文,2014)

6.2.2 研究区褶皱构造对现今地温的影响

上节从宏观上论述了潘集-陈桥背斜对潘谢矿区的现今地温的影响规律,本节将对研究区具体各矿地温受褶皱构造控制得显著与否进行论证。

丁集矿区位于淮南复向斜中北部,井田东段为潘集背斜西缘,井田西段为陈桥背斜东翼与潘集背斜西缘的衔接带。潘集背斜轴及地层走向近东西展布。北部为宽缓背斜,形态较为完整,两翼地层倾角10°~15°;背斜南翼为井田主体部分,总体为一单斜构造。地层走向呈波状曲线变化,断层发育,以走向逆断层为主。从丁集矿区800 m垂深温度等值线图可以看出,在靠近潘集背斜轴部附近地温最高,超过43 ℃(图6.5)。而且背斜轴部的温度明显高于两侧翼部,温度由轴部向两侧递减。

丁集地温梯度的高值区集中在潘集背斜附近,地温梯度为3.0~4.0 ℃/hm(图6.6)。地温梯度等值线在背斜构造影响区最高值的南北方向均表现出较好的平行特征,且在远离背斜构造的区域地温梯度值呈降低趋势。地温梯度的分布趋势与丁集矿区温度等值线的分布趋势相符,在潘集背斜轴部最高,整体呈现出北高南低的趋势。综合地温分布与地温梯度的分布特征,可见褶皱构造对丁集矿区地温分布有显著的影响。

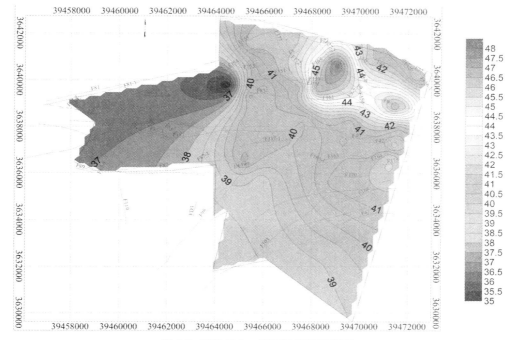

图6.5 丁集800 m垂深温度等值线图

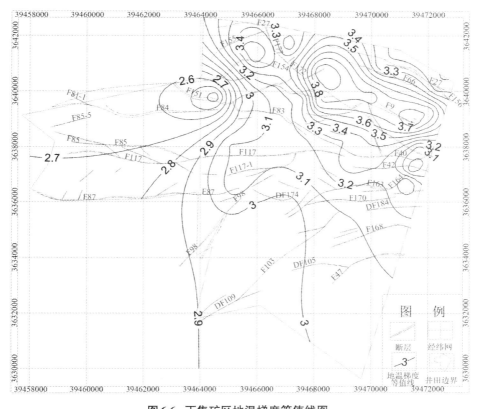

图6.6 丁集矿区地温梯度等值线图

在顾桥煤矿北部F86~F81断层之间的区域,地层向东倾斜,倾角平缓,为5°~15°,由于次级褶曲发育,使地层走向呈波状形态。次级褶曲有小陈庄背斜、胡桥子向斜、后老庄背斜,它们起伏幅度不大,常被断层切割,形态宽缓,褶曲向东倾伏,延伸距离短,轴向NWW~EW,与丁集东北部的次级褶曲轴向相同。区内断层发育,断层组总体走向均为东西向。从逆断层与次级褶曲的配置关系分析,本区构造具有由南向北的挤压性质。

从图6.7中−700 m温度等值线的分布趋势可以看出,在小陈庄背斜轴附近的地温要高于邻近的胡桥子向斜处。同时,分析图6.8可知:三8孔和三9孔靠近胡桥子向斜轴轴,地温梯度分别为2.83 ℃/hm和2.84 ℃/hm;XLZM1孔和XLZM2孔位于小陈庄背斜轴附近,地温梯度分别为3.11 ℃/hm和3.13 ℃/hm;两者相比,背斜核部的地温梯度明显要比向斜轴部高。对比结果反映了在顾桥矿北部的宽缓褶曲挤压区,井田的次级褶皱构造对地温分布具有一定影响。

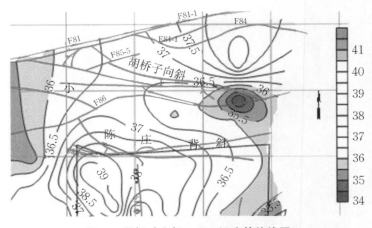

图6.7 顾桥矿北部−700m温度等值线图

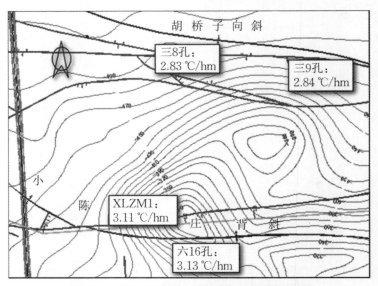

图6.8 顾桥矿北部钻孔地温梯度地质地形图

潘三矿位于淮南复向斜中潘集背斜的南翼西部,与潘一矿毗邻。总体形态为一单斜构造,地层走向为NWW—SEE,地层倾角一般5°~10°,呈浅部陡深部缓的趋势。在九线至十线局部地段,因受F1、F1-2、F1-1的影响,地层倾角高达30°~50°,甚至直立。因受区域性南北挤压作用,井田内发育有次一级的向斜和背斜,即董岗郢次级向斜及叶集次级背斜。两者轴向大致平行,近东西向,贯穿全井田,与潘集背斜轴呈15°~20°夹角相交。向西倾伏,倾伏角为3°~5°。

从潘三矿-600 m深度温度等值线图可知,矿区内潘集背斜轴部附近的地层温度可高达42 ℃(图6.9)。地温分布呈现出西北高、东南低,由北向南降低的趋势。从图6.10潘三矿区的地温梯度等值线分布也可看出,潘三矿区内的地温梯度值由南向北逐渐增大,在潘集背斜轴部附近为地温梯度高值区。地温梯度的分布趋势与地温等值线图相符,均表现出由潘集背斜向南翼降低的趋势。

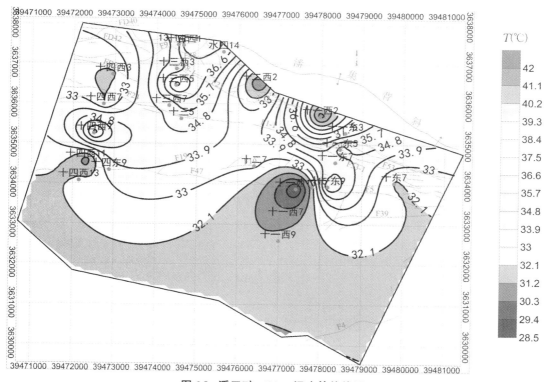

图6.9 潘三矿-600 m温度等值线图

董岗郢次级向斜为一不对称向斜,十一线以东轴面倾向北,该线以西两翼地层逐渐对称,轴面大致垂直,北翼地层走向NWW—NW,南翼地层走向NE—SW,地层倾角一般为10°~20°北翼东段受构造影响,地层倾角达30°~50°,甚至直立。叶集次级背斜位于董岗郢向斜南侧,向斜的南翼过渡为背斜的北翼,两翼地层基本对称,轴面大致垂直,北翼地层走向NE—SW,南翼地层走向NW—NWW,两翼地层平缓,倾角一般小于10°。

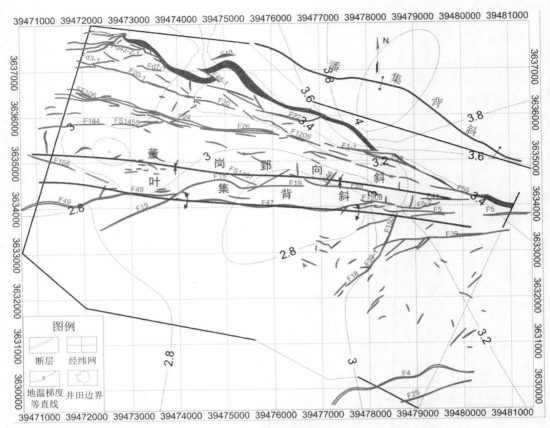

图6.10　潘三矿区地温梯度等值线图

从图6.11可以看出,十二7孔靠近董岗郢向斜核部,地温梯度为2.62 ℃/hm;十东7孔位于向斜翼部高处,地温梯度为3.31 ℃/hm;十一东7孔也处于向斜翼部,位于十二7孔和十东7孔中间地段,地温梯度为3.07 ℃/hm;十一东9孔位于董岗郢向斜南翼,即叶集背斜的北翼,位置上更为靠近叶集背斜轴,地温梯度为3.21 ℃/hm,比同一勘探线上的十一东7孔的地温梯度高些。对比四个钻孔的地温梯度可知,向斜核部的地温梯度比翼部低,靠近背斜轴部的地温梯度比相邻向斜轴部的地温梯度高。而且从图6.10潘三矿区地温梯度等值线图可以看出,在井田的东北部地区,次级向斜核部的地温梯度比翼部小。可见在井田的东北部地区,矿区的次级褶皱构造对地温分布具有一定的影响。

从丁集、顾桥及潘三矿区的地温分布特征来看,在同一水平面上,背斜轴部的地温及地温梯度要比两翼高,而向斜核部的地温及地温梯度要比两翼低,而潘集背斜对丁集、潘三井田地温的影响最为显著。研究资料证实了褶皱构造与地温场的特征具有明显的相关性。构造运动产生的褶曲在改变岩层产状的同时,还引起了岩层内热流分布的变化,导致深部热流在上覆地层重新分配。在褶皱构造内,由于岩层结构的变化改变了热流方向,垂直层理方向的导热性能小于沿层理方向的导热性,从而导致井田内不同地带温度分布的差异,背斜轴部热流集中,同一水平下轴部地温要比两翼的地温高。

152

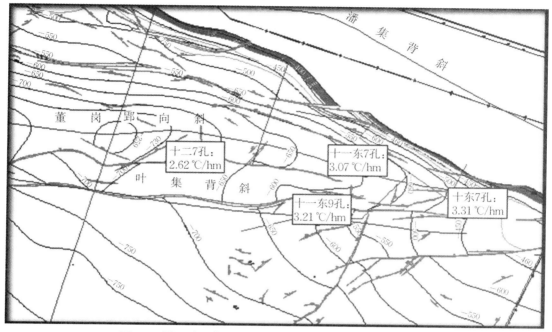

十二7孔:
2.62 ℃/hm

十一东7孔:
3.07 ℃/hm

十一东9孔:
3.21 ℃/hm

十东7孔:
3.31 ℃/hm

图6.11 潘三矿区东北部13-1煤层底板钻孔地温梯度示意图

6.3 断裂构造对现今地温场的影响

断层的存在既可以实现温度的阻隔,又能导致温度的传递和运移。张性和张扭性断裂是地下水和地下热水运移的良好通道。它既可以使表层和上部凉水不断地渗流到地下深层,使原始地温降低,也可以使地下深处的热水或断层生成的热,源源不断地输送到上部,使原始地温增高。压性或压扭性断裂,结构面两侧岩石挤压强烈,结构致密,地下水在垂直断面的方向上不易渗透流过。当地下水在深部向排泄区水平径流时,遇到隔水的压性断裂,就造成了地下水的富集,而改变了径流条件,地下热水就沿着压性结构面的相对开启部分或派生的张性羽状断裂向上运移,因而改变了原来的地温状况。所以断层带,尤其是较大的断层带附近,常产生低温或高温的异常现象(图6.12)。

为分析断裂构造对地温的影响,本次以顾桥矿为例。顾桥矿总体构造形态为走向南北,向东倾斜的单斜构造,根据次级褶曲和断层的发育特征,可以划分为四个区:北部宽缓褶曲挤压区;中部简单单斜区;中南部"X"共轭剪切区;南部单斜构造区。北部断层发育,主要断层有F81、F84、F85、F86断层组,总体走向均为东西向,并且F81断层组是井田北部边界断层。中部断层稀少。矿区中南部由北西向北东向两组断层构成"X"共轭交叉断裂带,地层走向南北,向东倾斜,倾角平缓,地层产状一般变化不大。F92~F110断层组断层间北西向剪切带内因次级褶曲和较多断层使地层产状变得复杂。南部边界断层为北西走向F110~F211之间,区内北东向的次级断层较为发育,总体上呈单斜构造,煤层倾角一般在6°

153

以下。

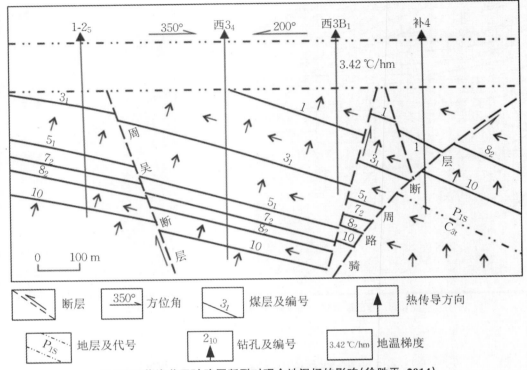

图6.12 临涣井田骑路周断裂对现今地温场的影响(徐胜平,2014)

图6.13为顾桥矿线5勘探线西段地温等值线图,线5勘探线西段属于井田中南部"X"共轭剪切区。由图6.13不难发现在钻孔XLZE1和钻孔XLZE2之间的温度等值线出现弯曲。

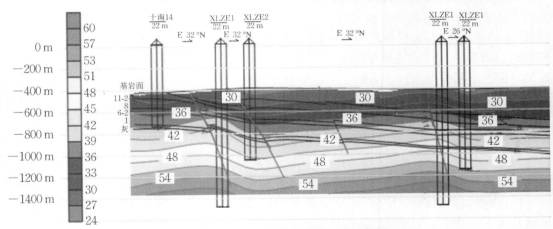

图6.13 顾桥矿线5勘探线西段温度等值线图

钻孔XLZE1位于断层F104上盘,并穿过断层,孔底埋深达到1479.95 m。钻孔XLZE2也位于断层F104上盘,但穿过断层F101,孔底深度为1043.02 m。在埋深800 m时,XLZE1孔的温度为42.7 ℃,XLZE2孔的温度为39.1 ℃,而在十南14孔附近的温度为40.6 ℃。可见同一水平面上,F104断层带附近及其上盘区域的地温值明显高于邻近地段及其下盘。钻孔XLZL1穿过断层F111,由图可见在F111断层带处地温等值线呈隆起状态,故此推断F111断层带对此处的地温也有影响。

F115、F103断层,走向北东,倾向北西。此组断层与F97、F114断层组构成北东向地堑式剪切带。北东、北西两组剪切带构成"X"形共轭交叉断裂带,其交叉部位地层产状变化大,构造复杂。在两组构造的交叉带,处于两组地堑的叠加部位,断层落差大,是地层断陷的中心。钻孔XLZK2和钻孔XLZK3就位于此构造复杂的地段。XLZK2孔穿过F114断层带,钻孔深度为1732.57 m。XLZK3孔位于F114断层上盘,钻孔深度为1423.18。当深度为1400 m时,位于断层F114下盘处的XLZK2孔的温度为58 ℃,位于断层F114上盘处XLZK3孔的温度为67 ℃,断层上下盘处地温落差明显。在图6.14所示的温度等值线分布特征,可明显看出等值线在F114断层带附近出现大幅度弯曲。可见F114断层带对其上下盘的地温有明显影响。

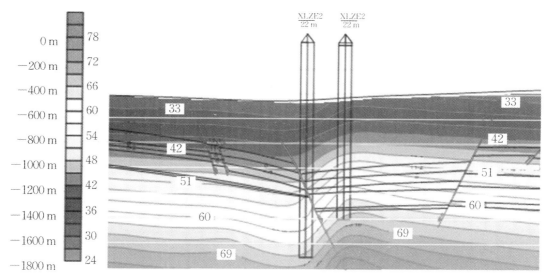

图6.14　顾桥矿线7勘探线中部温度等值线图

由顾桥矿−700 m温度等值线图可知,矿区内地温最高区位于井田中南部"X"共轭剪切区(图6.15)。对比图上标出的几个钻孔的地温梯度值可以看出,在共轭剪切区内的地温梯度值要高于3.0 ℃/hm,属于地温正异常。综上所述,断裂构造对顾桥矿中南部"X"共轭剪切区的地温场有影响,使该区域内的温度场呈较高状态。

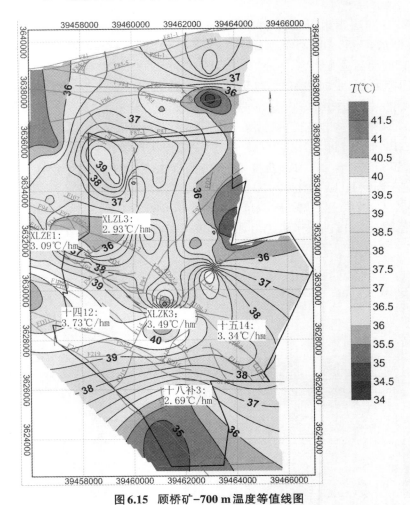

图 6.15　顾桥矿-700 m温度等值线图

6.4　岩性对现今地温场的影响

6.4.1　热导率对现今地温场的影响

岩石的热导率一般来说随岩石的固结和结晶程度的增高而增高,即岩层的热导率随地质年龄的增加而增加,古代的结晶基底及较古老的致密岩石热导率高、热阻小;上覆较新的沉积层,特别是新生界的半固结的或松散的沉积物热导率低、热阻大。地球内部的热是通过岩石向外传导的。岩石的导热率,主要反映岩石导热的快慢。不同的岩石具有不同的传导热的能力。所以在导热中有着很大的差异,在不同岩石的组合下,对地温的分布又起着不同的作用。

根据第5章中岩石热物理参数测试结果,区内各种岩性的热导率值差异较大,砂岩的热导率最高,泥岩其次,煤最低。这些说明了岩石本身的成分对热导率起到的控制作用。岩性对现今地温场的影响主要是由于不同岩石具有不同热导率,从而引起热传导性能的差异。研究区内新老地层的岩性差异较大,上部新生界地层主要以未固结完全的岩石组成,多为细砂、黏土和砾石等,热导率低;二叠系煤系地层则主要以固结程度高的泥岩和砂岩为主,热导率高。所以在研究区地温与深度关系图中可以看出,研究区现今地温梯度随深度的增加而降低,达到约400 m埋深时趋于一致,但在该深度以浅的现今地温梯度却明显较高。由此验证了研究区深部煤系地层岩石较好的热传导性能使得地温在深部传导迅速,现今地温梯度相对较低,而浅部低热导率的覆盖层阻碍了热的传导与散失,出现了较高的现今地温梯度值。

6.4.2　松散层厚度对现今地温场的影响

新生界上覆松散层具有低热导率特点,松散相对于固结岩石其结构较疏松,导热性较差,这相对于其下面的岩层来说是一种隔热盖层,相当于煤系地层之上覆盖了一床厚薄不一的"被子",新地层下深处的热量相对较难以向外散发;且深部热流向上传导至浅部松散层时将发生折射、进行浅部再分配,同时其也含有一定量的生热元素。因而,松散层既能起到增温作用,也具有保温功能。

1. 淮南矿区

淮南矿区较厚松散层与区内呈现大范围高温异常区的特征是分不开的。淮南矿区上部松散层(Q+N)以角度不整合覆盖在煤系地层之上,厚度变化范围为10.15～800.9 m,均值达到370.21 m。区内松散层厚度分布如图6.16所示,和淮南矿区地温梯度分布规律有很好

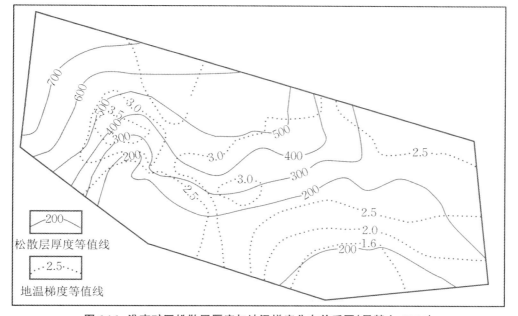

松散层厚度等值线

地温梯度等值线

图6.16　淮南矿区松散层厚度与地温梯度分布关系图(吴基文,2014)

的相关性,主体上呈现为北厚南薄、西厚东薄,即基岩的顶界面由东南向西北渐深,而地温场分布也主要表现为北高南低、东高西低。东部潘集和朱集东井田松散层均厚都在400 m以下,往西部逐渐增加,丁集、顾桥多在500 m左右,西部口孜集井田厚度最大,口孜西和口孜东分别为727.35 m和601.06 m。东南部谢一井田最薄,均厚仅为24.92 m。松散层厚度与地温分布的相关性明显。

2. 研究区情况

图6.17是丁集新地层厚度与地温梯度等值线图。从图上可以看出,井田内新地层厚度由东南向西北逐渐增厚。而地温梯度基本上也是由南向北增大的,与新地层厚度的变化趋势基本相同,相关关系较为明显。

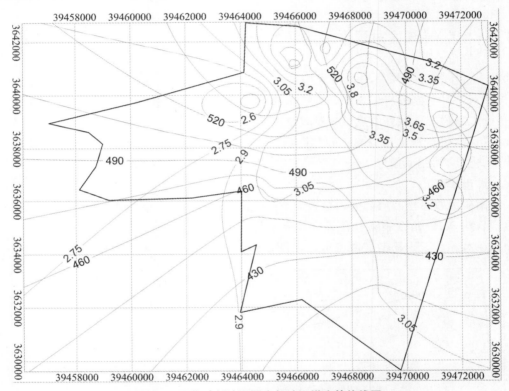

图6.17 丁集矿新地层厚度与地温梯度等值线图

图6.18是顾桥矿新地层厚度与地温梯度等值线图。从图上可以看出,在井田北部和西部地区新地层厚度大于400 m,同样与井田内地温梯度的高值区变化趋势较为吻合,两者之间的相关关系较明显。

图6.19是潘三矿新地层厚度与地温梯度等值线图。从图上可以看出,井田内新地层厚度由东南向西北逐渐增厚。而地温梯度的总体变化趋势是由南向北增大的,与新地层厚度的变化趋势较吻合,两者相关性较为明显。

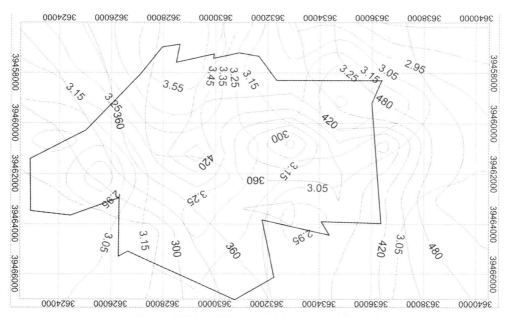

图6.18 顾桥矿新地层厚度与地温梯度等值线图

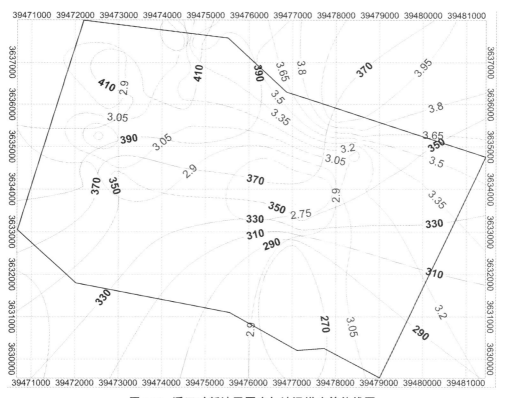

图6.19 潘三矿新地层厚度与地温梯度等值线图

从以上分析可以看出,由于研究区内三矿由于新生代盖层导热性能差,阻碍了深部上导的热流向大气散发而积聚在煤系地层内,致使井田内地温变高。因此,在同一深度相同地质条件下,其上覆的第四系地层越厚地温也越高;这也从一定程度上解释了丁集、顾桥等不处于背斜轴部构造位置的井田呈现高温异常的现象。

6.4.3 煤层对现今地温场的影响

煤层和硫化物氧化放热会产生局部的热异常。煤比其他沉积岩具有低得多的岩石热导率,因此,在煤层中尤其厚煤层中,常表现为较高的增温地段;含有较多煤层的煤系地层比一般不含煤的沉积盖层,其整体上具有更加明显对地下热的阻隔作用。据此可以推断煤系地层之下较其他沉积地层之下具有更大的地热异常概率,当然这里是排除了构造、水等其他因素影响的理想状况而言的。

研究区丁集煤矿二叠系13-1煤至太原组一灰之间的层段中,含定名煤层29层,厚度分布不均,但整体较大,均厚约27 m,含煤系数为平均为3.7%。从近似稳态测温孔18-7孔可以看出(图6.20),由于较厚煤层的存在,测温曲线均在煤层附近发生突变,在13-1煤和4煤层表现尤为突出。

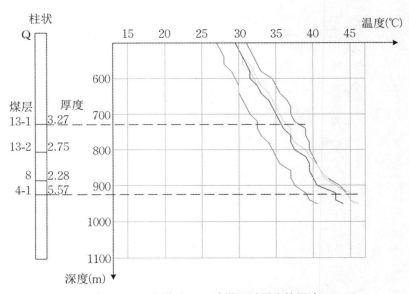

图6.20 丁集煤矿18-7孔煤层对厚度的影响

另外,顾桥煤矿二叠系地层极为发育,为淮南矿区的主要含煤地层,其中山西组、上、下石盒子组含煤地层厚736 m,含煤33层,总厚31.23 m,二叠系煤系含煤段的含煤系数最高达14.91%,平均为6.35%,有9个可采煤层。所以,顾桥井田现今极高的地温异常状况可能与区内的较厚煤层有一定的关系。

本　章　小　结

　　基于地质学和热力学理论,系统地分析了研究区地温异常与大地构造背景、地质构造特征、松散层厚度、岩石的热物理性质等因素的关系,结果表明:

　　(1) 区域地质构造是该区地质历史发展的结果和现今所处构造环境的集中体现,它反映了地质结构的组成和目前活动的程度,并能宏观地控制地温分布的特点。矿区地温分布特征主要是华北板块大地构造背景的控制。研究区位于华北板块南缘,地温场分布受华北板块区域地质背景的控制非常明显。研究区所处的特殊的构造部位及深部地质事件的接连发生并演化至今,直接造成现今较高的热流值分布。从华北聚煤形成以后,华北板块经历多期运动引发的热流上升、岩石圈的减薄,且矿区处于华北板块南缘地带,以及陆内郯庐断裂带的存在,这都能与研究区局部较高的地温和热流值分布相对应。

　　(2) 从丁集、顾桥及潘三矿区的地温分布特征来看,在同一水平面上,背斜轴部的地温及地温梯度要比两翼高,而向斜核部的地温及地温梯度要比两翼低,而潘集背斜对丁集、潘三井田地温的影响最为显著。由于断裂构造改变了围岩的结构以及地下水的径流条件,常会在断裂构造附加产生低温或高温的异常现象。

　　(3) 岩性(热导率以及松散层厚度)对研究区地温的分布也有一定的影响。研究区内三矿由于新生代盖层导热性能差,阻碍了深部上导的热流向大气散发而积聚在煤系地层内,致使井田内地温变高。因此,在同一深度相同地质条件下,其上覆的第四系地层越厚地温也越高;这也从一定的地方解释了丁集、顾桥等不处于背斜轴部构造位置的井田呈现高温异常的现象。同时在煤层中尤其厚煤层中,常表现为较高的增温地段;含有较多煤层的煤系地层比一般不含煤的沉积盖层,其整体上具有更加明显对地下热的阻隔作用。

第7章　岩浆侵入体热作用对矿井
现今地温的影响

岩浆是地下的高温熔融物质,它的温度通常在800~1200 ℃,如此高温的熔融物质侵入围岩时,破坏了原始温度场的平衡状态,导致温度场出现极度不平衡。岩浆侵入引起围岩温度会迅速升高,其热量以侵入体为中心向四周迅速扩散,而自身温度也将迅速降低,形成以侵入体为中心,向外温度逐渐降低的温度场,并且由中心向四周的地温梯度也逐渐变小。

研究区丁集矿和潘三矿矿井热害较突出,存在高温异常区。同时,丁集和潘三矿岩浆侵入现象普遍,部分区域存在大面积岩浆侵入现象。高温异常现象与该区的岩浆侵入是否有关,这将需要进一步的研究。本章在对丁集和潘三矿岩浆岩的分布规律、侵入形式、侵入年代及其岩性和化学成分等进行了分析研究的基础上,通过数值模拟、解析解等方法,对岩浆侵入及其热作用对矿井地温场的影响进行系统化的分析研究。

7.1　岩浆岩分布特征

7.1.1　岩浆岩发育及分布

1. 潘三矿岩浆岩分布情况

总体说来,在潘三矿井田岩浆岩分布广泛,自8煤层到1煤层都有岩浆侵入,岩浆的侵入对煤层的连续性及完整性,对煤质、煤层间距产生了很大的影响。

在掌握的资料中,整个潘三矿研究区内共有299个钻孔,其中有67个钻孔在柱状图中有明显的岩浆岩发育,余下钻孔未见岩浆岩,但是并不能排除岩浆岩发育的可能性。这67个钻孔在九勘探线至十五勘探线北部均有分布,主要集中在井田北部,靠近潘集背斜轴部附近。岩浆岩厚度最小为1.36 m(十一—27),最大为77.56 m(十五东9),深度最小为409.20 m(十一-十二11),最大为890.20 m(十一-十一1)。在不同的区域,岩浆入侵的层位和规模不尽相同,一般侵入1煤至3煤,西部侵入4煤至8煤,由东向西侵入层位渐渐升高,总体趋势是由浅到深,入侵范围逐渐扩大,在4煤、3煤、1煤均有分布。其中以3煤和1煤受入侵的影响最为严重。呈北厚南薄分布,直至尖灭。67个钻孔的岩浆岩累计厚度统计见表7.1。

表7.1　潘三矿出现岩浆岩钻孔统计

钻　孔	x	y	岩浆岩厚度（m）
九1	39481009.46	3634323.81	29.60
九3	39481009.46	3634323.81	31.60
九7	39480626.62	3632970.96	30.14
九11	39480952.62	3634051.06	17.24
九-十1	39480049.30	3633630.43	27.94
九-十11	39480626.62	3632970.96	11.53
十C_3^{11}	39479346.79	3635145.41	26.00
十5	39479537.83	3634617.55	27.80
十-十一1	39478525.59	3633936.04	21.20
十-十一5	39479025.39	3635460.5	30.82
十一东3	39478605.65	3635303.93	16.89
十一3	39478357.03	3635761.99	11.55
十一9	39478228.76	3635310.77	33.67
十一27	39478162.07	3634943.01	1.36
11西2	39477994.76	3635712.27	27.68
11西13	39477420.12	3633896.59	11.32
310	39477325.75	3636112.48	11.73
317	39473671.32	3637692.71	53.08
十一-十二11	39477688.81	3636052.94	3.30
十一-十二13	39477669.29	3635897.26	36.96
十二9	39476913.70	3636301.32	27.46
十二西2	39476505.91	3636543.36	18.21
743	39475356.15	3636266.68	23.75
十二-十三1	39475994.24	3636558.46	29.93
十二-十三3	39475725.16	3635697.74	4.61
十二-十三15	39475923.77	3636279.90	18.92
十三东1	39475474.56	3636644.75	12.60
水(四)14	39475636.35	3637329.43	16.38
十三1	39475002.00	3636897.08	26.68
十三3	39475171.45	3637516.62	14.91
十三5	39474634.54	3635642.80	4.07
十三15	39475109.79	3637225.81	22.50
十三-十四5	39474250.52	3637114.79	29.25
十三-十四7	39474426.58	3637573.68	25.80

钻　　孔	x	y	岩浆岩厚度（m）
十三-十四15	39474121.61	3636597.30	24.54
十三-十四27	39474339.59	3637330.68	29.30
十三西1	39474671.52	3637488.53	15.00
十三西3	39474504.49	3636900.09	22.98
十三西5	39474498.18	3636479.59	19.92
十三西27	39474735.59	3637321.84	27.42
十四11	39473413.08	3636905.62	18.90
十四15	39473563.97	3637378.71	37.11
十四28	39473653.40	3637553.66	45.29
十四下含2	39473173.74	3637371.63	36.35
十四-十五1	39472593.78	3636781.14	13.53
十四-十五3	39471781.38	3637261.30	14.41
十四-十五5	39472831.79	3637521.76	53.23
十四-十五15	39472721.26	3637160.63	26.70
十四东1	39473976.49	3637288.78	31.64
十四东3	39473803.53	3636821.51	21.85
十四东11	39473659.08	3636471.52	19.60
十四东23	39474116.52	3637618.21	33.60
十四西1	39473096.47	3637105.85	36.78
十四西2	39473296.70	3637762.74	59.25
十四西3	39472974.62	3636748.31	13.50
十四西19	39472895.00	3636534.18	12.60
十五9	39472123.96	3637794.20	78.04
十五13	39472083.82	3637478.98	21.25
十五14-3	39471981.38	3637261.30	14.44
十五东2	39472123.10	3636464.30	2.08
十五东7	39472430.13	3637565.25	57.95
十五东13	39472391.72	3637436.72	37.60
十五东21	39472195.05	3636790.45	2.37
十五东19	39472351.36	3637264.76	22.41
十五东9	39472490.53	3637760.38	78.60
十五25	39471912.87	3637068.26	1.97

潘三矿钻孔分布情况如图7.1所示。

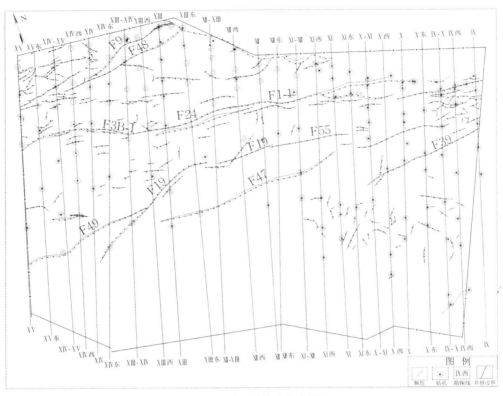

图7.1 潘三矿钻孔分布图

研究区内67个钻孔的统计分析表明,侵入主煤层的岩体的侵入位置和平面分布特征有所不同,本书对各煤层岩浆侵入情况做一详细的统计,详见表7.2。

表7.2 岩浆侵入及影响各煤层钻孔统计表

侵入层位	钻 孔
8煤	十五东9、十五9
4煤	十二-十三3、十三1、十三5、十三-十四7、十四东1、十四3、十四5、十四11、十四28、十四-十五1、十四-十五5、十四-十五9、十四-十五15、十四西1、十四西2、十五25、十五东19、十五东21、十五东4、十四下含2
3煤	九1、九3、九7、九西1、九西11、十5、十一十一1、十一3、十一27、310、十一-十二11、十一-十二13、十二9、十二-十三1、十二-十三3、743、十三东1、水(四)14、十三5、十三3、十三西3、十三西5、十三-十四5、十三-十四15、317、十四西19、十四东23、十四西3、十四东3、十四东11、十五东3
1煤	九1、九3、九7、九11、九-十一1、十一3、310、十二9、十二-十三1、十二-十三15、十三西5、317、15东2

通过研究资料表明,在潘三矿井田区域内,受到岩浆侵蚀而产生变质作用的最高层位在

8煤,但是只有十五东9和十五9钻孔发现岩浆岩揭露。由7煤层经4煤层至1煤层,岩浆的侵入范围逐渐变大。侵入4煤层及4煤层以上煤层主要集中在十二-十三勘探线以西,在十二-十三勘探线以东几乎没有钻孔揭露岩浆岩。而4煤层以下的3煤层和1煤层受侵入区域,几乎分布在整个井田范围内。受岩浆岩侵入的煤层被侵蚀的地方,煤层变质为天然焦,甚至全部被岩浆岩所吞噬掉。

　　图7.2和图7.3为根据揭露岩浆钻孔所圈定的主采煤层1煤及4-1煤的岩浆分布图。从图中也能明显看出侵入1煤的岩浆岩在整个井田范围内均有分布,但主要集中分布在井田的东部,而侵入4-1煤的岩浆岩则集中在井田的西翼。

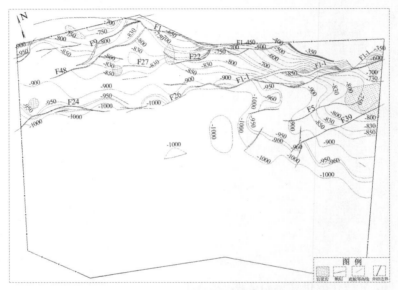

图7.2　潘三矿1煤岩浆岩分布图

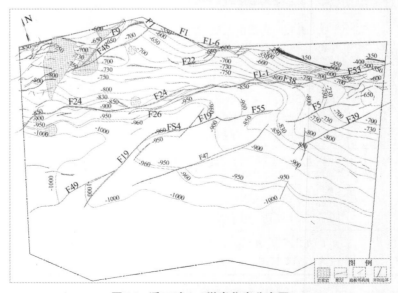

图7.3　潘三矿4-1煤岩浆岩分布图

根据钻孔揭露可知,岩浆岩呈单层侵入,说明潘三矿岩浆岩侵入年代为同一期侵入。

在研究区内,由东到西逐渐抬升,由北到南逐渐变薄。岩浆主要侵入8、4-2、4-1、3、1这5个煤层。侵入8煤层的岩浆岩主要分布在井田的西北角,完全吞噬煤层,往南受F40断层的影响,断层以南地层发生抬升,使得岩浆侵入4-2煤层。往南逐渐变薄,直至尖灭。以十三-十四勘探线为界,岩浆向东逐渐侵入4-1煤层,再往东逐渐侵入3煤层,并烘烤1煤层,使得1煤层变为天然焦。

2. 丁集矿岩浆岩分布情况

通过对丁集十五、十六、十七、十八、十九五条勘探线73个钻孔的资料分析得出,总计有20个钻孔发现有岩浆岩发育情况,该区域的岩浆岩发育主要有以下特点。

这20个钻孔分布在五条勘探线与潘三矿、潘北矿交界处。岩浆岩呈岩床侵入,从岩床层数来看,在20个钻孔中,均呈一层揭露,其中有12个钻孔的岩浆岩在第四系松散层有出露,占受岩浆岩影响钻孔的60%。从岩床厚度来看,主要以30~40 m和60~90 m为主,岩体最厚处为十五22钻孔,厚度达145.55 m,最薄处为十六4钻孔,厚度为13.47 m。

从侵入层位来看,在12个钻孔中,层顶板侵入,占岩浆岩侵入总钻孔的60%,其余钻孔岩体多侵入于煤层的上部,在9个钻孔中完全吞蚀各个受侵入煤层。侵入的煤层主要有20煤、13-1煤、11-2煤、8煤、7-2煤、5-1煤、4-2煤。其中4个钻孔在13-1煤现有岩浆岩,最厚处为十九4孔,厚度为44.75 m;10个钻孔在11-2煤发现有岩浆岩,最厚处为十六8孔,厚度为87.2 m;3个钻孔在8煤发现有岩浆岩最厚处为十五22孔,厚度为145.55 m。其钻孔统计数据如表7.3所示。

表7.3　丁集井田岩浆岩钻孔累厚表

钻孔	x	y	岩浆岩厚度(m)	侵入层位
十五18	72665.46	39571.13	19.86	13-1
十五26	72638.68	39444.59	19.78	11-2
十五8	72549.72	39192.59	69.11	11-2
十五10	72488.58	38938.95	77.9	11-2
十五4-1	72401.05	98702.83	64.48	11-2
十五16	72319.04	38420.41	87.87	8
十五22	72160.02	38140.96	145.55	8
十五9	72123.96	37794.2	77.79	8
十五14-3	71981.38	37261.3	13.89	5-1、4-2
十六4	72088.06	39284.49	13.47	11-2
十六6	71940	38818.44	49.19	11-2
十六8	71671.82	38002.43	87.2	11-2
十七4	71632.67	39551.14	49.9	11-2
十七5	71520.3	39162.16	47.8	11-2
十七7	71297.6	38430.33	30.1	11-2
十八11	71177.58	39793.48	13.53	13-1

续表

钻孔	x	y	岩浆岩厚度(m)	侵入层位
十八3	71093.16	39492.06	41.62	13-1
十八39	70788.91	38450.66	36.2	20
十八18	70678.45	38064.97	34.85	20
十九4	70527.96	39567.26	44.75	13-1

经研究发现,在丁集井田内,岩浆岩主要侵入在井田的东北部,总共涉及五条勘探线,其发现岩浆岩发育钻孔如表7.4所示。

表7.4 丁集井田各勘探线岩浆岩发育钻孔一览表

勘探线	钻　　孔
十五线	8、9、10、14-1、16、18、22、26
十六线	4、6、8
十七线	4、5、7
十八线	3、11、18、39
十九线	4

整个井田中,岩浆岩侵入范围只有东北部,分布在F40断层附近。研究发现本区侵入体在煤层中的分布,厚度有明显的变化,根据岩浆岩活动规律、据侵入体中心的远近、侵入体产状的变化以及对各煤层破坏范围和煤质的影响程度,描述如下:在十五22钻孔附近,岩浆岩厚度达145 m,形成厚度大、层状、似层状的岩浆侵入体,类似于岩浆岩上冲区;在十五22钻孔向西区域,顺构造裂隙或软弱岩层面迅速向外围扩散的区域,该区域范围较大,煤层储量的可靠性较差,但在扩散较弱地段,往往残留可采煤层或煤分层;在岩浆岩侵入区域边缘,此区域对煤层的侵蚀作用较弱,厚度比东部要薄。

在研究区中,由于只有表7.4中的五条勘探线见岩浆岩发育,所以后面的岩浆岩研究区资料以这五条勘探线为主。

本次研究统计了五条勘探线上73个钻孔中20个见岩浆岩钻孔的岩浆岩累厚值,如表7.3所示,从表中可以看出,在与潘三矿和潘北矿交界处的各个钻孔,岩浆岩发育较厚,侵入各煤层情况如表7.5所示。

表7.5 岩浆岩侵入各煤层钻孔一览表

侵入层位	钻　　孔
20	十八18、十八39
13-1	十五18、十八3、十八11、十九4
11-2	十五8、十五10、十五4-1、十五26、十六4、 十六6、十六8、十七4、十七5、十七7
8	十五9、十五16、十五22
5-1(4-2)	十五14-3

由钻孔资料和统计资料可知,岩浆岩主要影响11-2层。在十五勘探线岩浆岩侵入区北部,岩浆岩侵入11-2层,向南侵入8煤层,受F40断层影响,在十五14-3钻孔侵入5-1、4-2煤层。在十六、十七勘探线,岩浆岩均侵入11-2煤层。往西在十八、十九勘探线,岩浆岩层侵入13-1和20煤层。由于岩浆岩层厚度较大,在多个钻孔出露第四系松散层。

（1）岩浆岩侵入20煤特征

在发现有岩浆岩发育的20个钻孔中,总共有2个钻孔在20煤发现有岩浆岩发育。根据钻孔资料解释,20煤受岩浆岩侵入主要有沿煤层上部发育和沿着煤层顶板侵入两种情况,其统计如表7.6所示。其中十八18钻孔的岩浆岩在20煤上部约17 m处发育,十八39钻孔的岩浆岩沿着20煤层顶板侵入,完全吞蚀该煤层。这两个钻孔中岩浆岩出露于第四系松散层。

表7.6　20煤层岩浆岩侵入概况

侵入20煤层	煤层上	沿顶板	沿底板	煤层下	总计	吞蚀
岩浆岩出现	1	1	0	0	2	1
天然焦出现	0	0	0	0	0	0

（2）岩浆岩侵入13-1煤特征

研究区揭露13-1煤的钻孔中,共有4个钻孔揭露岩浆岩和天然焦,根据钻孔取样统计资料表明(表7.7),岩浆入侵13-1煤层有三种方式:即沿煤层上部发育、沿着煤层顶板侵入和沿着煤层底板侵入。发现岩浆岩的钻孔中,在十八11钻孔,岩浆岩在13-1煤层上部约10 cm处发育;在十五18钻孔中,岩浆岩沿煤层底板侵入,煤层被完全侵蚀;十八3和十九4三个钻孔岩浆岩沿着顶板侵入,煤层部分变质为天然焦。

根据统计资料可知,13-1煤层揭露岩浆岩的钻孔较少,主要分布在井田的十五、十八、十九勘探线北部,并很快发生尖灭。

表7.7　13-1煤层岩浆岩侵入概况

侵入13-1煤层	煤层上	沿顶板	沿底板	煤层下	总计	吞蚀
岩浆岩出现	1	2	1	0	4	1
天然焦出现	0	3	0	0	3	0

（3）岩浆岩侵入11-2煤特征

研究区揭露11-2煤的钻孔中,共有10个钻孔揭露岩浆岩和天然焦,根据钻孔取样统计资料表明(表7.8),岩浆入侵11-2煤层有两种方式:即沿煤层上部发育和沿着煤层顶板侵入。发现岩浆岩的钻孔中,在十五8、十五26、十六4和十六6钻孔,岩浆岩在11-2煤层上部约8～70 m范围内发育,厚度从13 m到69 m不等;在十五10、十五14-1、十六8、十七4、十七5和十七7钻孔中,岩浆岩沿煤层顶板侵入,煤层部分变质为天然焦。

根据统计资料可知,11-2煤层揭露岩浆岩的钻孔较多,主要分布在井田的十五、十六、十七勘探线北部。

表7.8 11-2煤层岩浆岩侵入概况

侵入11-2煤层	煤层上	沿顶板	沿底板	煤层下	总计	吞蚀
岩浆岩出现	4	6	0	0	10	4
天然焦出现	0	2	0	0	2	0

(4)岩浆岩侵入8煤特征

研究区揭露8煤的钻孔中,共有3个钻孔揭露岩浆岩和天然焦,根据钻孔取样统计资料表明(表7.9),岩浆入侵8煤层有两种方式,即沿煤层上部发育和沿着煤层顶板侵入。发现岩浆岩的钻孔中,在十五22,岩浆岩在8煤层上部约40 m处发育,该处为丁集岩浆岩发育最厚的点,厚度达145.55 m;在十五9和十五16钻孔中,岩浆岩沿煤层顶板侵入,完全吞噬8煤层,其中十五9和7-2煤层受影响变质为天然焦。

根据统计资料可知,8煤层揭露岩浆岩的钻孔较少,主要分布在井田的十五勘探线北部。

表7.9 8煤层岩浆岩侵入概况

侵入8煤层	煤层上	沿顶板	沿底板	煤层下	总计	吞噬
岩浆岩出现	1	2	0	0	3	2
天然焦出现	0	0	0	0	0	0

(5)岩浆岩侵入5-1煤特征

研究区揭露5-1煤的钻孔中,共有1个钻孔揭露岩浆岩和天然焦,根据钻孔取样统计资料表明(表7.10),岩浆岩沿着5-1煤层底板和4-2煤层顶板侵入这两个煤层,厚度达13.89 m,且完全吞噬这两煤层。

根据统计资料可知,5-1煤层揭露岩浆岩的钻孔较少,主要分布在井田的十五勘探线北部。

表7.10 5-1煤层岩浆岩侵入概况

侵入8煤层	煤层上	沿顶板	沿底板	煤层下	总计	吞噬
岩浆岩出现	0	1	0	0	1	1
天然焦出现	0	0	0	0	0	0

综上,有如下结论:

(1)丁集井田十五勘探线与潘三矿十五勘探线为同一勘探线,总体来说,丁集井田岩浆岩分布范围不广,主要集中在东北角,与潘三矿西翼和潘北矿连成一片。

(2)丁集井田中岩浆岩侵入层位较浅,在发现有岩浆岩发育的钻孔中,大约一半钻孔在第四系揭露有岩浆岩,岩浆岩多侵入11-2煤层及以上的煤层,受岩浆岩影响,多个钻孔煤层变质为天然焦或者被完全吞噬。

(3)丁集井田所有发育有岩浆岩的钻孔中,均只发现有一层岩浆岩。所影响煤层以一层为主,仅在南部1个钻孔内发现有侵蚀两层煤层的岩浆岩层。

(4)在岩浆岩侵入区,由东向西岩浆岩逐渐由5-1煤侵入至8煤层、11-2煤层、13-1煤层、

20煤层。向南在F40断层处,地受断层影响有所抬升,岩浆岩侵入至5-1和4-2煤层。在十五22钻孔处,岩浆岩厚度达145.55 m,往四周逐渐变薄,直至尖灭。

3. 岩浆岩分布与地温分布关系

为分析岩浆岩分布与地温的关系,将岩浆岩分布与地温分布图叠加一起,如图7.4和图7.5所示。从图中可以看出,潘三矿−800 m水平等温线呈西北高、东南低的趋势,而岩浆岩的侵入范围也位于矿区北部,且由东至西逐渐变厚(图7.4)。丁集煤矿也有相似的特征,区内岩浆岩主要分布于矿区东北部,由图7.5可知,区内低温处分布呈由北东至西南逐渐缩小的趋势。以上表明,侵入体所在范围地温有一定的异常,但是正由前所述,侵入体的范围也正好是在背斜轴部附近,不能判定出该地区地温异常是由侵入体所引起的。以下将从侵入体形成年底、侵入体散热规律以及侵入体内生热率这三个因素来进行综合判定岩浆侵入体对地温的影响。

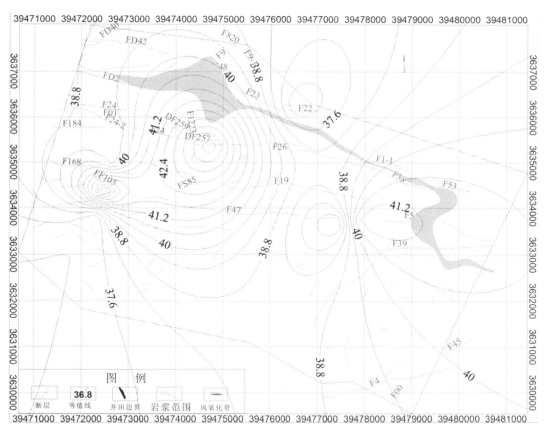

图7.4 潘三矿−800 m水平温度分布图

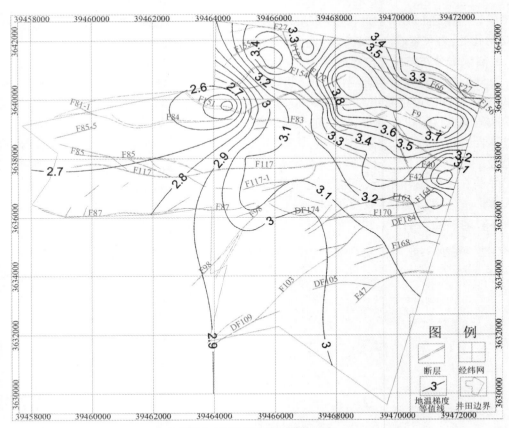

图7.5 丁集煤矿地温梯度分布

7.1.2 岩浆侵入年代

本小节讨论淮南煤田内中生代岩浆侵入煤层活动的构造背景、岩浆起源、岩浆演化过程中地壳物质混染程度等科学问题,以及对煤层的影响等都具有重要作用。采用锆石LA-ICP-MS-U-Pb定年的方法来确定井田内岩浆岩的侵入年代。

锆石LA-ICP-MS-U-Pb定年方法,首先应破碎所采集的岩样,人工分选出锆石。在双目镜下依据锆石的形态、自形程度、颜色等特征初步分类,挑选出具有代表性的锆石,将分选好的锆石用环氧树脂制靶、打磨和抛光。然后将锆石样品分别用双面胶粘在载玻片上,放上PVC环,然后将环氧树脂和固化剂进行充分混合后注入PVC环中,待树脂充分固化后将样品从载玻片上剥离,并对其进行抛光,以得到一个样品光洁平面。然后对锆石进行显微(透射光与反射光)照相。

在U-Pb年龄曲线谐和图(图7.6)上,大部分样品点均落在谐和线120 Ma及其附近,但2号点、14号点落在谐和线上220 Ma附近,207Pb/235U比值所得出的年龄113～277 Ma之间,年龄数据跨度较大。根据测试结果所有锆石样品206Pb/204Pb比值均较小,而在206Pb/204Pb比值较小的情况下,206Pb/238U数据对应的表面年龄较为可靠,所有锆石样品的206Pb/238U加权平均年龄为(118.0±1.3)Ma(图7.7)。不同形态、不同粒级的锆石得到了一致的谐和年龄,加之U-Pb体系的高封闭温度,显然118 Ma应代表该岩体的侵位年龄。而对照地质年代表,发现勘探区内岩浆岩侵入位于第三次燕山期晚期活动侵入。

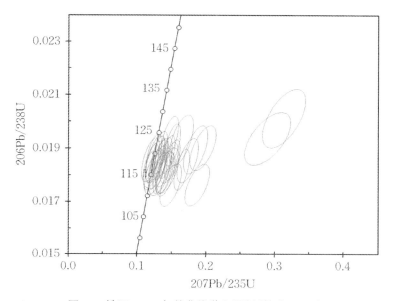

图7.6　锆石U-Pb年龄曲线谐和图(刘桂建,2012)

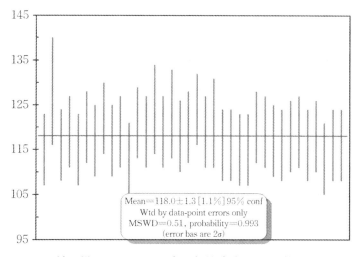

图7.7　锆石样品206Pb/238U表面年龄统计权重(刘桂建,2012)

鉴于产状、岩石学特征和地球化学特征的相似性,可以认为,不仅在潘三矿,而且同类的朱集矿,乃至淮北等岩体均在115~125 Ma期间形成。这与这类岩体未变质变形的野外地质特征相符。该年龄与大别造山带内广泛分布的中性闪长岩类、基性辉长岩的年代一致,也与北淮阳地区和沿江地区广泛分布的白垩世玄武岩和中酸性火山岩的时代一致。因此,这些岩体的产出环境与燕山晚期(早白垩世晚期)中国东南的拉张作用有关。

7.1.3 岩浆岩岩性及侵入形式

1. 岩浆岩岩性

潘三和丁集矿岩浆岩岩性为正长斑岩、正长煌斑岩等,十四西1孔取岩样鉴定为灰白色,略显肉红色,细粒结构,块状构造,主要矿物成分为钾长石。薄片下鉴定,矿物主要为正长石,石英次之,正长石结晶较好,呈板状,具半定向排列,含量90%左右,具高岭土化,石英为粒状,含量10%左右,定名为石英正长岩。

2. 侵入形式及其与断层形成的先后顺序

在构造应力场的作用下,形成了本井田的F1、F1-1、F24、F26、F19、F47、F55、F5等以NWW或NW向为主,NE向次之的井田内断层。

根据岩浆岩体与断层的成生关系,井田内岩浆岩产状大致可分为两类,一类为岩浆岩体被断层切断,岩浆岩侵入于断层形成之前;另一类为岩浆岩体不受断层切割,岩浆岩侵入于断层形成之后。

(1)侵入于断层形成之前的岩浆岩

这类岩浆岩分布于十四线以东,共有39个钻孔见到。其中有4孔见岩浆岩侵C8灰岩,有29个孔见岩浆岩侵入1、3煤层,有7个孔见岩浆岩侵入3煤至4-1煤间,有1个孔见岩浆岩侵入4-1和4-2煤。岩性主要为灰白色细晶岩,侵入方式基本为顺层侵入,呈小型岩床产出。总体上岩浆岩侵入层位自北向南由低(C8)增高(4-1、4-2煤),岩体厚度由厚变薄;对煤层破坏作用主要为冲开煤层,使煤层结构复杂,间距增大,局部煤层被吞薄或吞蚀,使煤的变质程度增高,直接接触岩浆岩的煤层则变为天然焦。

(2)侵入于断层形成之后的岩浆岩

这类岩浆岩主要分布于十四东线以西,与丁集勘探区岩浆岩连成一起;共有8个钻孔见到,其中侵入1、3煤的1个;4-1、4-2煤6个;8煤的1个,主要侵入在4-1和4-2煤;以顺层侵入为主,局部里小型岩株或岩墙产出;岩体由北向南,厚度由大(77.79 m)很快变小(13.53 m),甚至尖灭。对煤层的破坏为吞食或冲开煤层,使煤变质程度增高直至天然焦。

7.2 岩浆侵入体热作用对矿井地温场影响的解析解

通过上节的研究内容可以看出,丁集和潘三矿井田内部分区域存在大面积岩浆侵入现象。为了分析出侵入体对矿井地温场的影响,本节采用解析解的方法对岩浆侵入体热作用进行求解,系统分析岩浆体热作用对围岩温度场的影响,对岩浆侵入温度、侵入厚度、侵入后持续时间、围岩热导率及围岩比热容等因素对温度场影响所起的控制作用进行深入的分析研究。

7.2.1　模型的建立

假设岩浆侵入的时间很短,为一瞬间的过程,岩浆侵入围岩之后随即开始冷却,冷却过程中忽略岩石孔隙水的对流传热,其热散失方式主要为热传导。在岩浆冷却过程中,其形成的岩体与围岩会形成一定的温度场,将此温度场看成是一个与空间和时间相关的非稳态温度场。

图7.8为岩浆侵入围岩之后冷却过程的简化图。假设侵入岩浆岩的方向平行于x轴,建立岩浆侵入岩浆岩-围岩温度分布特征的热传导方程:

$$\frac{\partial^2 T}{\partial x^2} + \frac{\partial^2 T}{\partial y^2} + \frac{q}{K} = \lambda \frac{\partial T}{\partial t} \tag{7.1}$$

式中,x,y为坐标系坐标;t为时间,当$t=0$时为稳态导热,$t\neq0$时为非稳态导热;T为温度;K为热导系数;$\lambda = K/\rho c$为热扩散率;c为比热容;ρ为密度,为了进一步简化模型,本次研究将不考虑岩浆体内部产生的热量,即$q=0$。

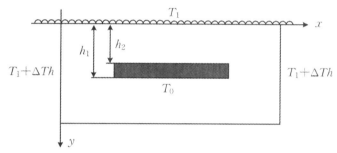

图7.8　模型简化图

7.2.2　模型的求解

假设恒温带温度为T_1,岩浆侵入初始温度为T_0,地温梯度为ΔT,与此同时考虑热量传递散失的方面,设定模型下侧无热量交换,对式(7.1)进行求解。

为了方便计算,将数学方程式转化成无量纲模式,则式(7.1)可转化为下式:

$$\frac{\partial^2 T}{\partial x^2} + \frac{\partial^2 T}{\partial y^2} = K \frac{\partial T}{\partial t} \tag{7.2}$$

模型求解的边界条件为

$$H(x,y,0) = \begin{cases} F(x,y), & x,y \in \Omega_1 \\ S(x,y), & x,y \in \Omega_2 \end{cases} \tag{7.3}$$

$$T(x,y,t)\big|_{x=0,a} = T_1 + \Delta Ty \tag{7.4}$$

$$\frac{\partial T(x,y,t)}{\partial y}\bigg|_{y=b} = 0, \quad T(x,y,t)\big|_{y=0} = T_1 \tag{7.5}$$

利用积分变换方法(Özisik,1968),通过消解可以将式(7.1)中的各个方程转变为一阶方程,$T(x,y,t)$ 的积分变化如下:

$$\overline{T}(t) = \int_{x=0}^{a} \int_{y=0}^{b} \psi_x(b'_m, x') \psi_y(b'_n, y') T(x', y', t) \mathrm{d}y' \mathrm{d}x' \tag{7.6}$$

进而有

$$T(x,y,t) = \sum_{m=1}^{\infty} \sum_{n=1}^{\infty} \psi_x(b_m, x) \psi_y(b_n, y) \overline{T}(t) \tag{7.7}$$

式中,$\psi_x(b_m, x)$,$\psi_y(b_n, y)$ 为积分函数;b_m, b_n 为特征值,它们可以通过边界条件求得,根据边界条件(7.3)和(7.4)得出积分函数如下:

$$\psi_x(b'_m, x') = \sqrt{2/a} \sin(b_m x) \tag{7.8}$$

$$\psi_y(b'_n, y') = \sqrt{2/b} \sin(b_n y) \tag{7.9}$$

特征值为

$$b_m = \frac{m\pi}{a} \tag{7.10}$$

$$b_n = \frac{(2n-1)\pi}{2b} \tag{7.11}$$

对公式(7.1)进行积分变换,则其偏微分方程可以降低为一阶常微分方程

$$\int_{x'=0}^{2a} \int_{y'=0}^{2b} \psi_x(b_m, x') \psi_y(b_n, y') \left(\frac{\partial^2 T}{\partial x'^2} + \frac{\partial^2 T}{\partial y'^2} \right) \mathrm{d}y' \mathrm{d}x' = K \frac{\partial \overline{T}}{\partial t} \tag{7.12}$$

初始条件:

$$\overline{T}(0) = \int_0^a \int_0^b \psi_x(b_m, x') \psi_y(b_n, y') H(x, y, 0) \mathrm{d}y' \mathrm{d}x' \tag{7.13}$$

根据格林公式,式(7.12)可表示为

$$\frac{\mathrm{d}\overline{T}}{\mathrm{d}t} + (b_m^2 + b_n^2) \overline{T} = A(b_m, b_n, t) \tag{7.14}$$

式中

$$\begin{aligned} A(b_m, b_n, t) = &\frac{1}{K} \frac{\mathrm{d}\psi_y(b_n, y)}{\mathrm{d}y} \bigg|_{y=0} \int_0^a \psi_x(b_m, x') T_1 \mathrm{d}x' \\ &+ \frac{1}{K} \frac{\mathrm{d}\psi_x(b_m, x)}{\mathrm{d}x} \bigg|_{x=0} \int_0^b \psi_y(b_n, y')(T_1 + \Delta Ty) \mathrm{d}y' \\ &- \frac{1}{K} \frac{\mathrm{d}\psi_x(b_m, x)}{\mathrm{d}x} \bigg|_{x=a} \int_0^b \psi_y(b_n, y')(T_1 + \Delta Ty) \mathrm{d}y' \end{aligned} \tag{7.15}$$

$$\psi_x(b_m, x) = \sqrt{2/a} \sin(b_m x) \tag{7.16}$$

$$\psi_y(b_n, y) = \sqrt{2/b} \sin(b_n y) \tag{7.17}$$

$$b_m = \frac{(m-1)\pi}{a} \tag{7.18}$$

$$b_n = \frac{(2n-1)\pi}{2b} \tag{7.19}$$

$$A(b_m, b_n, t) = \frac{1}{\kappa} \sqrt{\frac{4}{ab}} \left[1 + (-1)^m \right] \left[\frac{b_n}{b_m} + \frac{b_m}{b_n} \left(T_1 - \Delta T (-1)^n \right) \right]$$

$$\int_0^b \psi_y(b_n, y')(T_1 + \Delta T y) \mathrm{d}y' = \left(\frac{T_1}{b_n} - \frac{\Delta T}{b_n} (-1)^n \right)$$

根据(7.17)的初始条件,(7.18)的一阶常微分方程解法可表示为

$$\overline{T}(t) = \mathrm{e}^{-(b_m^2 + b_n^2)t/K} \left[\int_0^{2a} \int_0^{2b} \psi_x(b_m, x') \psi_y(b_n, y') H(x, y, 0) \mathrm{d}y' \mathrm{d}x' + \int_0^t \mathrm{e}^{(b_m^2 + b_n^2)\tau/K} A(b_m, b_n, \tau) \mathrm{d}\tau \right.$$

$$\tag{7.20}$$

$$A(b_m, b_n, t) = \frac{1}{K} \sqrt{\frac{4}{ab}} \left[1 + (-1)^m \right] \left[\frac{b_n}{b_m} + \frac{b_m}{b_n} \left(T_1 - \Delta T (-1)^n \right) \right]$$

将式(7.20)代入式(7.13)并进行积分计算,得到的闭合解为

$$\overline{T}(t) = \mathrm{e}^{-(b_m^2 + b_n^2)t/K} \left[\int_0^a \int_0^b \psi_x(b_m, x') \psi_y(b_n, y') H(x, y, 0) \mathrm{d}y' \mathrm{d}x' + \frac{1}{(b_m^2 + b_n^2)} \sqrt{\frac{4}{ab}} \right.$$

$$\left. \cdot \left[1 + (-1)^m \right] \left[\frac{b_n}{b_m} + \frac{b_m}{b_n} \left(T_1 - \Delta T (-1)^n \right) \right] \left(\mathrm{e}^{(b_m^2 + b_n^2)t/K} - 1 \right) \right] \tag{7.21}$$

式中

$$F(x, y) = \Delta T y + T_1, \quad S(x, y) = T_0$$

$$\int_0^a \int_0^b \psi_x(b_m, x') \psi_y(b_n, y') H(x, y, 0) \mathrm{d}y' \mathrm{d}x'$$

$$= \int_0^a \int_0^b \psi_x(b_m, x') \psi_y(b_n, y') F(x', y') \mathrm{d}y' \mathrm{d}x' - \int_{D_1}^{D_2} \int_{C_1}^{C_2} \psi_x(b_m, x') \psi_y(b_n, y') F(x', y') \mathrm{d}x' \mathrm{d}y'$$

$$+ \int_{D_1}^{D_2} \int_{C_1}^{C_2} \psi_x(b_m, x') \psi_y(b_n, y') S(x', y') \mathrm{d}x' \mathrm{d}y'$$

$$\int_0^a \int_0^b \psi_x(b_m, x') \psi_y(b_n, y') F(x', y') \mathrm{d}y' \mathrm{d}x' = \sqrt{\frac{4}{ab}} \frac{\left[1 + (-1)^m \right]}{b_m} \left(\frac{T_1}{b_n} - \frac{\Delta T}{b_n} (-1)^n \right)$$

$$\psi_x(b_m, x) = \sqrt{2/a} \sin(b_m x) \tag{7.22}$$

$$\psi_y(b_n, y) = \sqrt{2/b} \sin(b_n y) \tag{7.23}$$

$$b_m = \frac{(m-1)\pi}{a} \tag{7.24}$$

$$b_n = \frac{(2n-1)\pi}{2b} \tag{7.25}$$

$$\int_0^a \int_0^b \psi_x(b_m, x')\psi_y(b_n, y')F(x', y')\mathrm{d}y'\mathrm{d}x' = \sqrt{\frac{4}{ab}}\frac{\left[1+(-1)^m\right]}{b_m}\left(\frac{T_1}{b_n} - \frac{\Delta T}{b_n}(-1)^n\right)$$

$$= \sqrt{\frac{4}{ab}}\frac{1}{b_m b_n}\left[1+(-1)^m\right]\left(T_1 - \Delta T(-1)^n\right)$$

$$\int_{D_1}^{D_2}\int_{C_1}^{C_2}\psi_x(b_m, x')\psi_y(b_n, y')F(x', y')\mathrm{d}x'\mathrm{d}y'$$

$$= \sqrt{\frac{4}{ab}}\frac{1}{b_m b_n}\left[\cos(b_m C_1) - \cos(b_m C_2)\right]$$

$$\times\left[\cos(b_n D_2)(\Delta T D_2 + T_1) - \cos(b_n D_1)(\Delta T D_1 + T_1)\right]$$

$$-\frac{\Delta T}{b_n}\left[\sin(b_n D_2) - \sin(b_n D_1)\right]$$

$$\int_{D_1}^{D_2}\int_{C_1}^{C_2}\psi_x(b_m, x')\psi_y(b_n, y')S(x', y')\mathrm{d}x'\mathrm{d}y'$$

$$= \sqrt{\frac{4}{ab}}\frac{1}{b_m b_n}T_0\left[\cos(b_m C_1) - \cos(b_m C_2)\right]\left[\cos(b_n D_2) - \cos(b_n D_1)\right]$$

$$\int_0^a \int_0^b \psi_x(b_m, x')\psi_y(b_n, y')H(x, y, 0)\mathrm{d}y'\mathrm{d}x'$$

$$= \sqrt{\frac{4}{ab}}\frac{1}{b_m b_n}\left\{\left[1+(-1)^m\right]\left(T_1 - \Delta T(-1)^n\right) + \left[\cos(b_m C_1) - \cos(b_m C_2)\right]\right.$$

$$\times\left\{\left[\cos(b_n D_2)(T_0 - \Delta T D_2 - T_1) + \cos(b_n D_1)(\Delta T D_1 + T_1 - T_0)\right]\right.$$

$$\left.\left.+\frac{\Delta T}{b_n}\left[\sin(b_n D_2) - \sin(b_n D_1)\right]\right\}\right\}$$

$$\psi_x(b'_m, x') = \sqrt{1/a}\cos(b_m x) \tag{7.26}$$

$$\psi_y(b'_n, y') = \sqrt{1/b}\sin(b_n y) \tag{7.27}$$

根据拉普拉斯转换，最终得到二维热传导模型的解为

$$T(x, y, t) = \sum_{m=1}^{\infty}\sum_{n=1}^{\infty}\sin(b_m x)\sin(b_n y)\mathrm{e}^{-(b_m^2 + b_n^2)t/K}$$

$$\times\sqrt{\frac{4}{ab}}\frac{1}{b_m b_n}\left\{\left[1+(-1)^m\right]\left(T_1 - \Delta T(-1)^n\right) + \left[\cos(b_m C_1) - \cos(b_m C_2)\right]\right.$$

$$\times\left\{\left[\cos(b_n D_2)(T_0 - \Delta T D_2 - T_1) + \cos(b_n D_1)(\Delta T D_1 + T_1 - T_0)\right]\right.$$

$$\left.\left.+\frac{\Delta T}{b_n}\left[\sin(b_n D_2) - \sin(b_n D_1)\right]\right\}\right\} + \frac{1}{(b_m^2 + b_n^2)}\sqrt{\frac{4}{ab}}$$

$$\times\left[1+(-1)^m\right]\left[\frac{b_n}{b_m} + \frac{b_m}{b_n}\left(T_1 - \Delta T(-1)^n\right)\right]\left(\mathrm{e}^{(b_m^2 + b_n^2)t/K} - 1\right) \tag{7.28}$$

式中，a 为模型设定的计算深度，b 为水平计算距离，C_1、C_2、D_1、D_2 分别为岩浆侵入体四个顶点的坐标。

178

7.2.3 岩浆侵入冷却过程岩浆–围岩温度场分布特征

依据最终求得的模型解,假设恒温带温度 $T_1=16.8\,℃$,借助 MATLAB 分析软件分析岩浆侵入后岩浆及围岩的温度场变化特征,所需的地温梯度、热导率、密度、比热容分别参照表7.11。根据分析的需要,本次研究建立了5种模型,表7.11为具体的模型参数及控制条件。

表7.11 模型参数及控制条件

模型情况	h_1 (m)	h_2 (m)	t (a)	x (m)	y (m)	T_0 (℃)	K (W/(m·K))	C (J/(g·K))
不同冷却时间	540.0	560.0	1000,1200,1500,2000,3000,5000,1万,10万	550	0~1100	1000	2.64	0.87
				0~3000	550	1000	2.64	0.87
不同岩浆厚度	535.0	565.0	1000	0~3000	550	1000	2.64	0.87
	537.5	562.5	1000	0~3000	550	1000	2.64	0.87
	540.0	560.0	1000	0~3000	550	1000	2.64	0.87
	542.5	557.5	1000	0~3000	550	1000	2.64	0.87
	545.0	555.0	1000	0~3000	550	1000	2.64	0.87
不同岩浆温度	540.0	560.0	1000	0~3000	550	600,800,1000,1200,1500	2.64	0.87
不同围岩热导率	540.0	560.0	1000	0~3000	550	1000	1.5,1.8,2.0,2.2,2.5,2.7,3.0	0.87
不同围岩比热容	540.0	560.0	1000	0~3000	550	1000	2.64	0.6,0.65,0.7,0.75,0.8,0.85,0.9,0.95

图7.9分别为各种不同设定条件下岩浆侵入围岩后冷却过程中,岩浆及围岩温度的分布情况。

由图7.9(a)可以看出,岩浆侵入围岩100 a后,岩浆内温度迅速由1000 ℃降到了124 ℃。在岩浆侵入时间达到500 a时,其最高温为70 ℃,说明岩浆侵入对围岩的高温作用比较短暂。随着时间的推移,其温度逐渐降低,温度的降低速度也逐渐减慢,直至侵入10万年以后,岩浆及围岩的温度基本达到统一的温度,无限接近原始地温场的温度。

图7.9(b)反映的是沿深度方向,模型中心线位置的温度分布情况。在岩浆侵入前期,围岩受其高温热作用温度升高,但随着时间的推移,其温度变化曲线无限接近成为直线,表明在岩浆侵入后期,围岩的温度变化情况已基本恢复到原始地温场,随着深度的增加,地温以一定的地温梯度逐渐升高。综合图7.9(a)和7.9(b)可以看出,岩浆侵入的高温作用时

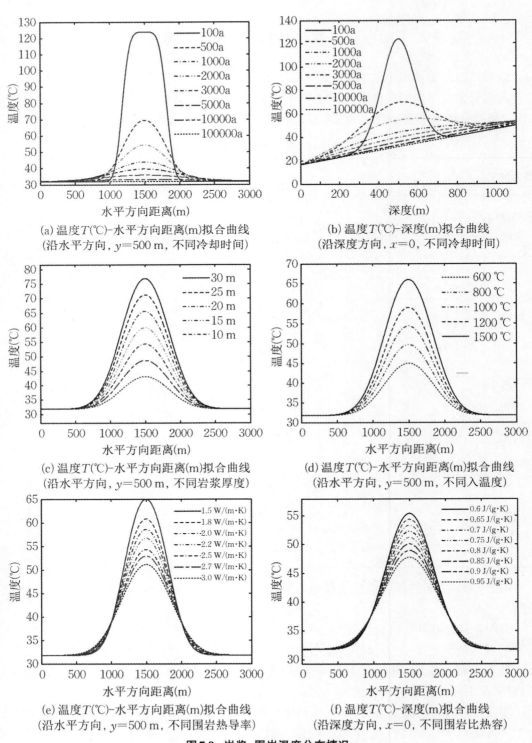

(a) 温度T(℃)-水平方向距离(m)拟合曲线
(沿水平方向，$y=500\,\mathrm{m}$，不同冷却时间)

(b) 温度T(℃)-深度(m)拟合曲线
(沿深度方向，$x=0$，不同冷却时间)

(c) 温度T(℃)-水平方向距离(m)拟合曲线
(沿水平方向，$y=500\,\mathrm{m}$，不同岩浆厚度)

(d) 温度T(℃)-水平方向距离(m)拟合曲线
(沿水平方向，$y=500\,\mathrm{m}$，不同入温度)

(e) 温度T(℃)-水平方向距离(m)拟合曲线
(沿水平方向，$y=500\,\mathrm{m}$，不同围岩热导率)

(f) 温度T(℃)-深度(m)拟合曲线
(沿深度方向，$x=0$，不同围岩比热容)

图7.9 岩浆-围岩温度分布情况

间比较短暂,在侵入10万年以后,其高温热作用基本消失,其温度不断降低直至与围岩初始温度达到一致,围岩温度上也回到原始温度场的状态。同时可以看出岩浆侵入体的高温热作用对围岩的影响范围也是有限的,在模型设定的岩浆大小条件下,其在水平方向的影响距离基本控制在周围1000 m左右,深度方向则在500 m左右。

由图7.16(c)为岩浆厚度分别为10 m、15 m、20 m、25 m及30 m时,岩浆以初始温度1000 ℃侵入围岩1000年后,沿水平方向中线上温度的分布情况。从图中可以明显看出,随着岩浆厚度的增加,在岩浆冷却时间相同时,岩浆侵入体及围岩最高温随着岩浆厚度的增加而增大,且效果较明显。

图7.16(d)反映的是不同岩浆侵入初始温度时,相同冷却时间内岩浆与围岩的温度分布情况,其曲线与图(c)较相似,随着岩浆侵入初始温度的增加,在岩浆冷却时间相同时,岩浆侵入体及围岩的温度随之升高。

图7.16(e)为不同围岩热导率对应的岩浆侵入冷却过程中岩浆及围岩的温度分布情况,进一步分析了岩石热导率对岩浆侵入高温热作用的影响。从图中可以看出,经过相同的冷却时间,由于热导率较大的围岩有利于热量的散发,故其最高温低于围岩热导率值较低时的最高温,随着围岩热导率的增大,高温值逐渐降低。

图7.16(f)反映的是不同围岩比热容条件下,岩浆及围岩的温度分布情况。从图中可以看出,围岩的比热容越大,经过相同的冷却时间后其最高温越低,反之比热容越小则最高温相对越高。

7.2.4 理论分析小结

(1)岩浆侵入围岩的前期,温度迅速下降,后期温度下降的速率明显降低。当岩浆侵入时间达到数十万年以后,岩浆侵入体自身热作用对围岩的高温作用将基本消失,围岩温度将恢复到初始温度,与此同时岩浆温度将降到与围岩一致的温度。

(2)岩浆侵入前期降温过程中受多种因素的控制,如侵入体初始温度、侵入体厚度围岩的热导率及围岩的比热容等。在经过一相同的降温时间时,系统内的温度随着侵入体厚度的增大而增大,侵入体初始温度越高则其高温热作用越明显。若围岩的热导率较小则不利于热量的散失,会使得岩浆的高温作用较明显,反之若围岩热导率较大有利于热量的散失,则导致较快的降温速度。另外,围岩的比热容也会对岩浆降温过程造成影响,在相同侵入体时,其所含的热量是一定的,此时比热较大的围岩将会减弱岩浆侵入的高温作用效果,反之则导致岩浆侵入引起的高温效果明显。

7.3 岩浆侵入体热作用对矿井地温场影响的数值模拟

关于岩浆岩侵入对井田温度场的影响,上节在理论上通过解析解的方法,已经对其进行了初步研究,但是理论的分析往往具有一定的局限性。而数值模拟技术为这一定量分析提供了有力的手段,它可以通过一定的理论和技术在岩浆侵入后温度逐渐变化的条件下,重现岩浆侵入后热作用的这一热物理过程。

本节将在上节研究的基础上,进一步利用大型热分析ANSYS数值模拟软件对岩浆侵入及其热作用进行模拟,分析模拟结果系统和岩浆侵入及其热作用对围岩温度场的影响,对岩浆侵入温度、侵入形态、侵入年代等因素对温度场影响所起的控制作用进行深入的分析研究,对解析解的求解进行进一步的验证与完善。

7.3.1　ANSYS简介及热分析

ANSYS是一种集结构、电场、流体、声场、热分析、磁场于一体的大型通用有限元分析软件,被广泛应用于工程的各个领域。工程中的机构几何外形通常都很复杂,所受的各种荷载也较多,故往往无法通过理论分析的方法进行求解,而利用有限元就得数值解是一种很好的解决办法。

随着ANSYS软件版本的不断升级,核心技术的不断完善,其应用的领域的不断的扩大。目前ANSYS可被广泛地应用于石油化工、水利水电、机械制造、电子工程、造船、航空航天、石油化工、日用家电、汽车交通、土木工程、地矿、生物医学等工业以及科学研究领域。

ANSYS热分析是基于能量守恒原理的热平衡方程,通过有限元法计算各节点的温度分布,并由此导出其他热物理参数。ANSYS热分析包括热辐射、热传导和热对流三种热的传递方式。而且还可以分析内热源、相变、热接触、热阻等问题。

ANSYS热分析主要包括:

(1) 稳态传热:系统的温度不会随着时间的变化而变化。

(2) 瞬态传热:系统的温度随着时间的变化而明显变化。

7.3.2　数值模型的建立

为了实现运用ANSYSA计算软件进行岩浆侵入围岩温度场特征模拟,必须通过对多种不同因素影响下的岩浆侵入围岩温度场特征进行深入研究,忽略次要因素,突出主要因素,最终抽象出正确合理的计算模型。

本次研究所建立的模型,主要突出了不同岩浆侵入体形状、岩浆侵入初始温度、岩浆侵入年限以及不同松散层覆盖厚度下,岩浆侵入围岩所形成的温度场特征。由于本次研究旨在建立一般模型,如果依据实际各地层岩性来分布模型的岩性,需要根据不同岩性设置不同的热力学参数,这样将导致非常大的数据量,而且各岩性之间的岩石热力学参数相差并不明显。若考虑实际岩性并按其分布特征进行建模,实际上是没办法实现的,而且没有这种必要。鉴于以上原因,在本次岩浆侵入围岩温度场特征的数值计算分析时,将围岩简化成为均质岩体。而且本次研究旨在分析各种情况下岩浆侵入体对围岩温度的影响,故忽略了原始地温场的分布,将围岩的初始温度设定为30℃。

数值模拟计算的首要任务就是建立数学模型,模型建立得是否正确、是能否获得精确并且符合实际计算结果的前提。由于岩体、结构及岩性的复杂多样性,建立模型时是不可能全

部考虑的。为了尽可能反应实际情况,对原始的地质条件做出一些必要的简化和假设,以便有利于数学计算。本次模拟做了如下假设:

(1)相对于岩浆侵入后的冷却过程,岩浆侵入的时长是可以忽略的;

(2)岩浆在侵入以及冷却过程中,质量没有损失,不考虑岩浆挥发分释放所引起的能量及质量损失;

(3)设定围岩及侵入体的热特性参数为常数,忽略其随温度的变化;

(4)假设围岩和侵入体均为均质体,其热传输性质为各向同性;

(5)忽略岩石孔隙水的对流传热,其热散失方式主要为热传导;

(6)忽略原始地温场,设定围岩初始温度为30 ℃;

(7)侵入体与围岩满足方程:

$$\frac{\partial^2 T}{\partial x^2}+\frac{\partial^2 T}{\partial y^2}+\frac{q}{K}=\lambda\frac{\partial T}{\partial t} \tag{7.29}$$

式中,t为时间,当$t=0$时为稳态导热,$t\neq0$时为非稳态导热;T为温度;K为热导系数;$\lambda=K/\rho c$为热扩散率;c为比热容;ρ为密度。

(8)忽略岩石的热产生值,即$q=0$。

在建立计算模型时,不同计算软件具有不同的建模方式,但主要需解决计算参数、边界条件及计算范围等几个问题,以下将具体分析。

1.计算范围

岩浆侵入后,对周边围岩温度的产生影响,其影响范围往往较大,合理计算范围的确定是确保计算结果精确度的一个重要因素。计算范围的大小,理论上而言应当越大越好,但在实际计算过程中受到求解精度、求解速度、计算机内存等多项因素的限制。考虑到计算机模拟计算的特点以及岩浆侵入对围岩温度影响的范围,本次数学模拟最终确定了以下计算范围:

本次研究采用的是二维剖面模拟,设定计算模型的深度方向长为1000 m,水平方向长为2000 m。设定不同形状岩浆侵入体的二维剖面面积相等,不同形状侵入体的二维剖面参数设定见表7.12,图7.10为岩浆侵入围岩二维剖面数值计算模型示意图。

表7.12 不同形状岩浆侵入体二维剖面尺寸设定参数

岩浆侵入体二维剖面形状	尺寸(m)	面积(m²)	周长(m)
矩形	320.00×20.00	6400.00	680.00
方形	80.00×80.00	6400.00	320.00
圆形	$\pi\times45.15^2$	6400.96	283.54

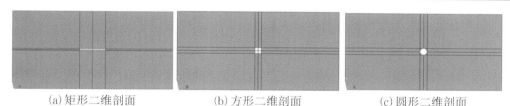

(a)矩形二维剖面　　　　　(b)方形二维剖面　　　　　(c)圆形二维剖面

图7.10 岩浆侵入围岩二维剖面数值计算模型示意图

2. 边界条件

本次模型的建立将设定模型的上边界为给定热流边界,即自然边界。下边界设定为给定温度边界,两边边界条件则简化为隔温边界。

3. 计算参数

侵入体及围岩的比热容、密度以及热传导系数是其热传导效率的决定性参数。本次研究采用前面章节介绍的测试结果。

4. 网格剖分

网格剖分是数值计算前处理的主要部分,在计算过程中,如果网格划分得较疏,则计算时间短,计算方便,但不能很好地反应细微部分循序渐进的变化。如果网格划分得过密则会造成计算的繁琐,对一些变化微小的部位做了仔细的计算,将导致没必要的计算浪费,而且普通的计算机通常都实现不了过细的网格划分计算,所占内存大、耗时长。具体研究区域内单元格划分的大小可以根据具体的实际情况以及问题研究的侧重点进行疏密的划分。

在本次研究中2000 m×1000 m的研究范围内,选择以10 m×10 m的单元尺寸来进行网格的划分。整个计算模型共划分20000个单元格,20301个单元节点,针对圆形剖面则划分得更细一些,以5 m×5 m的单元进行划分,如图7.11所示。

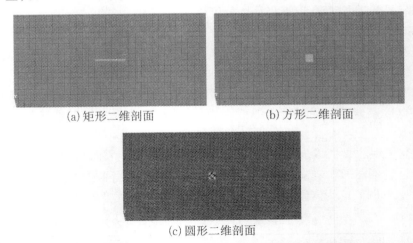

(a) 矩形二维剖面   (b) 方形二维剖面

(c) 圆形二维剖面

图7.11 岩浆侵入围岩二维剖面数值计算模型网格划分图

5. 确定计算方案

影响岩浆侵入围岩温度场特征的因素很多,本次研究对不同形状侵入体、不同侵入温度、不同松散层覆盖厚度、侵入后不同时间等对岩浆侵入围岩温度场特征进行了深入系统的研究。计算方案中设定的参数如下:

(1) 侵入温度、松散厚度及侵入体二维剖面形态相同时,设定侵入后持续时间为1000 a、1200 a、1500 a、2000 a、3000 a、5000 a、1万 a、10万 a。

(2) 侵入后持续时间、松散层厚度及侵入体二维剖面形态相同时,分别设定不同的侵入温度为600 ℃、800 ℃、1000 ℃、1200 ℃、1500 ℃。

(3) 侵入温度、侵入后持续时间及松散层厚度相同时,分别设定侵入体的二维剖面形状为长方形、正方形、圆形,保证三种不同侵入体的二维剖面面积相等。

(4) 侵入温度、侵入后持续时间及侵入体二维剖面形态相同时,设定松散层的厚度为 0 m、100 m、200 m、300 m、400 m。

6. 模拟计算过程

根据所确定的模型尺寸进行计算网格的划分,对模型中相应的岩性岩体进行热力学及物理力学参数设定,建立正确的数值计算模型。首先对模型按照前面所述的条件施以荷载,然后进行求解,最终得到不同设定条件下岩浆侵入围岩的温度场特征计算结果。

7.3.3　模拟结果分析

1. 岩浆侵入后不同时间段对围岩温度的影响

本次模型设定以下条件:

(1) 侵入岩浆温度:1000 ℃;

(2) 围岩初始温度:30 ℃;

(3) 松散层覆盖厚度:0;

(4) 侵入体二维剖面形态:长方形;

(5) 岩浆侵入时间:1000 a、1200 a、1500 a、2000 a、3000 a、1 万 a、10 万 a。

图 7.12 为同一岩浆侵入体侵入围岩后各个时间段侵入体及围岩的温度场分布特征数值模拟计算成果图。从成果图中可以看出,当高温的岩浆侵入围岩之后,导致了模型内热的极不平衡,侵入体所释放的热急速地向四周传递,致使围岩温度增加,形成一定的温度场。与岩浆侵入体直接接触部分的围岩温度较高,随着与侵入体距离的远离,温度将逐渐降低,形成了一个以侵入体为中心的温度场。与此同时,形成了由中心向外围逐渐降低的温度梯度。

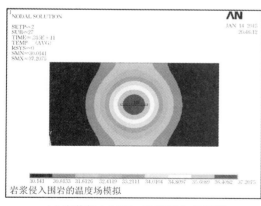

(a) 岩浆侵入1000 a后温度分布云图

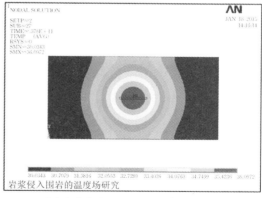

(b) 岩浆侵入1200 a后温度分布云图

图7.12　岩浆侵入围岩后不同时间段的温度分布云图

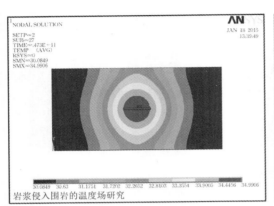

(c) 岩浆侵入1500 a后温度分布云图

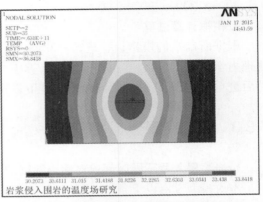

(d) 岩浆侵入2000 a后温度分布云图

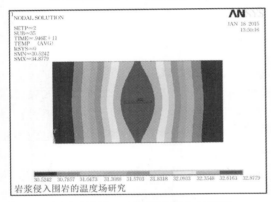

(e) 岩浆侵入3000 a后温度分布云图

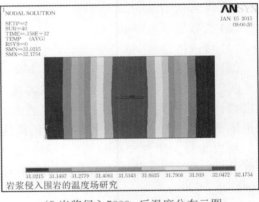

(f) 岩浆侵入5000 a后温度分布云图

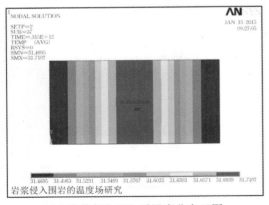

(g) 岩浆侵入1万a后温度分布云图

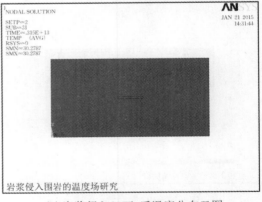

(h) 岩浆侵入10万a后温度分布云图

图7.12 岩浆侵入围岩后不同时间段的温度分布云图(续)

综合图7.12可以看出,各图岩浆侵入围岩的前期,温度迅速下降,至侵入围岩1000 a后,侵入体中心的最高温度为37.2 ℃,已接近围岩的初始温度。1000 a以后,温度下降的速率明显降低。岩浆侵入体对围岩的影响范围逐级扩大,与此同时影响效果减弱。当岩浆侵入时达到10万 a,岩浆侵入体的温度与围岩的温度基本达到一致,岩浆侵入体的温度降至30.28 ℃,几乎接近围岩的初始温度30 ℃,表明了随着时间的推移,岩浆高温侵入体对围岩的温度影响微弱,直至最后将不存在影响。

图7.13分别是模型中不同位置测线所对应的温度拟合曲线。图7.13(a)和图7.13(b)对应的为沿深度方向侵入体中心及边界测线的温度变化状态,图7.13(c)和图7.13(d)对应的为沿长度方向侵入体中心及边界测线的温度变化状态。从不同位置、不同角度反应温度由侵入体中心向周围迅速扩散的现象,侵入体中心温度最高,向四周逐渐降低。

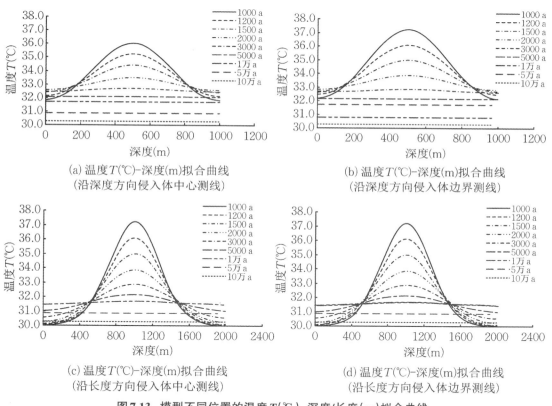

(a) 温度 T(℃)-深度(m)拟合曲线
(沿深度方向侵入体中心测线)

(b) 温度 T(℃)-深度(m)拟合曲线
(沿深度方向侵入体边界测线)

(c) 温度 T(℃)-深度(m)拟合曲线
(沿长度方向侵入体中心测线)

(d) 温度 T(℃)-深度(m)拟合曲线
(沿长度方向侵入体边界测线)

图7.13　模型不同位置的温度 T(℃)-深度/长度(m)拟合曲线

2. 不同温度岩浆侵入后对围岩温度的影响

本次模型设定以下条件:

(1)围岩初始温度:30 ℃;

(2)松散层覆盖厚度:0;

(3)岩浆侵入时间:1000 a、10万 a;

(4)侵入体二维剖面形态:长方形;

(5)岩浆侵入温度600 ℃、800 ℃、1000 ℃、1200 ℃、1500 ℃。

图7.14(a)为不同温度岩浆侵入体侵入1000 a后,沿深度方向侵入体中心位置测线的温度 T(℃)–深度(m)拟合曲线。该图反映出不同温度的岩浆侵入围岩后。导致围岩温度发生变化的趋势较一致,但模型范围内相同位置点的温度并不相同,各点的温度随着岩浆侵入温度的升高而增加,效果较明显。图7.14(b)则反映的是岩浆侵入10万a以后的温度分布状况,可以看出岩浆及围岩的温度将不断接近围岩的初始温度。故综合图7.14(a)和7.14(b),岩浆侵入体的温度对围岩温度的影响主要体现在岩浆降温过程中,但其影响效果随着时间的延长而逐渐减弱,直至数十万年以后基本不存在影响。

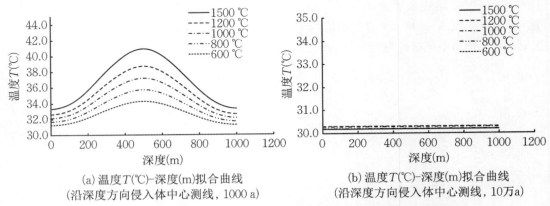

(a) 温度 T(℃)–深度(m)拟合曲线
(沿深度方向侵入体中心测线, 1000 a)

(b) 温度 T(℃)–深度(m)拟合曲线
(沿深度方向侵入体中心测线, 10万a)

图7.14 不同侵入温度沿深度方向中心测线温度 T(℃)–深度(m)拟合曲线

3. 岩浆侵入后,在不同松散层厚度时对围岩温度的影响

本次模型设定以下条件:
(1) 岩浆侵入时间:5000 a、10万 a;
(2) 围岩初始温度:30 ℃;
(3) 岩浆侵入温度:1000 ℃;
(4) 侵入体二维剖面形态:长方形;
(5) 松散层覆盖厚度:0 m、100 m、200 m、300 m。

图7.15为同一岩浆侵入体侵入围岩5000 a后,在不同松散层厚度情况下,侵入体及围岩的温度场分布特征数值模拟计算成果图。从成果图中可以看出,由于新生界地层相对于致密坚硬的岩层其结构松散、导热性能差,在一定程度上阻碍了温度的扩散,导致了模型范围内温度的分布不均匀。松散层厚度为100 m时,影响作用并不明显,当松散层厚度为200 m、300 m时,其对温度的分布具有较明显的影响。200 m松散层时温度分布云图中高温地区形成了一个漏斗状,靠近松散层部分的侵入体周围温度较远离松散层部位高。300 m松散层时,由于厚度的增大,其影响范围也向下进行了延伸,导致中部的温度整体偏高。

图7.16为同一岩浆侵入体侵入围岩5000 a以及10万 a以后,在不同松散层厚度情况下,沿长度方向侵入体中心位置测线反向上的温度变化曲线。综合图7.15、图7.16可以看出,松散层在一定程度上影响了围岩的地温分布,但实际上影响的程度并不大。其在侵入体向围岩扩散热的过程中先期影响较后期明显,特别是10万 a后,松散层对其热量扩散的最终影响微乎其微。

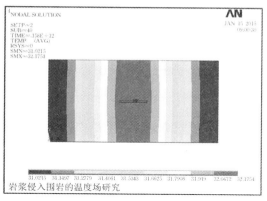

岩浆侵入围岩的温度场研究

(a) 无松散层温度分布云图

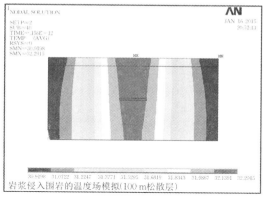

岩浆侵入围岩的温度场模拟(100 m松散层)

(b) 100 m松散层分布云图

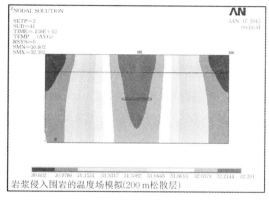

岩浆侵入围岩的温度场模拟(200 m松散层)

(c) 200 m松散层分布云图

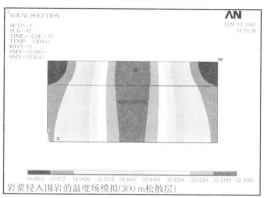

岩浆侵入围岩的温度场模拟(300 m松散层)

(d) 300 m松散层分布云图

图7.15 39各松散层厚度下岩浆侵入围岩5000年后温度分布云图

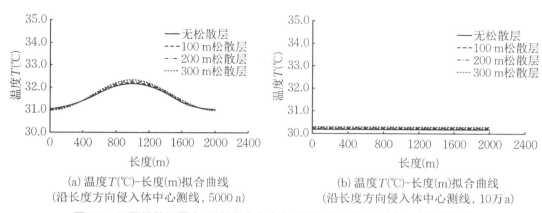

(a) 温度T(℃)-长度(m)拟合曲线
(沿长度方向侵入体中心测线, 5000 a)

(b) 温度T(℃)-长度(m)拟合曲线
(沿长度方向侵入体中心测线, 10万 a)

图7.16 不同松散层厚度, 沿长度方向中心测线温度T(℃)-长度(m)拟合曲线

4. 不同形状岩浆侵入体侵入后对围岩温度的影响

本次模型设定以下条件：

(1) 岩浆侵入时间：5000 a、10 万 a；

(2) 围岩初始温度：30 ℃；

(3) 岩浆侵入温度：1000 ℃；

(4) 松散层覆盖厚度：0；

(5) 侵入体二维剖面形态：长方形(320.00 m×20.00 m)、正方形(80.00 m×80.00 m)、圆形(π×45.15² m²)。

图 7.17(a) 为不同形状岩浆侵入体侵入围岩 5000 a 以后，侵入体及围岩的温度场分布特征数值模拟计算在侵入体中心沿长度方向的径向温度变化成果图。从该图可以看出，在岩浆向围岩散热过程中，二维剖面为矩形的侵入体散热最快，正方形次之，圆形二维剖面的侵入体散热最慢。依据本次模型建立时设定的条件，图 7.17 可以明显看出该三种二维剖面形状在面积相等的情况下，矩形的面积(680.00 m)周长最长，正方形(320.00 m 次之)，圆形(283.54 m)最小。可见岩浆侵入体散热的快慢与侵入体二维剖面的周长呈正相关关系，周长越长越有利于散热，反之周长越短则不利于散热。

图 7.17(b) 为不同形状岩浆侵入体侵入围岩 10 万 a 以后，侵入体及围岩的温度场分布特征数值模拟计算在侵入体中心沿长度方向的径向温度变化成果图。该图则反映出不同二维剖面形态的岩浆侵入体侵入围岩数 10 万 a 以后，温度最终都将与围岩的初始温度一致，对围岩温度产生的影响也都将消失。

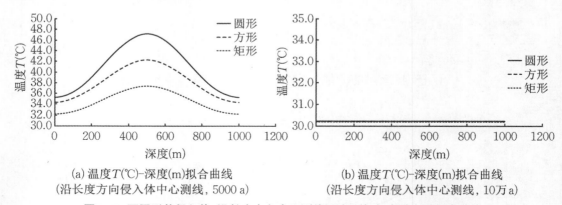

(a) 温度 T(℃)-深度(m)拟合曲线　　　　　　(b) 温度 T(℃)-深度(m)拟合曲线

(沿长度方向侵入体中心测线，5000 a)　　　　(沿长度方向侵入体中心测线，10 万 a)

图 7.17　不同形状侵入体，沿长度方向中心测线温度 T(℃)–长度(m)拟合曲线

5. 数值分析小结

(1) 当高温的岩浆侵入围岩之后，导致了模型内热的极不平衡，侵入体所释放的热急速地向四周传递，致使围岩温度增加，形成一定的温度场。与岩浆侵入体直接接触部分的围岩温度较高，随着与侵入体距离的远离，温度将逐渐降低，形成了一个以侵入体为中心的温度场。与此同时，形成了由中心向外围逐渐降低的温度梯度。

(2) 岩浆侵入围岩的前期，温度迅速下降，后期温度下降的速率明显降低。当岩浆侵入时间达到数 10 万 a 以后，岩浆高温侵入体热作用对围岩的温度将没有影响，围岩温度将恢复到初始温度。

（3）岩浆侵入对围岩温度的影响受多种因素的控制,如侵入体初始温度、侵入体形态以及松散层厚度等。但综合以上模拟研究表明,各因素对温度场的影响均只表现在岩浆侵入后短时间内的降温过程,当侵入的年限足够长以后,这些因素对温度场分布特征的影响都将消失。综上,当岩浆侵入足够长时间后,对围岩的温度场将不存在影响。

　　综合以上研究结果,可以看出利用 ANSYS 数值模拟分析得出的结果与前一章节理论分析的结果是相似的,分析结果较吻合。两者均表明了岩浆侵入体的高温作用是短暂的,且在降温的前期会受到各种因素的影响,但当降温时间达到10万 a 时,各种因素对岩浆侵入围岩后的这一降温过程的影响都将消失,岩浆侵入对围岩的高温作用也将不再存在,其温度将与围岩原始初始温度达到一致。

本　章　小　结

　　（1）潘三矿井田岩浆岩分布广泛,丁集矿主要分布在东北角,受到岩浆侵蚀而产生变质作用的最高层位在8煤,由8煤至1煤,岩浆的侵入范围逐渐变大。井田内岩浆侵入范围广,主要顺煤层和断层破碎带侵入煤系地层,为第三次燕山期晚期活动侵入,以岩床为主,其岩性为正长煌斑岩、正长斑岩等。

　　（2）当高温的岩浆侵入围岩之后,导致了模型内热的极不平衡,侵入体所释放的热急速地向四周传递,致使围岩温度增加,形成一定的温度场。与岩浆侵入体直接接触部分的围岩温度较高,随着与侵入体距离的远离,温度将逐渐降低,形成了一个以侵入体为中心的温度场。侵入围岩的前期,温度迅速下降,后期温度下降的速率明显降低。当岩浆侵入时间达到数10万 a 以后,岩浆高温侵入体对围岩的温度将没有影响,围岩温度将恢复到初始温度。

　　（3）岩浆侵入对围岩温度的影响受多种因素的控制,如侵入体初始温度、侵入体形态以及松散层厚度等。但综上模拟研究表明,各因素对温度场的影响均只表现在岩浆侵入后短时间内的降温过程,当侵入的年限足够长后,这些因素对温度场分布特征的影响都将消失。

　　（4）理论分析与数值分析结果表明,经过漫长的地质年代,岩浆侵入体自身热作用对矿井现今地温场的影响将消失。同时,根据前面对研究区内岩浆岩岩样的 U、Th、40 K 及热导率的测试表明,研究区内岩浆岩的 U、Th、40 K 含量很低,热导率为 3.0 W/(m·K),二者均接近围岩,故研究区内岩浆侵入体的放射性生热及对围岩热导率的改变对围岩温度场的影响很小。

　　（5）综合本章分析可得,丁集和潘三矿区内形成于燕山晚期的岩浆侵入体自身热作用对矿井现今地温场的分布特征并没有影响。虽然在潘三矿区现今地温场具有靠近潘集背斜位置温度偏高,同时在部分地段也存在着岩浆侵入的现象,但通过以上分析表明,该地段地温异常并不是岩浆侵入造成的,而应是受一些诸如潘集背斜等地质构造、松散层厚度以及深部高温灰岩水活动等地质因素的影响和控制的。

第8章 研究区灰岩富水性及水化学特征

地下水是最活跃的地质因素,在地壳浅部分布广泛,易于流动,且热容量大,对围岩温度场有重要影响。研究区三矿位于潘谢矿区中部,潘集-陈桥背斜轴部附近,地质构造较为复杂,断裂发育,如F1、潘集北断层,切割深度深,为地壳深部的内热向地壳表层传导输送创造了有利条件,该地区地温梯度为正异常区,且有广泛分布热导率较高的石炭系太原组和奥陶系石灰岩,为形成地下热水资源提供了十分有利条件。

当研究区地层被断层切割后,导水断裂构造是地热载体循环的通道,是沟通各含水层与深部地热的枢纽。而陈桥-潘集背斜轴部断裂构造复杂,其中近东西向断层形成于中生代,活动时间长,错断下古生界奥陶系,切割热异常区,同时该类断层也控制该地区其他一些断裂构造的发育,特别是一些张性正断层,有利于深部热和热水的向上运移,从而引起周围岩石温度的升高,可使研究区出现局部的地温异常。故研究区地温异常区域与地下水,特别是灰岩水的活动关系如何,是重点研究对象。本章主要先介绍灰岩富水性和水化学特征,地下水运移对地温的影响将在后面着重叙述。

8.1 矿区灰岩富水性特征

8.1.1 石炭系太原组灰岩溶裂隙水含水层(段)

淮南煤田太原组整合或假整合于本溪组之上,整合于山西组之下的一套由海陆交互相的页岩夹砂岩、煤、石灰岩构成的旋回层。岩性主要为灰、深灰色结晶灰岩、生物碎屑灰岩与深灰色砂质泥岩、页岩互层、薄层砂岩、薄层煤,岩性稳定,厚度范围为 $88.34 \sim 160.19$ m,平均为 126.88 m。太原组石灰岩层数一般 $11 \sim 13$ 层,局部可达 15 层,厚度为 $50 \sim 70$ m,含量为 $35\% \sim 55\%$,灰岩层数多,厚度大,比例高,位居华北地台之首。砂岩一般为 $10\% \sim 20\%$,局部可达 40% 以上。本组的 L_1 灰岩、L_2 灰岩、L_3 灰岩、L_4 及 L_{12} 灰岩,在空间分布上基本连续,层位稳定,特别是 L_4 和 L_{12} 灰岩,在淮南煤田不仅层位稳定(图8.1),且厚度也较大,一般在 $10 \sim 20$ m 之间。

其中一至四灰(太原组第 I 组灰岩)为淮南煤田1煤开采直接充水含水层,故为本区重要含水层。钻孔揭露资料显示淮南煤田太原组 I 组灰岩厚度范围为 $13.52 \sim 31.87$ m,平均为 22.58 m。据区域抽水试验资料,含水层单位涌水量范围为 $0.000009 \sim 0.469$ L/(s·m)(表8.1),平均为 0.08494 L/(s·m),按照《煤矿防治水规定》含水层富水性的等级标准,富水性弱至中等。

8.1.2 奥陶系灰岩溶裂隙水含水层(段)

据区域地层资料,奥陶系灰岩平均厚约270 m,以灰色隐晶质及细晶、厚层状白云质灰岩为主,局部夹角砾状灰岩或夹紫红色、灰绿色泥质条带。岩溶裂隙发育极不均一,且在中下部比较发育,具水蚀现象,以网状裂隙为主,局部岩溶裂隙发育,具方解石脉充填,富水性一般弱~中等,其水文地质参数:单位涌水量范围为0.000119~2.773 L/(s·m),富水性不均一,煤田南部和北部出露地区接受大气降水补给,煤田西部地区接受松散层底部含水层补给。奥陶系灰岩溶裂隙水含水层是太原组灰岩溶裂隙含水层的直接补给水源。

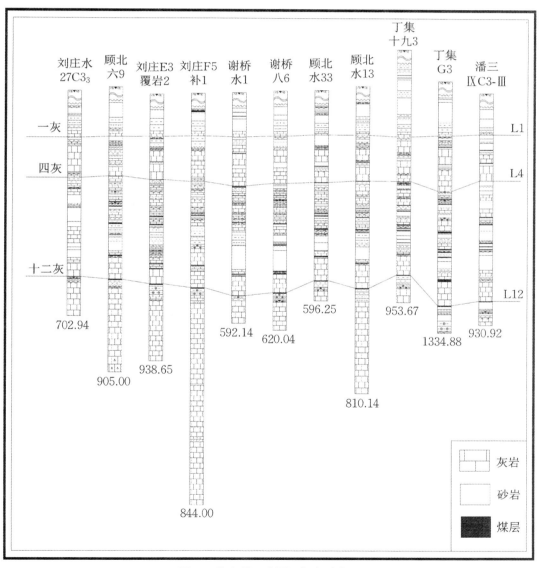

图8.1 淮南煤田太原组灰岩对比图

193

表8.1 石炭系太原组一至四灰岩溶裂隙水含水层抽水试验成果

矿井	钻孔	单位涌水量 (L/(s·m))	渗透系数 (m/d)	矿井	钻孔	单位涌水量 (L/(s·m))	渗透系数 (m/d)
丁集	水12	0.000952	0.005781	潘二	IV西C_3-I	0.0003	0.0013
丁集	补Vkz1	0.00023	0.00057	潘二	IV-VC_3-I	0.000009	0.000021
顾北	十一—十二C_3^I-1	0.00093	0.002	潘二	VI西C_3-I	0.007	0.0396
顾北	十一—十二C_3^I-2	0.00070	0.002	潘二	V东C_3-I	0.000813	0.00022
顾北	五—六C_3^I-1	0.00077	0.003	潘二	V东C_3-II	0.000263	0.000832
顾北	五—六C_3^I-2	0.00021	0.001	潘二	VI西C_3-II	0.0013	0.012
顾北	XLZE_2	0.00067	—	潘三	深部进风井探构造孔	0.0008	0.0013
顾北	九KZ1	0.00024	—	潘三	XII东XLZ1孔	0.00002	0.000042
顾北	十北KZ1	0.00023	—	潘三	XI东17孔	0.00024	0.000521
顾北	六C_3^I	0.00883	0.032	潘三	XIIXLZ5孔	0.0000538	0.00011
顾北	四C_3^I-2	0.00060	0.005	潘三	XIII西XLZ1孔	0.00065	0.00162
顾北	十南C_3^I	0.00043	0.001	潘三	XIII西XLZ2孔	0.00024	0.00066
顾北	四C_3^I-1	0.00107	0.002	潘三	X西C_3-I孔	0.000865	0.00282
顾北	九C_3^I	0.00056	0.002	潘三	IX-XC_3-I孔	0.000182	0.000834
顾桥	水16	0.204	1.430	谢桥	七-八5	0.0967	1.00
顾桥	水14	0.002	0.007	谢桥	探II0-7	0.000484	0.001797
顾桥	水21	0.080	0.400	谢桥	探I0-6	0.0004	0.0001
顾桥	水32	0.0011	0.00586	谢桥	探I0-4	0.0000571	0.000205
顾桥	水20	0.003	0.012	谢桥	探I0-3	0.0002	0.0006
顾桥	水34	0.195	3.929	谢桥	探I∈-5	0.00078	0.005
顾桥	水18	0.224	1.821	谢桥	探I0-补1	0.469	2.595
顾桥	水16	0.347	—	谢桥	探II0-1	0.001099	0.00955
顾桥	XLZK2	0.0025	0.0075	谢桥	探II∈-2	0.0007	0.0004
顾桥	XLZL1	0.0018	0.0089	谢桥	探II0-3	0.0031	0.0109
顾桥	XLZM1	0.001	0.0636	谢桥	探II0-5	0.045	0.172
顾桥	XLZM2	0.0035	0.044	谢桥	探II∈-6	0.0025	—
顾桥	XLZL2	0.000419	0.00077	谢桥	八∈-3	0.001	0.0023
顾桥	XLZL3	0.000378	0.0126	谢桥	补D13C_3-I孔	0.0044	0.0112
顾桥	十五C_3-I	0.00016	0.0004	谢桥	补IIIC_3-I孔	0.116	0.332
顾桥	补Vkz1孔	0.0002	0.0006	谢桥	补O-1孔	0.25	0.71
潘北	补水1C_3I	0.00123	0.0046	谢桥	补O-2孔	0.000071	0.0000171

续表

矿井	钻孔	单位涌水量(L/(s·m))	渗透系数(m/d)	矿井	钻孔	单位涌水量(L/(s·m))	渗透系数(m/d)
潘北	八西 C_3 I	0.00006	0.00015	谢桥	井筒 C_3- I 孔	0.000123	0.000277
潘北	十 C_3- I -1	0.000323	0.0012	张集	六–六西 C3 I 孔	5.080E-05	0.000138
潘北	十 C_3- I -2	0.0019	0.0042	张集	六 C_3 I 孔	4.500E-05	0.000143
潘北	十西 C_3- I -1	0.00056	0.0021	张集	六西 C_3 I 孔	0.002	0.00787
潘北	十西 C_3- I -2	0.0005	0.000167	张集	西风井 C3- I	0.0002	0.0017
潘北	补KZ10	0.00094	0.00023	张集	六–七补2	0.0027	0.03475
潘北	补KZ14	—	—	张集	补Y1孔	0.0766	0.251551
潘北	九线 O1+2-1	0.000823	0.003	罗园	31-5	0.0117	0.0696
潘二	水二2	0.002	0.0094	罗园	35-9x	0.00188	0.007

8.2 研究区水化学特征

8.2.1 矿区常规水化学分析

地下水在与一定环境中长期作用下,会形成其特定的水化学特征。而地下水中相对含量较高的宏量元素有 Ca^{2+}、Mg^{2+}、K^+、Na^+、HCO_3^-、SO_4^{2-}、CO_3^{2-} 及 Cl^-,地下水的化学特征和物理特征在很大程度上是由这8种离子所决定的。地下水化学成分通常采用浓度单位,常用的有毫克/升(mg/L)、毫克当量/升(meq/L)和毫克当量%(meq%)。水样的化学成分,通常用库尔洛夫式表示。对水样水质特征的分析,通常用Piper三线图表示。本节同时采用Piper三线图和Durov图来描述水化学类型,Durov图是在Piper三线图的基础上修改成的一种水化学图。

1. 新生界含水层水常规水化学分析

收集到的水样中由于部分为井筒混合水或者未分清取水层位的水样,故可用的水样共计有121个。而收集到的丁集、顾桥、潘三矿新生界含水层的水样总共有49个,包括新生界上部含水层水样(简称为"上含水")12个,新生界中部含水层水样(简称为"中含水")7个,新生界下部含水层水样(简称为"下含水")30个。借助简易的水化学软件RockWare AqQA,将各含水层的水样信息输入软件进行数据分析和成图,绘制的矿区水质类型图(即Piper三线图和Durov图)如图8.2和图8.3所示。

195

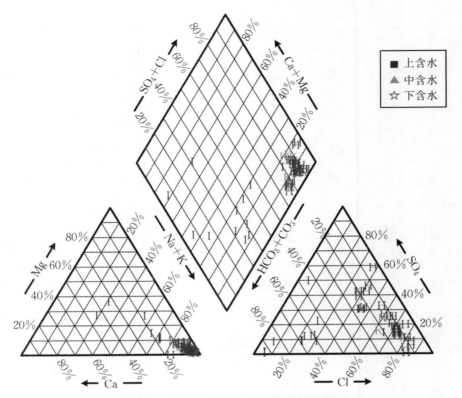

图8.2 研究区新生界含水层水 Piper 图解

196

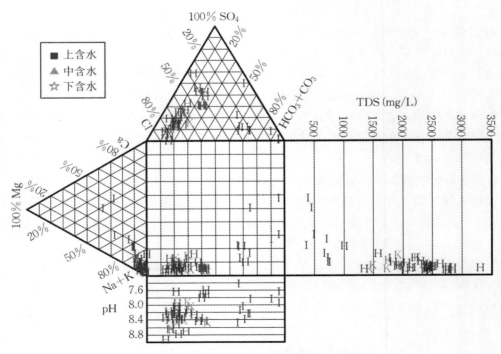

图8.3 研究区新生界含水层水 Durov 图解

根据数据分析结果与水质类型 Piper 图和 Durov 图,可看出研究区内新生界各含水层的水质分布特征。按溶液中离子浓度 meq>25% 者命名,则区域内新生界上含水的水质类型以 HCO_3-Na+K 为主,此外还有 $HCO_3-Ca·Mg·Na+K$ 型水和 $HCO_3·Cl-Na+K$ 型水。水质矿化度均低于 1000 mg/L,pH 多为 7.5~8.5 之间,水样分布较分散。推测上含水的补给来源主要为大气降水和地表水,水动力条件好,水循环较快。

在图 8.2、图 8.3 中,新生界中部含水层的水样分布比较集中,只有一个水样水质呈 $SO_4·Cl-Na+K$ 型,其他中含水的水质均为 $Cl-Na+K$ 型。中含水水样的矿化度范围为 1250~2250 mg/L,pH 为 7.8~8.6 之间。新生界下部含水层水样的水质类型主要为 $Cl-Na+K$ 型,还含有 $Cl·SO_4-Na+K$ 型水和 $SO_4·Cl-Na+K$ 型水,矿化度多为 2000~3000 mg/L 内,pH 集中于 7.5~8.5 之间。中含水和下含水的水样分布比较相似,在水质类型图上的分布也都比较集中,说明其含水层比较封闭,水动力较差。

2. 煤系砂岩含水层水常规水化学分析

收集到的三个矿区内煤系砂岩裂隙含水层的水样(简称为"煤系水")共有 20 个。根据煤系水的水样信息绘制其水质类型 Piper 图和 Durov 图,见图 8.4 和图 8.5。

结合图 8.4 和图 8.5 可知,水样中阳离子以 Na^++K^+ 为主,Ca^{2+}、Mg^{2+} 的毫克当量百分数均低于 20%。水样中的阴离子主要为 HCO_3^- 和 Cl^-,只有一个水样的阴离子中 SO_4^{2-} 含量超过 40% 毫克当量百分数。研究区的水质类型基本有 $Cl-Na+K$ 型、$HCO_3·Cl-Na+K$ 型以

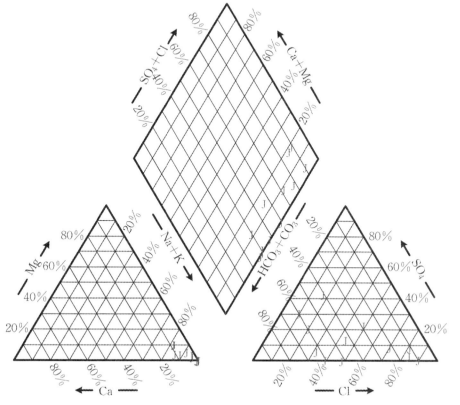

图8.4 研究区煤系砂岩含水层水 Piper 图解

及 $HCO_3 \cdot SO_4-Na+K$ 型。煤系水中矿化度的分布较为分散,pH多处于8.0~9.0。和新生界含水层水样的水化学成分相比,部分煤系水与其具有相近的组分含量,说明这两种水体间应该具有一定的水力联系,但新生界含水层的流动性显然比煤系水更强。

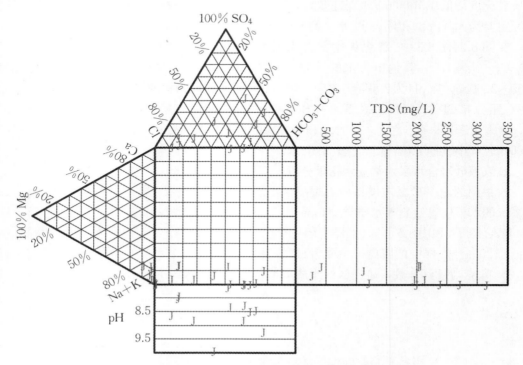

图8.5 研究区煤系砂岩含水层水 Durov 图解

3. 灰岩岩溶裂隙含水层水常规水化学分析

收集到的研究区内的灰岩岩溶裂隙含水层的水样共有52个,包括太原组灰岩水样(简称为"太灰水")44个,奥陶纪灰岩水样6个和寒武纪灰岩水样2个。根据灰岩水的水样信息绘制其水质类型Piper图和Durov图,见图8.6和图8.7。

从水质类型图上可以看出,研究区内灰岩水样的分布较分散。阳离子以 Na^++K^+ 为主, Ca^{2+}、Mg^{2+} 的含量与上部含水层相比有所增加。水样中阴离子的分布最分散,其中 SO_4^{2-} 所占的比例增大,但还是以 Cl^- 为主。整体上,灰岩水样的水化学类型主要为 $Cl-Na+K$ 型,pH多处于7.5~9.5之间,水的矿化度分布较广,一般低于3000 mg/L。图8.7中,水样在中间菱形区域的分布多集中于7区,根据Piper对三线图的分区及解释可知,水样的化学性质以碱金属和强酸为主。部分灰岩水样的水化学组分与上部含水层相似,说明灰岩水与上部含水层具有一定的水力联系,或者在一定范围内与其具有相同的补给水源。

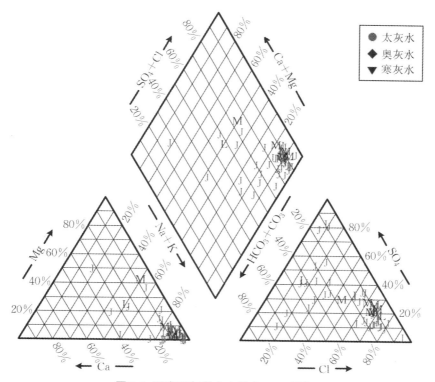

图8.6　研究区灰岩含水层水 Piper 图解

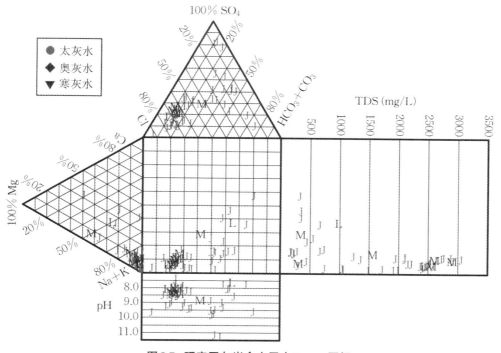

图8.7　研究区灰岩含水层水 Durov 图解

Piper 三线图和 Durove 图中主要显示 Ca^{2+}、Mg^{2+}、$Na^+ + K^+$、HCO_3^-、SO_4^{2-} 和 Cl^- 的相对含量,现将研究区各含水层的这 6 类离子的平均离子浓度放在一起比较,如图 8.8 所示。从图 8.8 可知,从煤系水到寒灰水,其水样中的 Ca、Mg 离子浓度递增;各灰岩水样中 HCO_3^- 和 SO_4^{2-} 的浓度比较接近,奥灰水样中 $Na^+ + K^+$ 和 Cl^- 浓度较高些;可以发现,从上含到下含,水样中各离子浓度多呈增长趋势;而从太灰水到寒灰水,各离子的浓度较为接近。随着地层年代和埋藏深度的增加,含水层中封存的深部古水含量较高,再经过长期的水-岩反应,水中以 $Na^+ + K^+$ 和 Cl^- 为主。同时,因为灰岩中石膏及硬石膏的存在,使得灰岩水样中的 SO_4^{2-} 浓度也相对较高。

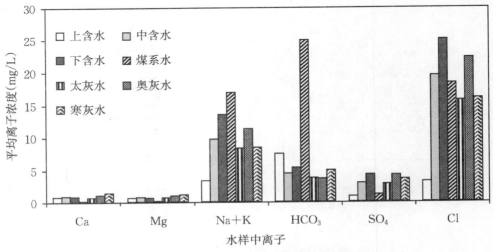

图 8.8 研究区各含水层离子浓度对比图

8.2.2 离子来源分析

1. 谱系聚类分析

谱系聚类法是目前应用较为广泛的一种聚类法,先将各样品自成一类,然后把最相似(距离最近或相似系数最大)的样品聚为小类,再将已聚合的小类按各类间的相似性(用类间距离度量)进行再聚合,随着相似性的减弱,最后将一切子类聚为一大类。这里借助 MATLAB 软件实现谱系聚类法的操作,分别对研究区新生界水样、煤系水样及灰岩水样进行谱系聚类分析。

根据图 8.9 的分析结果,新生界水样中的离子大体可归为两类,一类包含 Mg^{2+}、CO_3^{2-}、Ca^{2+}、HCO_3^- 和 SO_4^{2-},另一类包含 $Na^+ + K^+$ 和 Cl^-。结果表明研究区内新生界水样的常规水化学组分,是由两类不同的矿物溶解控制的:① 硫酸盐、碳酸盐和难溶的硅酸盐矿物;② 氯盐矿物。

根据图 8.10 的分析结果,煤系水样中的离子大体可归为两类,一类包含 $Na^+ + K^+$、HCO_3^- 和 Cl^-,另一类包含 SO_4^{2-}、CO_3^{2-}、Mg^{2+} 和 Ca^{2+}。结果表明研究区内煤系水样的常规水化学组分是由两类不同的矿物溶解控制的:① 硫酸盐矿物和碳酸盐矿物;② 氯盐矿物和难溶的硅酸盐矿物。

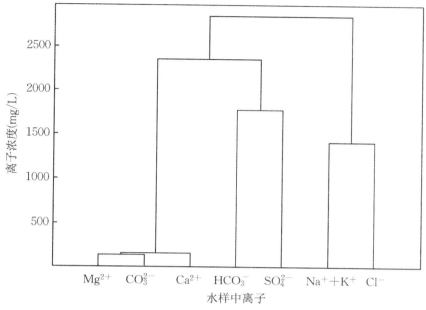

图8.9　新生界含水层水样谱系聚类分析

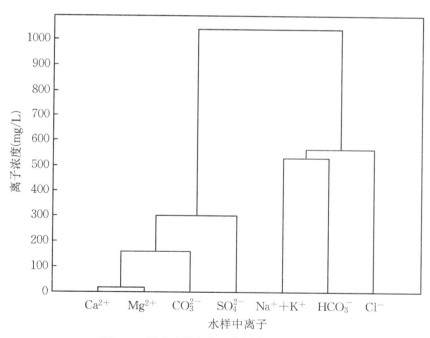

图8.10　煤系砂岩含水层水样谱系聚类分析

根据图8.11的分析结果,新生界水样中的离子大体可归为两类,一类包含HCO_3^-、SO_4^{2-}、CO_3^{2-}、Mg^{2+}和Ca^{2+},另一类包含Na^++K^+和Cl^-。结果表明研究区内新生界水样的常规水化学组分,是由两类不同的矿物溶解控制的:① 硫酸盐、碳酸盐和难溶的硅酸盐矿物;② 氯盐矿物。

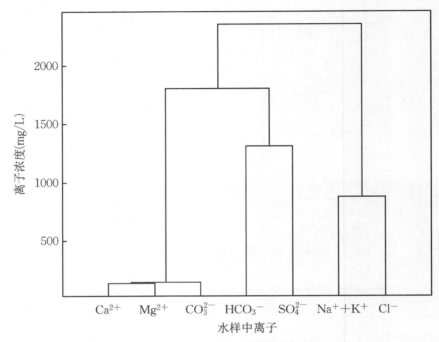

图8.11 灰岩含水层水样谱系聚类分析

2. 离子来源分析

分别将水样中Na^++K^+和Cl^-含量的对应点投到二维坐标图中,如图8.12所示。从图可以看出,灰岩水样中的Na^++K^+和Cl^-含量的比值比较接近1,说明其受硅酸盐矿物的贡献较小。煤系水样点较少,不能有效判断Na^++K^+的分布趋势,可能存在Na^++K^+富集。硅酸盐矿物风化或者离子交换反应,可引起水中Na^++K^+富集。而新生界水样点分布较为分散,反应其水动力条件较好、流动性较强。

水中$Mg^{2+}+Ca^{2+}$的含量与HCO_3^-的比值可以用来判断Mg^{2+}、Ca^{2+}的离子来源,如果只存在碳酸盐的溶解,则$(Mg^{2+}+Ca^{2+})/HCO_3^-$为0.5~1.0。研究区各含水层水样中$(Mg^{2+}+Ca^{2+})/HCO_3^-$的统计结果见表8.2。

表8.2 水样中$(Mg^{2+}+Ca^{2+})/HCO_3^-$比值统计表

水样类别	$(Mg^{2+}+Ca^{2+})/HCO_3^-$比值范围	$(Mg^{2+}+Ca^{2+})/HCO_3^-$平均值
新生界水	0.06~1.47	0.23
煤系水	0.05~0.42	0.11
灰岩水	0.06~0.52	0.27

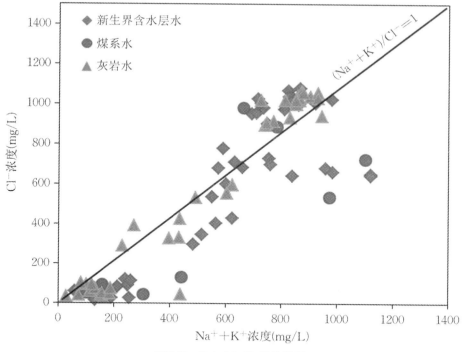

图8.12　Na⁺+K⁺–Cl⁻相关性图

如表8.2所示,反应了煤系水和灰岩水中存在Mg^{2+}、Ca^{2+}亏损,或者HCO_3^-富集现象。可能是岩层中硅酸盐矿物风化,引起水体中HCO_3^-等离子含量的变化。研究区各水样的pH均大于7.0,表明其水环境属于弱碱性。在采动等因素影响下,大气中的CO_2进入水体,反应产生HCO_3^-。而新生界上含水与地表水联系密切,水中离子的含量变化相对较大。

分别将Mg^{2+}、Ca^{2+}与SO_4^{2-}间对应的含量关系用散点图表示出来,见图8.13~图8.15。

图8.13中将Ca^{2+}的含量比SO_4^{2-}相对偏低,因为SO_4^{2-}含量分布较广,说明部分水样中的Ca^{2+}、SO_4^{2-}来源相似,很可能来自石膏的溶解。如图8.14所示,Mg^{2+}的含量也比SO_4^{2-}偏低,可能与苦盐的参与有关。水样中的SO_4^{2-}普遍偏大,可能是黄铁矿中的S^{2-}氧化形成的,也可能是Mg^{2+}、Ca^{2+}以碳酸盐形式沉淀造成其含量的减少。图8.15中,多数水样中Ca^{2+}与Mg^{2+}的含量比大于1,部分水样中其比值大于2。地下水中Ca^{2+}与Mg^{2+}的含量比可用来判断其离子来源。当地下水中Ca^{2+}与Mg^{2+}的含量只是由于白云石溶解造成时,其比值接近1;当水源中同时有方解石的溶解时,其比值大于1;当钙、镁离子含量比大于2时,说明水源中除了有白云石、方解石的溶解外,还存在硅酸盐矿区的风化。

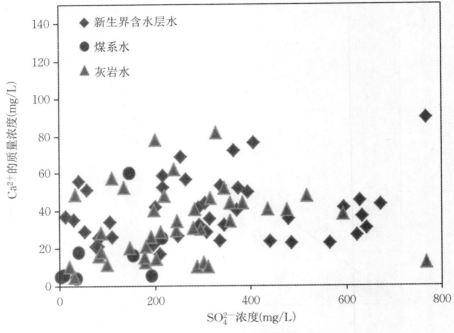

图 8.13 SO_4^{2-}–Ca^{2+}相关性图

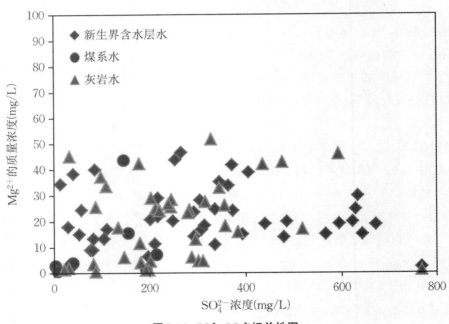

图 8.14 SO_4^{2-}–Mg^{2+}相关性图

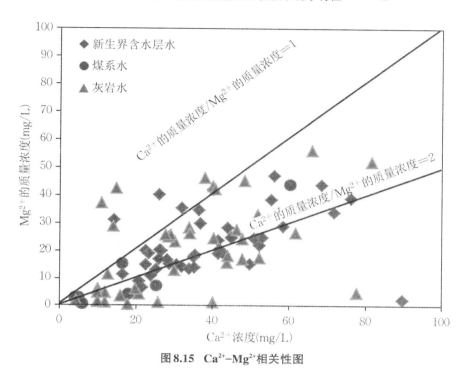

图 8.15 Ca²⁺–Mg²⁺相关性图

8.3 矿区氢氧稳定同位素特征

8.3.1 大气水中氢氧同位素组成

随着同位素地球化学的不断发展,应用同位素示踪方法可以有效确定热水水源、成因类型、水动力特征、形成过程及不同含水层间的水力联系。在自然环境中广泛分布的 H、C、O、S 等,是环境同位素中常用的元素,对应的同位素有稳定同位素 ^{2}H(D)、^{18}O、^{13}C、^{34}S,以及放射性同位素 ^{3}H、^{14}C。而在对煤矿矿井水源判别及热水来源分析时,氢氧稳定同位素较为常见。分析矿井主要含水层中 δD 和 δ^{18}O 的成分特征和漂移情况,可以为矿井突水水源的识别判定奠定基础。对比分析矿区水体中的氢氧同位素特征及常规水化学特征,可以判别地下水的补给来源及含水层间的水力联系。

对于自然界里天然物质的氢、氧同位素组成,分别用符号 δD 和 δ^{18}O 来表示,δ 表示同位素组成的特性量值:

$$\delta_{样品} = \frac{R_{样品} - R_{标准}}{R_{标准}} \times 1000$$

式中,R 是指同位素原子比,对于 δD 为 D/H,对于 δ^{18}O 为 ^{18}O/^{16}O。氢、氧同位素组成均采用

世界统一标准:SMOW(即标准平均海洋水)。

　　大气水是自然界中参与大气循环的各类水的统称,例如冰、雪、云雾、水蒸气、河水等。其 δD 的变化幅度为 $+50‰\sim-500‰$,$\delta^{18}O$ 的变化范围为 $+10‰\sim-55‰$,且 δ 值多为负数,含量一般比海水中低。大气水中的氢氧同位素组成具有明显的环境效应,与距离海岸的距离、温度、季节等因素有关,如:① 大陆效应:海洋和湖泊水中的 δD 和 $\delta^{18}O$ 值要比海洋水蒸气云团的高,远离海洋时降水中的 D、^{18}O 含量随之减小;② 温度效应:云层及地面的温度升高,δ 值增大,反之减小;③ 季节效应:随着季节的变换,由于温度、降雨量、蒸发量及湿度的改变,呈现冬季的 δ 值小于夏季的情况;④ 纬度效应:在赤道附近的降雨中 δ 值比较接近 $0‰$,由赤道向两极,纬度增高,δ 值减小。长期的研究资料显示,大气水中的 δD 与 $\delta^{18}O$ 值之间具明显的线性相关,而此线性方程称之为雨水线方程。雨水线方程受区域性条件的影响,根据郑淑慧等研究的我国的雨水线方程为 $\delta D = 7.9\delta^{18}O - 7.8$。

　　大气降水可通过渗入岩石,流经岩石圈的不同深度。对于地下水中氢氧稳定同位素的研究,主要是基于地下水中的 δD、$\delta^{18}O$ 值与大气降水的对比来进行分析的。根据 δD-$\delta^{18}O$ 的分布规律,可判断地下水的补给来源,和进一步分析含水层间的水力联系。

8.3.2　基于氢氧稳定同位素的地下水来源分析

　　丁集矿、顾桥矿和潘三矿隶属于淮南煤田潘谢矿区,位于淮河中游冲积平原,矿区内各矿井的地层发育情况相似,地下水的补给、排泄等活动受矿区边界断层的影响,使矿区的水文地质条件相对独立。分析潘谢矿区各水样中的氢、氧同位素特征,来判断研究区内各含水层的补给情况及水力联系关系。资料来自本次测试、2009年淮南煤田突水水源判别的科研报告和2014年葛涛等对潘谢矿区深层地下水的氢氧同位素分析材料。对水样中氢氧稳定同位素含量进行统计(表8.3),画出区内各水样的 δD-$\delta^{18}O$ 关系图(图8.16~图8.19)。

　　我国的大气降水线方程为 $\delta D = 7.9\delta^{18}O + 8.2$。根据3个地表水样氢氧同位素含量的拟合曲线,得到矿区地表水的蒸发线方程: $\delta D = 5.91\delta^{18}O - 7.78$。从图8.16可以看出,大气降水线与蒸发线相交于点 $(-8‰,-55‰)$,即区域内大气降水补给地下水的年平均降水点的 δD 为 $-55‰$、$\delta^{18}O$ 为 $-8‰$。潘谢矿区内不同含水层的 δD 值范围为 $-87.65\sim-23.09$,平均值为 -60.61;$\delta^{18}O$ 数值的波动幅度介于 $-11.25\sim-3.37$ 之间,平均值为 -7.92。图8.16上,矿区内地表水的 δD-$\delta^{18}O$ 关系线处于大气降水线下方,反映出大气降水在地表上都要产生一定程度的蒸发效应。从矿区各水样的分布位置看,除了灰岩水和煤系水的少数水样点外,区内各含水层水样中的 δD-$\delta^{18}O$ 值大都位于国家大气降水线和矿区蒸发线的右下区,说明区内地下水的主要补给来源为大气降水,溶滤-渗入水是研究区内地下水的基本成因类型。

表8.3　水样中氢氧稳定同位素含量统计表

序号	水样类型	$\delta D(‰)$	$\delta^{18}O(‰)$	序号	水样类型	$\delta D(‰)$	$\delta^{18}O(‰)$
1	新生界上含	−54	−7.5	34	河水	−43.7	−6.1
2		−58	−5.4	35		−42.91	−5.9
3	新生界中含	−84	−11.25	36	雨水	−40.23	−5.5
4		−73	−9.5	37	太原组灰岩水	−72.87	−9.42
5		−57	−7.25	38		−69.73	−9.89
6	新生界下含	−59.5	−7.8	39		−81.37	−9.74
7		−58.3	−7.5	40		−70.4	−10
8		−53.8	−6.65	41		−36.21	−5.42
9	煤系水	−76.5	−9.75	42		−36.89	−5.73
10		−77.5	−9.55	43		−48.84	−5.84
11		−76	−9.3	44		−30.87	−5.09
12		−70	−9.75	45		−42.75	−6.69
13		−70	−9.4	46		−59.85	−6.67
14		−70	−9.15	47		−50.17	−6.71
15		−70	−8.8	48		−54.42	−6.08
16		−68	−9.65	49		−57.48	−7.38
17		−67.9	−9.37	50		−73.48	−10.83
18		−67.3	−9.13	51		−71.36	−9.04
19		−68.2	−9.1	52		−75.06	−9.61
20		−66	−8.9	53	奥陶纪灰岩水	−26.1	−3.53
21		−66	−8.75	54		−23.09	−3.37
22		−62	−8.91	55		−51.33	−5.12
23		−60	−8.75	56		−31.15	−4.11
24		−61	−8.4	57		−40.62	−4.31
25		−62	−8.2	58		−67.89	−9.43
26		−60	−7.75	59		−71.62	−9.48
27		−58	−8.24	60		−69.67	−9.46
28		−55	−8.5	61		−79.91	−8.4
29		−55	−7.83	62		−63.61	−8.44
30		−56	−7.7	63		−70.67	−9.15
31		−59	−7.18	64		−76.19	−9.23
32		−54	−7.25	65		−69.98	−9.15
33		−38	−4.47	66		−81.75	−9.32
				67	寒武纪灰岩水	−87.65	−9.62

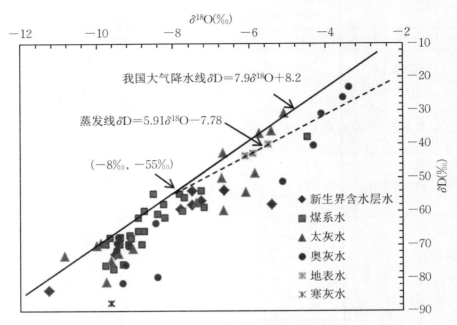

图8.16 潘谢矿区各含水层水的δD-δ¹⁸O关系

从图8.17新生界含水层的氢氧稳定同位素组成来看,新生界含水层水样品距离大气降水线较远,说明区内大气降水在对其补给过程中的蒸发相对强烈。中含水样品落在与大气降水近乎平行的直线上,说明了中含水主要接受蒸发后的大气降水(主要为地表水)补给。图8.18中煤系水样品位于大气降水线附近及下方区域,说明大气降水是煤系水的主要补给

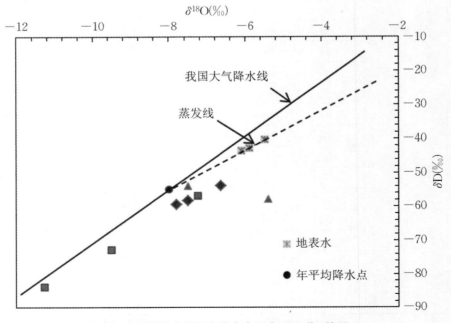

图8.17 潘谢矿区新生界含水层水δD-δ¹⁸O关系

来源。同时,煤系水在X轴和Y轴方向上沿一定斜率变化,存在D漂移和^{18}O漂移现象。联系图8.16中煤系水和灰岩水样点的分布,不难看出部分煤系水样和灰岩水样的氢、氧组成较为接近,反映了部分地段的煤系水和灰岩水之间具有一定的水力联系,可能存在相同的补给水源。

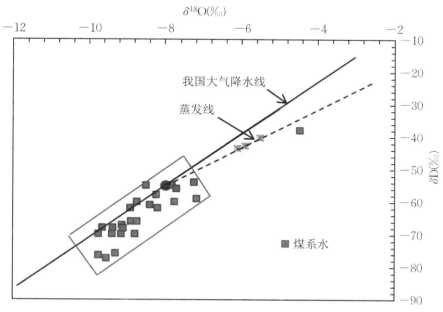

图8.18　潘谢矿区煤系砂岩含水层水的δD-δ^{18}O关系

潘谢矿区太灰水水样的δD范围为−81.37‰～−30.87‰,平均值为−58.23‰;水样品的δ^{18}O范围为−10.83‰～−5.09‰,平均值为−7.76‰。奥灰水水样的δD范围为−81.75‰～−23.09‰,平均值为−58.83‰;水样品的δ^{18}O范围为−9.48‰～−3.37‰,平均值为−7.32‰。通过太灰水和奥灰水水样中氢、氧含量的对比,可以发现二者的范围虽有所差异,但是其平均值比较接近,说明太灰水和奥灰水具有一定的水力联系。从图8.19可以看出,矿区的灰岩水样品中,只有少数几个太灰水水样和奥灰水水样处于蒸发线上部区域,说明矿区深部水体的补给来源主要还是大气降水。从图形上看,太灰水和奥灰水均表现为较大幅度的分布趋势,同时存在D漂移和^{18}O漂移现象。这种δD、δ^{18}O的组成和分布特征,通常是由于含水层中深部古水和浅层水体发生混合作用造成的。水样点的δD和δ^{18}O组成的分布较为广泛,也说明区域内灰岩水的水文环境较为复杂。此外还可看出,相较于奥灰水,太原组灰岩水与地表水的水力联系较为密切些。

通过煤系砂岩裂隙成为煤系水流通的导水网络,煤系水由此与含煤地层充分接触。而煤层中含有各种含氢的烃基类物质,地下水与其进行氢同位素交换反应,故产生D漂移现象。煤系水的^{18}O漂移,则是由于煤系水和围岩中的硅酸盐矿物接触时,产生氧同位素交换反应导致的。太灰水和奥灰水的水样品,在图8.19中呈现出的^{18}O漂移特征,是灰岩水与碳酸盐岩发生氧同位素交换反应的结果。而古冰期时大气降水中的δD和δ^{18}O含量比现在低,灰岩水与深部古水混合后则表现出同时具有D漂移和^{18}O漂移的特征。整体上,奥灰水的δ^{18}O含量比太灰水要高些,说明在奥陶纪灰岩层中地表水和深部古水混合后滞留的时间较长,与碳酸盐岩的氧同位素交换反应更充分。

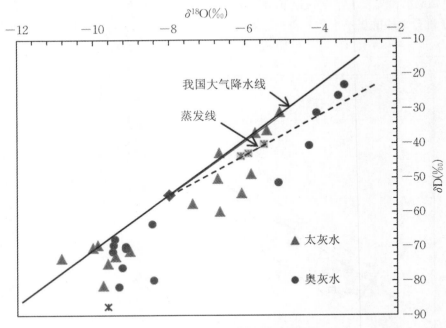

图8.19 潘谢矿区灰岩水 δD-$\delta^{18}O$ 关系

8.4 矿区氢氧稳定同位素特征

8.4.1 概述

我国北方大部分煤炭产地,伴随着岩溶水的发育,疏水降压将岩溶水排出可以使掘进开采得以安全进行,对岩溶水的化学成分的分析可揭示岩溶水的运动形成过程、影响因素以及作为判别其突水的来源标志。

水与岩石相互作用是一个动态平衡系统,大气降水渗入补给地下水时,会携带大量的 CO_2、地层中的碳酸盐遇水时会形成碳酸,有机物氧化分解也可产生 CO_2,它们构成了一完整的碳酸平衡体系,它们间化学反应揭示了碳酸盐的溶解与沉淀的方向。

当 CO_2 溶于纯水时,H_2O—CO_2 体系中出现的离子有 H^+、$H_2CO_3^-$、HCO_3^-、CO_3^-、OH^-,其平衡式及上述离子的浓度为

$$CO_2 + H_2O \leftrightarrow H_2CO_3, \qquad K_{CO_2} = \frac{[H_2CO_3]}{P_{CO_2}} = 10^{-1.5}$$

$$H_2CO_3 \leftrightarrow H^+ + HCO_3^-, \qquad K_{H_2CO_3} = \frac{[HCO_3^-][H^+]}{[H_2CO_3]} = 10^{-6.4}$$

$$HCO_3^- \leftrightarrow H^+ + CO_3^{2-}, \quad K_{HCO_3^-} = \frac{[H^+][CO_3^{2-}]}{[HCO_3^-]} = 10^{-10.3}$$

$$H_2O \leftrightarrow H^+ + OH^-, \quad K_{CO_2} = [H^+][OH^-] = 10^{-14}$$

此时,在101325 Pa压力下,25 ℃时,如果溶解的CO_2总量不变,那么当水的pH值变化时,水中碳酸具有三种形式:pH<4.7时,水中只有$CO_2 + H_2CO_3$,pH<6.4时,游离碳酸占优势;pH=6.4~10.3时,HCO_3^-占优势;pH>10.3时,CO_3^{2-}占优势,pH>12.16时,水中只有CO_3^{2-}。

碳酸盐溶解的碳酸平衡,是在有CO_2参与的条件下进行的;水中化学反应除了上述四个反应式外,还有$CaCO_3 \leftrightarrow Ca^{2+} + CO_3^{2-}$。水中出现的离子为$H^+$、$CO_2 + H_2CO_3$、$HCO_3^-$、$CO_3^{2-}$、$Ca^{2+}$、$OH^-$六种离子,此时溶液必须满足电中性条件:$2[Ca^{2+}] + [H^+] = [HCO_3^-] + 2[CO_3^{2-}] + [OH^-]$。在开放体系和封闭体系中碳酸盐的溶解饱和平衡时的pH值是不一样的,地下水中除H_2CO_3外,还存在其他离子,它们影响和控制溶液的pH值,如岩石的水解作用可以改变水的pH值,其他如硫、铁、锰的氧化物,铵的硝化均可以使水的pH有所变化。所以要求这些项目的测试应该准确,pH值最好现场测定。

碳酸盐与水的平衡系统计算,我们可以通过已知pH,Ca^{2+}、Mg^{2+}、HCO_3^-及离子强度,计算离子活度积(K_{iap}),与其溶度积(K_{sp})对比可以确定地下水是否与碳酸盐矿物处于平衡,溶解或沉淀状态。

如果:$K_{iap}/K_{sp} > 1$,则溶液是过饱和的。

$K_{iap}/K_{sp} < 1$,则溶液是不饱和的。

$K_{iap}/K_{sp} = 1$,则溶液处于平衡状态。

以上是在一定温度、压力条件下,通过活度计算与溶度积比值来判断的方法,实际上,水岩作用时有一个较长的过饱和阶段。因此在工程上,常用饱和指数I_L及稳定指数I_R来判断碳酸盐岩石与水的作用是溶蚀还是沉淀状态。

饱和指数$I_L = PH_0 - PH_s PH_0$:实测pH;PH_s:平衡时pH。

$I_L = 0$,稳定状态。

$I_L > 0$,沉淀状态。

$I_L < 0$,未饱和状态,有过量CO_2存在,水对岩石起溶蚀作用。

稳定指数$I_R = 2(PH_s) - PH_{20}$,PH_{20}为20 ℃时PH实测值。

$I_R = 6.5~7.0$,基本稳定。

$I_R < 6.0$,沉淀状态。

$I_R > 7.5~8.0$,溶蚀状态。

饱和时的pHPH_s可用下式表示:

$$\frac{[Ca^{2+}][HCO_3^-]}{[H^+]} = K, \quad CaCO_3 + H^+ \leftrightarrow Ca^{2+} + HCO_3^-$$

$$PH_s = P_{Ca} + P_{HCO_3} - PK \text{ 或改写为 } PH_s = (PK_2 - PK_s) + P_{Ca} + P_{碱度}$$

式中,PK_2为碳酸第二离解常数;PK_s为$CaCO_3$的离子浓度积。

饱和指数可从饱和指数计算图表中查得,也可以从表8.4中查出$PK_2 - PK_s$后计算求得。

表8.4 20 ℃时的饱和指数

s总固形物(PPm)	0	40	100	200	300	400	500	600	800	1000
PK_2-PK_S	2.10	2.18	2.21	2.27	2.30	2.33	2.35	2.37	2.40	2.43

8.4.2 判定结果分析

根据活度积与溶度积的对比和饱和指数与稳定指数的对比,对研究区内不同时期、不同取样点的59个灰岩水样进行碳酸盐的溶沉判定,计算结果见表8.5和表8.6所示。

表8.5 研究区灰岩水中 $CaCO_3$ 及 $CaMg(CO_3)_2$ 在水中所处状态

矿区	取样编号	取 样 层 位	$CaCO_3$ Kiap/Ksp	状态	$CaMg(CO_3)_2$ Kiap/Ksp	状态
丁集	1	C_3-Ⅰ	21.925078	沉淀	5275491.357	沉淀
	2	C_3-Ⅰ	3.267124	沉淀	2618320.118	沉淀
顾桥	3	十北∈	1.658010	沉淀	507995.418	沉淀
	4	十北O_{1+2}	3.187616	沉淀	1032331.749	沉淀
	5	十北C3-Ⅲ	4.831441	沉淀	731417.108	沉淀
	6	十北C3-Ⅱ	205.468742	沉淀	5393929.797	沉淀
	7	太原组灰岩	5.315295	沉淀	2597810.061	沉淀
	8	太原组灰岩	3.450306	沉淀	865388.4456	沉淀
	9	太原组灰岩	2.853388	沉淀	1299455.417	沉淀
	10	太原组灰岩	4.011210	沉淀	1993397.127	沉淀
	11	太原组灰岩	2.724449	沉淀	2806857.045	沉淀
	12	太原组灰岩	4.332755	沉淀	3768578.444	沉淀
	13	太原组灰岩	7.650594	沉淀	6203917.570	沉淀
	14	太原组灰岩	1.201355	沉淀	605190.059	沉淀
	15	太原组灰岩	2.083403	沉淀	1155688.167	沉淀
	16	太原组灰岩	1.985504	沉淀	1064471.481	沉淀
潘三矿	17	太原组1～5层灰岩	5.876071	沉淀	2845972.167	沉淀
	18	奥陶系1＋2灰岩	6.769311	沉淀	1852235.623	沉淀
	19	奥陶系及寒武系灰岩	4.035156	沉淀	1883617.208	沉淀
	20	太原组1～12层灰岩及 F1-1断层破碎带	5.410844	沉淀	3793067.366	沉淀
	21	太原组、奥陶系及F1断层破碎带	3.814902	沉淀	2438279.696	沉淀
	22	太原组灰岩	1.1361603	沉淀	736252.239	沉淀
	23	太原组1～4层灰岩	1031.386033	沉淀	430353565.000	沉淀

矿区	取样编号	取样层位	$CaCO_3$ Kiap/Ksp	状态	$CaMg(CO_3)_2$ Kiap/Ksp	状态
	24	太原组及奥陶系灰岩	4.859695	沉淀	3862711.986	沉淀
	25	太原组1~5层灰岩	5.876071	沉淀	2845972.167	沉淀
	26	奥陶系1+2灰岩	6.769311	沉淀	1852235.623	沉淀
	27	奥陶系及寒武系灰岩	4.035156	沉淀	1883617.208	沉淀
	28	太原组1~12层灰岩及F1-1断层破碎带	5.410844	沉淀	3793067.366	沉淀
	29	太原组、奥陶系及F1断层破碎带	3.814902	沉淀	2438279.696	沉淀
	30	太原组灰岩	1.1361603	沉淀	736252.239	沉淀
	31	太原组1~4层灰岩	1031.386033	沉淀	430353565.000	沉淀
	32	太原组及奥陶系灰岩	4.859695	沉淀	3862711.986	沉淀
	33	太原组灰岩	3.061870	沉淀	333785.780	沉淀
	34	太原组1~4层灰岩	8.080963	沉淀	870477.790	沉淀
潘三矿	35	太原组及奥陶系灰岩	0.646747	溶蚀	187203.680	沉淀
	36	太原组灰岩	10.720616	沉淀	1033654.475	沉淀
	37	太原组1~4层灰岩	11.868553	沉淀	1021552.672	沉淀
	38	太原组及奥陶系灰岩	0.435452	溶蚀	6967.137	沉淀
	39	太原组灰岩	13.737650	沉淀	219753.764	沉淀
	40	太原组1~4层灰岩	12.499417	沉淀	1545939.022	沉淀
	41	太原组1~4层灰岩	5.252890	沉淀	2786634.322	沉淀
	42	太原组5~9层灰岩	11.923809	沉淀	5647749.742	沉淀
	43	太原组10~13层灰岩	31.872685	沉淀	3745125.520	沉淀
	44	奥陶系灰岩	3.00068278	沉淀	2608896.259	沉淀
	45	太原组10~13层灰岩	24.978281	沉淀	757603.900	沉淀
	46	太原组1~4层灰岩	26.089541	沉淀	792881.635	沉淀
	47	太原组5~9层灰岩	0.892095	溶蚀	350195.144	沉淀
	48	太原组1~4层灰岩	0.982593	溶蚀	597045.524	沉淀
	49	太原组1~4层灰岩	105.967440	沉淀	119998503.700	沉淀
	50	奥陶系灰岩	1.851149	沉淀	1763095.058	沉淀
	51	太原组1~4层灰岩	3.021396	沉淀	2099267.426	沉淀
	52	太原组5~9层灰岩	1.101317	沉淀	62241.503	沉淀
	53	太原组10~13层灰岩	2.278070	沉淀	1011251.089	沉淀
	54	太原组夹层岩浆岩	11.923809	沉淀	5647749.742	沉淀
	55	太原组1~4层灰岩	3.662752	沉淀	3791227.596	沉淀

矿区	取样编号	取 样 层 位	$CaCO_3$ Kiap/Ksp	状态	$CaMg(CO_3)_2$ Kiap/Ksp	状态
潘三矿	56	太原组5~9层灰岩	12.713450	沉淀	6480814.803	沉淀
	57	太原组10~13层灰岩	2.510240	沉淀	90353.532	沉淀
	58	奥陶系灰岩	4.418057	沉淀	3045508.780	沉淀
	59	寒武系灰岩	2.656004	沉淀	3051788.683	沉淀

从表8.5和表8.6的数据可知,这59个水样主要取至太原组及奥陶系灰岩沉,个别取至寒武系灰岩;研究区内的灰岩水样中$CaCO_3$和$CaMg(CO_3)_2$的离子活度积Kiap和其溶解度常数Ksp的比值大都大于1,说明这两者在灰岩水中通常呈沉淀状态。只有编号为35、38、47、48的水样中,Ca^{2+}和CO_3^{2-}离子的Kiap与Ksp的比值小于1,水样中的$CaCO_3$处于溶蚀状态。

分析表8.6的数据可知,这些灰岩水样中溶液的饱和指数大多数$I_L>0$,说明水中的碳酸盐矿物通常处于沉淀状态;水样中的稳定指数I_R的值多处于6.0~7.5范围内,反映溶液中的碳酸盐矿物基本呈沉淀或者稳定状态,少数处于溶蚀状态或接近于溶蚀状态。

表8.6　研究区灰岩水中碳酸盐矿物的饱和指数I_L及稳定指数I_R

矿区	编号	Ca^{2+}的质量浓度(mg/L)	矿化度(mg/L)	总碱度(mg/L)	pH	I_L	状态1	I_R	状态2
丁集	1	12.63	1692	8.1	9.32	1.04	沉淀	7.24	接近溶蚀
	2	57.23	640	7.64	7.7	0.37	沉淀	6.96	基本稳定
顾桥	3	43.82	2404.0	9.38	8.01	0.12	沉淀	7.77	溶蚀
	4	47.81	2532.0	10.23	8.23	0.38	沉淀	7.47	接近溶蚀
	5	9.96	416.0	2.56	9.76	1.26	沉淀	7.24	接近溶蚀
	6	11.95	1456	7.11	11.1	2.81	沉淀	5.48	沉淀
	7	40.38	2134	14.35	8.4	0.74	沉淀	6.92	基本稳定
	8	30.08	2373	18.61	8.3	0.56	沉淀	7.19	接近溶蚀
	9	30.36	2420	17.18	8.2	0.41	沉淀	7.38	接近溶蚀
	10	28.54	2338	19.05	8.4	0.65	沉淀	7.09	基本稳定
	11	65.95	3033	16.74	7.9	0.25	沉淀	7.39	接近溶蚀
	12	40.08	1922	13.22	8.2	0.57	沉淀	7.07	基本稳定
	13	40.68	2510	14.06	8.5	0.72	沉淀	7.05	基本稳定
	14	29.15	2418	17.27	7.7	-0.1	溶蚀	7.91	溶蚀
	15	34.01	2437	17.04	7.9	0.15	沉淀	7.6	溶蚀
	16	46.21	2486	18.01	7.9	0.29	沉淀	7.31	接近溶蚀
	17	68.68	2086	16.31	8.1	0.74	沉淀	6.61	基本稳定
	18	83.69	2583	16.33	8.1	0.68	沉淀	6.74	基本稳定

矿区	编号	Ca²⁺的质量浓度(mg/L)	矿化度(mg/L)	总碱度(mg/L)	pH	I_L	状态1	I_R	状态2
	19	73.35	2885	14.89	7.98	0.37	沉淀	7.24	接近于溶蚀
	20	67.01	2606	16.43	8.1	0.58	沉淀	6.94	基本稳定
	21	80.04	2690	15.54	7.9	0.41	沉淀	7.09	基本稳定
	22	84.65	2730	17.52	7.3	-0.13	溶蚀	7.56	溶蚀
	23	30.03	1333	4.64	11.2	3.16	沉淀	4.87	沉淀
	24	79.68	2852	10.64	8.18	0.47	沉淀	7.24	接近于溶蚀
	25	11.95	1020	7.76	8.97	0.85	沉淀	7.27	接近于溶蚀
	26	9.96	1032	10.92	9.28	1.23	沉淀	6.83	基本稳定
	27	11.95	160	8.47	8.00	0.18	沉淀	7.65	溶蚀
	28	15.94	150	7.10	9.44	1.67	沉淀	6.10	沉淀
	29	20.92	1960	15.29	9.04	1.18	沉淀	6.69	基本稳定
	30	17.93	210	7.37	7.71	-0.01	溶蚀	7.74	溶蚀
	31	17.93	200	6.83	9.41	1.66	沉淀	6.10	沉淀
	32	19.92	1880	15.02	9.18	1.31	沉淀	6.56	基本稳定
	33	61.75	2084	8.91	8.42	0.75	沉淀	6.91	基本稳定
顾桥	34	47.81	2190	22.99	8.45	1.05	沉淀	6.34	沉淀
	35	77.69	328	19.54	8.9	2.20	沉淀	4.50	沉淀
	36	38.04	2810	13.51	8.29	0.38	沉淀	7.54	溶蚀
	37	40.04	420	9.49	9.25	1.92	沉淀	5.40	沉淀
	38	25.90	252	15.53	9.66	2.41	沉淀	4.84	沉淀
	39	44.04	1210	7.33	7.77	0.14	沉淀	7.50	接近于溶蚀
	40	27.79	710	6.99	7.97	0.26	沉淀	7.44	接近于溶蚀
	41	48.34	300	16.25	9.53	2.55	沉淀	4.42	沉淀
	42	11.08	320	5.98	8.76	0.70	沉淀	7.35	接近于溶蚀
	43	14.10	640	15.30	8.48	0.84	沉淀	6.80	基本稳定
	44	4.43	270	4.36	9.22	0.64	沉淀	7.93	溶蚀
	45	52.36	325	7.96	7.96	0.70	沉淀	6.56	基本稳定
	46	47.81	2190	22.99	8.45	1.05	沉淀	6.34	沉淀
	47	14.90	520	8.96	8.82	1.01	沉淀	6.80	基本稳定
	48	34.24	2560	13.36	8.86	0.97	沉淀	6.92	基本稳定
	49	10.07	720	2.39	9.56	0.94	沉淀	7.67	溶蚀
	50	51.96	1540	12.72	8.36	0.94	沉淀	6.48	基本稳定
	51	81.57	970	19.60	7.53	0.66	沉淀	6.21	沉淀

215

岩溶水碳酸盐岩的溶沉与否与灰岩含水层岩溶发育程度、地下水的活动性(径流强度)和现阶段岩溶水的溶蚀能力有较强的相关性。降水等自地表入渗地下岩层后,如经较长距离的缓慢径流和围岩介质有长时间的接触后才到达取样点,说明地下水循环深度大、含水层岩溶发育程度弱导致径流滞缓。这种径流特征在水的化学成分上则表现为水中碳酸盐溶质已处于过饱和状态,地下水对碳酸盐岩已没有溶蚀能力。相反,如地下水径流途径短、速度快,则地下水对碳酸盐岩仍具有溶蚀能力,是含水层岩溶强发育,径流通畅的标志。由上述研究区碳酸盐岩的溶沉判别结果可看出,研究区中绝大多数含有一定浓度碳酸盐岩的地下水是处于沉淀状态,即不具有溶蚀能力。说明矿区地下岩溶水在该段内排泄不畅,产生滞流,随着时间的推移,水中溶解盐类增多,CO_2、O_2等气体耗尽,最终使其失去溶解能力。与此同时,地下岩溶水中的矿化度不断增大,溶解度较小的盐类在水中相继达到饱和而沉淀析出,从而使得该段岩溶水发生浓缩作用,产生$CaCO_3$及$CaMg(CO_3)_2$沉淀。

8.5 水化学指标计算热水循环深度

8.5.1 利用地热温标推算灰岩水的温度

地下水中的部分离子含量变化,受水-岩平衡反应或者矿物溶解平衡控制,且与温度具有明显的相关性,可作为预计深部热储温度的地热温标。目前应用较广的地热温标有两类,一类是利用矿物溶解度与温度的函数关系计算热储温度,如SiO_2、Cl等;另一类是依赖温度进行热水中溶解组分比例交换反应的阳离子物质,如Na/K、$Na-K-Ca$及Na/Li等。由于钾在地下水中的含量很低,在水质化学分析时,通常把钾离子和钠离子归为一类。而且Na/K温标主要适用于温度高于150℃的热储温度的推算,所以Na/K温标不适合于本研究区地下水温度的推算。结合研究区的水化学资料,本次采用无蒸气损失的石英温标和玉髓温标来推算研究区内灰岩水的温度。

无蒸气损失的石英温标方程:

$$T = \frac{1309}{5.19 - \log c} - 273.15$$

玉髓温标方程:

$$T = \frac{1032}{4.69 - \log c} - 273.15$$

式中,T为热储的温度,℃;c为热水中溶解的SiO_2的质量浓度,mg/L。

因为很大一部分灰岩水样的水质分析中没有测试可溶性SiO_2的含量,所以最终整理出潘谢矿区内同时具有可溶性SiO_2含量和水温数值的水样只有10个,如表8.7所示。对比可溶性SiO_2含量和实测水温的关系,可以发现实测水温与可溶性SiO_2含量的变化成正相关关系。即温度越高,可溶性SiO_2的含量越高,如图8.20所示。

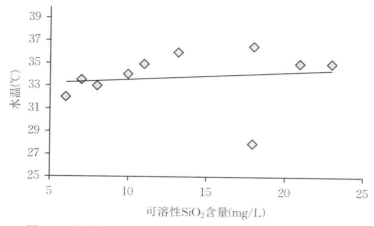

图8.20　潘谢矿区灰岩水样中实测水温与可溶性SiO₂含量关系

表8.7　潘谢矿区灰岩水样中可溶性SiO₂含量和实测水温

矿区名称	取 水 层 位	可溶性SiO_2含量(mg/L)	实测水温
顾桥矿	C_3灰岩	23	35
	太原组C_3^{12}灰岩	21	35
	奥陶系灰岩	18	28
张集矿	C_3上部灰岩	10	34
	C_3下部灰岩	11	35
	C_3灰岩	18	36.5
潘三矿	太原组1~5层灰岩	7	33.5
	奥陶系1+2灰岩	8	33
	太原组1~12层灰岩及F1-1断层破碎带	6	32
	太原组灰岩	13.2	36

　　根据无蒸气损失的石英温标方程推算潘谢矿区灰岩水的温度,计算结果见表8.8。

　　从计算结果可以看出:对于顾桥矿的灰岩含水层,用无蒸气损失的石英温标推算的温度比实测温度偏大30 ℃左右,而玉髓温标推算的温度与实测结果接近;对于张集矿和潘三矿的灰岩含水层,用无蒸气损失的石英温标估算的温度与实测温度较为接近,但玉髓温标估算结果比实际温度偏小。

　　总体上,用无蒸气损失的石英温标推算的温度比实测温度偏大,玉髓温标推算结果比实际温度偏小。通常,石英温标适用于较高温度的井孔水,玉髓温标适用于估算中低温热储的温度。但是,两种温标的估算结果都与实测温度存在一定偏差。所以推断,此次水质测点水受到了煤矿开采或其他外界作用的影响,使其失去了原始的水质特征,灰岩热水可能是被外来水掺和的混合水。无蒸气损失的石英温标和玉髓温标可适用于本研究区地热水温度的估算,但是估算结果与实测值存在一定偏差,仅作参考。

表8.8　潘谢矿区灰岩水温度估算结果

矿区	取水层位	可溶性SiO₂含量(mg/L)	无蒸气损失石英温标(℃)	玉髓温标(℃)	井口水温
顾桥矿	C₃灰岩	23	68.78	36.92	35
	太原组C₃¹²灰岩	21	65.29	33.28	35
	奥陶系灰岩	18	59.53	27.31	28
张集矿	C₃上部灰岩	10	39.26	6.52	34
	C₃下部灰岩	11	42.38	9.70	35
	C₃灰岩	18	59.53	27.31	36.5
潘三矿	太原组1~5层灰岩	7	28.12	顾桥矿	C₃灰岩
23	68.78	36.92	35	—	太原组C₃12灰岩
21	65.29	33.28	35	—	奥陶系灰岩
18	59.53	27.31	28	张集矿	C₃上部灰岩

8.5.2　热水循环深度

在一定地质环境下,长期作用的水-岩反应达到平衡,即使地下水温度降低,化学平衡也能维持一段时间。根据无蒸气损失石英温标估算的灰岩水温,来计算研究区灰岩水的循环深度,公式如下:

$$H = h + \frac{T - T_a}{G}$$

式中,T为热储的温度,℃;T_a为恒温带温度,℃;H为地下热水的循环深度,m;h为恒温带深度,m;G为地温梯度,℃/100 m。

淮南煤田的恒温带深度为30 m,恒温带温度为16.8 ℃。顾桥矿区的平均地温梯度为3.12 ℃/100 m,张集矿区的平均地温梯度为3.31 ℃/100 m,潘三矿区的平均地温梯度为3.08 ℃/100 m。将研究区的数据代入上述公式,计算结果见表8.9。

从潘三矿的水质分析资料中,可以查到各灰岩含水层的取水深度,具体如下:太原组灰岩含水层的取水深度为331.51~1243.3 m;奥陶系灰岩含水层的取水深度为669.07~1291.60 m;寒武系灰岩的取水深度为1127.50~1287.46 m。对照表8.9中的计算结果可以发现,个别水样估算出的水循环深度与实际取水深度存在偏差。可能由于取水点的水质受到外界因素影响,个别水样已经不具备原始的水质特征,导致利用其参数估算的水循环深度偏离实际。不过根据估算数据分析,可以推断出,在研究区的地质构造条件下,大气降水渗入地层后要垂直下渗一千多米才能达到热储的温度。而在相同的地质条件和水文环境下,要达到一固定水温时,地温梯度与地下水的循环深度成反比关系。

表8.9　潘谢矿区灰岩含水层热水循环深度估算结果

矿区	取水层位	无蒸气损失石英温标估算结果(℃)	全区地温梯度(℃/100 m)	热水循环深度(m)
顾桥矿	C_3灰岩	68.78	3.80	1397.89
	太原组$C_3{}^{12}$灰岩	65.29	3.80	1305.97
	奥陶系灰岩	59.53	3.80	1154.44
张集矿	C_3上部灰岩	39.26	3.05	766.41
	C_3下部灰岩	42.38	3.05	868.61
	C_3灰岩	59.53	3.05	1430.94
潘三矿	太原组1~5层灰岩	28.12	3.08	397.62
	奥陶系1+2灰岩	32.20	3.08	529.94
	太原组1~12层灰岩及F1-1断层破碎带	23.55	3.08	249.19
	太原组灰岩	48.52	3.08	1059.77

8.6　地热水化学特征与地温场的关系

在很大程度上,地热流体的化学特征不仅会受到地下水流场的影响,而且受地质构造条件、岩石性质及岩层等因素的控制。地下水是较为活跃的,在沿区域地下水流场运动时,与周边介质不断进行物质及能量交换。地下水在经过长期的溶解作用、淋滤作用、交替吸附作用及变质作用等,原有的物理化学性质发生变化,最终形成具有一定特征的高矿化度地热流体。结合已分析的研究区内各含水层的水化学特征及地下水活动与地温场的关系,进行综合分析,总结其与地温场分布的关系。因为研究区范围较小,水化学特征局限性大,不一定能反映出其与地温场的关系,故本节也收集了一些淮南矿区的地热水化学特征。

1. 淮南矿区

淮南矿区内,从新生界下部含水层到奥陶纪灰岩含水层,矿化度逐渐增大,见图8.21。由图可知,下含水的矿化度平均值最小,为0.5 g/L,属于淡水,但是潘集矿区除外。勘探资料显示,潘一矿东区02孔、G2-1及潘北矿水四6孔的矿化度分别为1.97 g/L、2.388 g/L、2.351 g/L,三者的取水层位均为下含水。二叠系砂岩含水层水的矿化度处于0.294~2.56 g/L间,平均值为1.328 g/L,变化幅度较大,在潘北矿水四21矿上石盒子层位水样的矿化度为1.56 g/L,而在新集二矿山西组1煤层位的水样矿化度为2.56 g/L。太原组灰岩水样的矿化度范围为0.26~2.89 g/L,平均值为2.03 g/L,在张集、潘一和潘三井田矿化度均在2.5 g/L以上。奥陶纪灰岩含水层水样的矿化度为1.01~2.78 g/L,平均值为1.85 g/L,比太灰水偏小些。

219

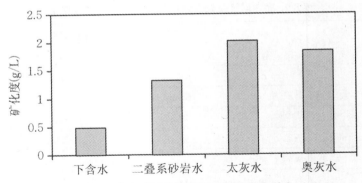

图8.21　淮南矿区各含水层水样矿化度对比

矿区下含水样水化学类型主要为HCO₃—Na型,如刘庄井田,但潘集井田的水化学类型为Cl·SO₄—Na·Ca型,水样中Ca²⁺的含量较高。二叠系砂岩水样的水化学类型以HCO₃—Na型为主,如朱集井田,而在新集—20孔和潘北水四21孔呈Cl·HCO₃—Na型,阴离子以Cl⁻为主,且Ca²⁺、Mg²⁺阳离子的含量较高些。在新集、潘集、张集及顾桥井田内,太灰水样水化学类型以Cl—Na·Ca型和Cl·HCO₃—Na·Ca型较为常见,而刘庄和朱集东部分地段表现为HCO₃—Na·Ca型。奥灰水样水化学类型以Cl·SO₄—Na·Ca型为主,在潘二矿Ca²⁺含量最高达200.85 mg/L。淮南矿区各含水层常规离子的平均浓度对比关系见图8.22。

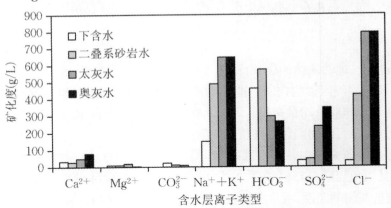

图8.22　淮南矿区各含水层常规离子浓度对比图

从图8.23可知,淮南矿区内从下含水到奥灰水,各含水层水样中的可溶性SiO₂含量平均值及水温的平均值也呈递增趋势。

整体上说,由于受原始沉积条件的影响,下部水体的总矿化度比上部二叠系含水层水和新生界水体高。从下含水到灰岩水,矿化度逐渐增高,水中的中Ca²⁺、SO₄²⁻含量增高,水化学类型从HCO₃—Na型向Cl·SO₄—Na·Ca型发展。

淮南矿区的地热水主要来自太原组灰岩地层和奥陶纪灰岩地层,但是在高温异常区内,新生界含水层水、煤系水和太灰水、奥灰水的水化学特征及其相似,都为高矿化度水,水化学类型为Cl·HCO₃—Na·Ca型或Cl·SO₄—Na·Ca型。在潘集井田新生界含水层水的矿化度均大于2.0 g/L,水化学类型为Cl·SO₄—Na·Ca型,且水中Ca²⁺浓度较大。在潘集、新集井田内,煤系砂岩水的矿化度都在2.0 g/L附近,水化学类型为Cl·HCO₃—Na型,且水中阴离子以Cl⁻为主,Ca^{2+}、Mg^{2+}浓度较其他井田的同一水体略大。这些说明地下水中的矿化度和相关离子含量与温度场具有明显的相关关系。假设同一地质背景下,在地温异常区,地热水体中的Ca^{2+}、Cl^-、SO_4^{2-}、Na^+的含量与温度成正相关性,这与已知的沉积盆地地层控制地热田的规律基本一致,也从侧面反映出深部热源机制的存在。

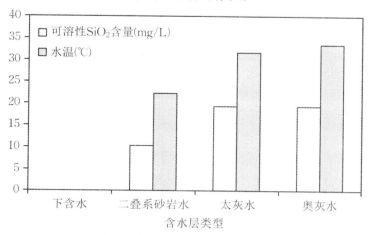

图8.23 淮南矿区各含水层可溶性SiO_2含量-水温关系

由于受到南北两条大型断层的阻水作用和东西两侧地层的限制,淮南矿区形成了封闭型的水文地质条件。同时,各含水层的水化学特征不同,说明各含水层间的水力联系较少,以储存量为主,很少发生地下水的越流补给。良好的区域封闭性水文地质条件,也是现今区内地温较高的一个原因。

以陈桥-颍上断层为界,东部地区矿化度高,水化学类型以Cl·HCO₃—Na·Ca型为主;西部矿化度低,水化学类型以HCO₃—Na·Ca型为主。东西部水化学特征的差异,说明东部含水层间的交替及地下水径流强度小,以静储量为主;西部地区的地下水较活跃,各含水层间的交替强度及地下水的径流强度大。

在潘集和新集井田内的高温异常区,新生界含水层水和煤系水的水化学特征与太灰水和奥灰水相似,推断是由于灰岩热水沿着断裂裂隙上涌,上部岩层受到高温灰岩水的补而出现的高温异常。

2. 丁集、顾桥、潘三矿区

在丁集、顾桥、潘三矿区内,分别对新生界含水层(上含、中含及下含)、煤系砂岩裂隙含水层、太原组灰岩含水层、奥陶纪灰岩含水层及寒武纪灰岩含水层进行了水化学分析。研究区内新生界下含水水样的水质类型主要为Cl—Na+K型,其原生盐度(非碳酸碱金属)超过50%;煤系水的水质类型基本为Cl—Na+K型、HCO₃·Cl—Na+K型以及HCO₃·SO₄—Na+K型,碱金属含量超过碱土金属;灰岩水样的水化学类型主要为Cl—Na+K型,但是水中Ca^{2+}、Mg^{2+}的含量有所增加,且SO_4^{2-}所占的比例增大,水样的化学性质以碱金属和强酸为主。

对三矿区内水样的矿化度进行分析,分别取各含水层矿化度的平均值进行比较,见图

8.24。研究区内新生界下含水的矿化度多集中在 1.32~2.81 g/L 之间，平均值为 2.29 g/L；二叠系煤系砂岩水矿化度范围为 0.24~2.69 g/L，平均值为 1.63 g/L；太原组灰岩水矿化度范围为 0.25~3.03 g/L，平均值为 1.91 g/L；奥陶纪灰岩水矿化度范围为 0.28~2.89 g/L，平均值为 1.69 g/L；寒武纪灰岩水样只有两个，矿化度平均值为 1.69 g/L。整体上看，研究区内下含水样的矿化度最高，煤系水至寒灰水的矿化度比较接近，各含水层水样均属于微咸水。

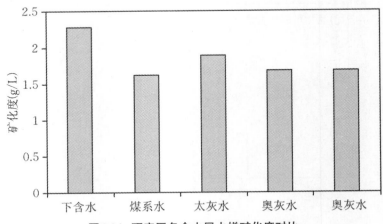

图8.24 研究区各含水层水样矿化度对比

根据水化学分析，因为隔水层的阻隔，新生界下部含水层较为封闭，而部分地点的下含水和煤系水间存在一定的水力联系。灰岩水是地表浅水和深部古水混合成的混合水，含水层的水文环境较为复杂，太灰水与地表水的水力联系比奥灰水较密切。收集到的 34 个灰岩水样的实测温度，其范围为 18~38 ℃，取水深度为 331.51~1291.60 m。结合灰岩水流场的分布特征分析，太灰水和奥灰水均在潘集背斜处达到最低水位，沿着流场分布方向经过深循环的灰岩水最终富集于潘集背斜处，或者沿着溶隙、裂隙或"天窗"上升和排泄。总体上，从下含水到寒灰水的水化学类型多为 Cl−Na+K 型，而灰岩水中 Ca^{2+}、Mg^{2+}、SO_4^{2-} 的毫克当量％有所增加，可能是受岩层中灰岩、白云岩的影响。研究区内下含水和煤系水样的矿化度相对较高，推断是受潘集背斜和断裂构造的影响，灰岩水上涌，使水中离子在相对封闭的下含水中富集。

本 章 小 结

（1）据区域太灰水抽水试验资料，C_3-I 组灰岩含水层单位涌水量为 0.000009~0.469 L/(s·m)，平均单位涌水量为 0.08494 L/(s·m)，按照《煤矿防治水规定》含水层富水性的等级标准，富水性弱至中等。奥灰单位涌水量 0.000119~2.773 L/(s·m)，富水性不均一，煤田南部和北部出露地区接受大气降水补给，煤田西部地区接受松散层底部含水层补给。奥陶系灰岩溶裂隙孔是太原组灰岩岩溶裂隙含水层的直接补给水源。

（2）研究区各主要含水层的水化学特征，反映了新生界下部含水层、煤系砂岩含水层及岩溶裂隙含水层均以静储量为主。水样中 δD-$\delta^{18}O$ 值的分布特征,说明地下水的主要补给来源为大气降水,溶滤-渗入水是区内地下水的基本成因类型。井田内灰岩水样的水化学类型主要为 $Cl-Na+K$ 型,与上覆含水层相比,水中 Ca^{2+}、Mg^{2+} 的含量有所增加,且 SO_4^{2-} 所占的比例增大。

(3) 太灰水和奥灰水均存在 D 漂移和 ^{18}O 漂移。灰岩水样呈现出的 ^{18}O 漂移特征,是灰岩水与碳酸盐岩发生氧同位素交换反应的结果;而且灰岩水与深部古冰期水混合后,则表现出同时具有 D 漂移和 ^{18}O 漂移的特征。

(4) 灰岩岩层中含有封存的深部古水,故灰岩水为地表浅水和深部古水混合成的混合水。太灰含水层与地表水体的水力联系较奥灰含水层更为密切。而地表水与深部古水的混合水,在奥陶纪灰岩岩层中滞留的时间比太原组灰岩较长。

(5) 研究区灰岩水样得出:Ca^{2+}、Mg^{2+} 可能来源于白云岩或方解石的溶解及硅酸盐矿物的风化;Na^++K^+ 和 Cl^- 含量之比较为接近 1,说明水中硅酸盐矿物的风化强度或者离子交换强度小;而溶液中的碳酸盐矿物基本呈沉淀或者稳定状态,随着时间的推移,最终将失去溶解能力。

(6) 无蒸气损失的石英温标估算出的热水温度比实测温度偏大,玉髓温标估算的结果比实际值偏小。部分水质测点水已经不具备原始的水质特征,成为是被外来水掺和的混合水。根据现有的数据,推断本次测点灰岩水样的循环深度多处于 700～1500 m 之间。

(7) 地下水中的矿化度和相关离子含量与温度场具有明显的相关关系。而且在同一地质背景下,高温异常区地下水(煤系水和岩溶水)中的矿化度和 Ca^{2+}、Na^+、SO_4^{2-}、Cl^- 的浓度与温度具有一定的正相关关系。

第9章 地下水运移对矿井地温场的影响

根据钻孔测温数据分析可知,垂向上矿井地温场的热量传递以传导为主,但部分地段存在着对流传热现象,且地温异常区域与水中常规离子也存在着一定的相关关系。为分析在对流区域地下水的运移对地温分布的影响规律,本章以理论分析为手段,重点论述在水平和垂直运移的地下水影响下的地温变化规律。在此研究基础上,根据研究区的钻孔测温曲线是否受对流影响对其进行类型划分。

9.1 概　　述

地下水是最活跃的地质因素,在地壳浅部分布广泛,易于流动,且热容量大,对围岩温度场有重要影响。地下水活动方式不同,对围岩温度场产生影响的结果也不同。实际情况表明,当低温地下水向下运动时,在受冷水源补给的地下水,不断吸取围岩的热量,从而降低围岩的温度,出现低温异常;当地下水径流缓滞或者当地下水沿等温面运动时,则会引起围岩的温度平衡;当深循环的地下水在循环过程中被围岩加热,并在有利的地质条件下涌流时,将在通道及其上方引起局部温度升高,而断裂则是深部热水向上运移的良好通道,形成局部热异常,例如,导水断层带内的热水集中上涌会使得断层附近的岩温升高。即地下水与围岩间温度高低的不同,可对围岩起到增温、恒温和降温作用。地下水活动对地温场影响可用图9.1来概括,图中A型是不受地下水活动影响的正常的地温场,B型是有低温地下侧向径流活动的地温场,C型是有相对低温下行活动水流的地温场,D型是有较高温地下水上升活动的地温场。由此图可以看到,地下水活动带地温梯度降低,而侧向径流或下行活动带的下方以及较高温地下水上升带的上方,在一定范围内温度和地温梯度都有增加。

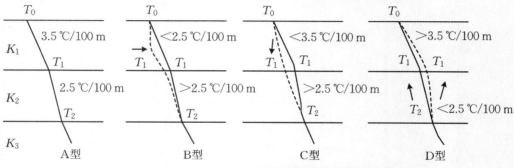

图9.1 地下水活动对地温场影响的示意图

一般情况下,地下水垂直运动对围岩温度场的影响比水平运动明显得多。例如,在没有地下水活动的区域,围岩温度场仅受传导作用控制,所以,此时围岩内温度的垂直分布一般为直线,对水平层状岩层而言,围岩内温度的水平分布一般为等温面或近似于等温面;而在有地下水活动的区域内,围岩温度场则同时兼有传导和对流两种作用控制,因此,当地下水沿采动裂隙或原岩裂隙向下或向上垂直渗流时,围岩温度的垂直分布将由直线变为曲线。而且如果地下水向下运动时,则温度曲线呈向下弯曲(下凹)形式,如果地下水向上运动,则温度曲线呈上弯曲(上凸)形式,地下水流速越大,温度曲线的曲率就越大。当地下水在水平层状岩层内沿水平方向运动时,由于地下水是沿等温面或靠近等温面运动,一般将导致围岩的温度平衡,因而对围岩温度场的影响不如地下水沿垂直方向运动时明显。

9.2 岩体传热理论

1. 裂隙岩体传热理论

岩体传热是一个复杂的过程,按其本质区别可分为热辐射、热传导和热对流。热辐射主要在岩体表面进行,热能转换为辐射能并向外扩散,属于电磁波传热的一种。岩体作为一种传热介质,当岩体内存在不同温度时,热能从高温区通过岩体向低温区传递,称为热传导。在岩体裂隙及孔隙中的空气或流体受热,并发生运移而传热的现象,称为热对流。多数情况下,在流体中对流交换的热量远大于岩体中传导的热量。

自然界的地质体通常都会发育孔隙、裂隙,在地表下的岩体层中含有流体,其温度场主要受传导型和对流型的控制。岩体中地下水的运移速度一般较慢,由地表渗入补给的地下水冷水在岩体中运移时,水流与岩体间的温度差异致使二者发生热量交换,并随着时间的推移,流体与围岩的温度逐渐达到平衡。在裂隙岩体中的温度场与渗流场之间的变化情况主要有两种:一是岩体温度场的改变造成地下水环境相应变化,岩体的渗透性及热物理性质发生变化,渗流场发生变化;二是岩体中存在渗流时,同时受传导和对流的影响,使岩体中的温度场重新分布。

2. 热传导基本定律

对于温度梯度与热流矢量间的关系描述,通常采用傅里叶定律。假设一固体为均质各相性且静止时,此基本定律的表述为

$$q_i = -k_{ij} \cdot T \tag{9.1}$$

式中,k_{ij} 为热传导张量,W/(m·℃);T 为温度,℃。

3. 热对流基本方程

根据流体的运动机理不同,可以将热对流分为自由对流和强制对流两种。自由对流指在温度变化造成的密度变化下,引发的流体运动;强制对流则指由流体运动引起的热传导现象。本书所述基本方程都是针对饱和流体而言。对流-扩散热传导的能量平衡公式为

$$c^{\mathrm{T}}\frac{\partial T}{\partial t}+\left[\left(\frac{\partial q_x^{\mathrm{T}}}{\partial x}\right)+\left(\frac{\partial q_y^{\mathrm{T}}}{\partial y}\right)+\left(\frac{\partial q_z^{\mathrm{T}}}{\partial z}\right)\right]+\rho_1 c_{\mathrm{w}} q_{\mathrm{w}} \cdot \left[\left(\frac{\partial T}{\partial X}\right)\vec{i}+\left(\frac{\partial T}{\partial y}\right)\vec{j}+\left(\frac{\partial T}{\partial z}\right)\vec{k}\right]-q_{\mathrm{v}}^{\mathrm{T}}=0$$

$$(9.2)$$

式中,T 为温度,℃;$q_{\mathrm{v}}^{\mathrm{T}}$ 为体积热源强度,$\mathrm{W/m^3}$;q^{T}、q_{w} 为热流量和流体比流量,$\mathrm{W} \cdot \mathrm{m^3/s}$;$c_{\mathrm{w}}$、$\rho_1$ 为流体的比热和基准密度,$\mathrm{J/(kg \cdot ℃)}$、$\mathrm{kg/m^3}$;c^{T} 为有效比热,$c^{\mathrm{T}}=\rho c_{\mathrm{v}}+nS\rho_{\mathrm{w}}c_{\mathrm{w}}$($\rho$、$c_{\mathrm{v}}$ 为固体的密度和比热;n 为孔隙度;S 为饱和度)。

对于轻微可压缩性的流体,其质量平衡公式为

$$\frac{\partial P}{\partial t}=M\left\{-\left[\left(\frac{\partial q_{\mathrm{wx}}}{\partial x}\right)+\left(\frac{\partial q_{\mathrm{wy}}}{\partial y}\right)+\left(\frac{\partial q_{\mathrm{wz}}}{\partial z}\right)\right]-\alpha\frac{\partial \varepsilon}{\partial t}+\beta\frac{\partial T}{\partial t}\right\}$$

$$(9.3)$$

式中,M 指比奥模量;β 指孔隙介质的体积热膨胀系数;ε 指体积应变。

热传导的 Fourier 定律:

$$q^{\mathrm{T}}=-k^{T}\left[\left(\frac{\partial T}{\partial x}\right)\vec{i}+\left(\frac{\partial T}{\partial y}\right)\vec{j}+\left(\frac{\partial T}{\partial z}\right)\vec{k}\right]$$

$$(9.4)$$

流体传导的 Darcy 定律:

$$q_{\mathrm{w}}=-k\left\{\left[\frac{\partial(P-\rho_{\mathrm{w}}gx)}{\partial x}\right]\vec{i}+\left[\frac{\partial(P-\rho_{\mathrm{w}}gx)}{\partial z}\right]\vec{j}+\left[\frac{\partial(P-\rho_{\mathrm{w}}gx)}{\partial z}\right]\vec{k}\right\}$$

$$(9.5)$$

在上述两式中,k^{T} 指有效的热传导率,可利用固体和流体的传导率进行定义,$k^{\mathrm{T}}=-k_S^{\mathrm{T}}+nSk_{\mathrm{w}}^{\mathrm{T}}$;$k$ 指流体的移动系数,$k=k_{\mathrm{w}}/\mu_{\mathrm{w}}$($k_{\mathrm{w}}$ 为固有渗透系数,μ_{w} 为动力黏滞系数);ρ_{w} 指流体的密度,$\rho_{\mathrm{w}}=\rho_1\left[1-\beta_{\mathrm{f}}(T-T_0)\right]$($\beta_{\mathrm{w}}$ 为流体的热膨胀系数,T_0 为基准温度)。

9.3 地下水水平运动的热效应

9.3.1 方程描述与参数分析

1. 水平运动与温度关系的方程描述

在一定的条件下,地下水的运动以水平运动为主导形式。假设地下水的水平运动情况如图 9.2 所示,地下水运动对温度场的影响程度取决于地下水流速、含水层的厚度及埋深、含水层与上覆不透水层中岩石的热导率。在一维空间下,多孔介质温度场可用下列方程来描述:

$$(1-n)k_2b\frac{\partial^2 T}{\partial x^2}-bn\rho_{\mathrm{w}}c_{\mathrm{w}}v\frac{\partial T}{\partial x}+q^*-\frac{k_1}{a}(T-T_0)=0$$

$$(9.6)$$

式中,a 为含水层埋深,m;b 为含水层厚度,m;c_{w} 为地下水的比热容,$\mathrm{J/(kg \cdot ℃)}$;ρ_{w} 为地下水的密度,$\mathrm{kg/m^3}$;v 为地下水的水平流速,$\mathrm{m/s}$;k_1 为不透水层的岩石热导率,$\mathrm{W/(m \cdot K)}$;k_2 为含水层的岩石热导率,$\mathrm{W/(m \cdot K)}$;T_0 为地下水的初始温度,℃;n 为含水层孔隙度,以百分数表

示；q^*为下边界热流值，mW/m^2。

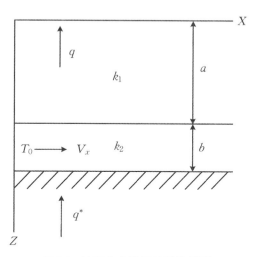

图9.2　地下水水平运动简化模型

式(9.1)相应的边界条件为

$$x = 0, \quad T = T_0$$

$$x = \infty, \quad T = T_r \quad （地下水与围岩温度达到平衡）$$

T_r值取决于地面温度T_s、上覆不透水层的热阻a/k_1及q^*：

$$T_r = T_s + q^* \frac{a}{k_1}$$

根据边界条件可求得方程(9.1)的解为

$$T = \left(T_r + q^* \frac{a}{k_1} \right)(1 - \mathrm{e}^{-mx}) + T_0 \mathrm{e}^{-mx} \tag{9.7}$$

式中，m为对数衰减指数。

1970年，Mytnyk通过大量的数值计算，给出了不同条件下的m值：

(1) $m = -\dfrac{n\rho_w c_w v}{2k_2(1-n)} \left[1 - \sqrt{1 + \dfrac{4(1-n)k_2 k_1}{ba\left(n\rho_w c_w v\right)^2}} \right]$，传导和对流共存。

(2) $m = \sqrt{\dfrac{k_1}{k_2 a} \cdot b}$，传导。

(3) $m = \dfrac{k_1}{ban\rho_w c_w v}$，对流。

如果地下水的流速较大，且热传导对温度场的影响可以忽略不计时，公式(9.2)可以简化为

$$T = T_r(1 - \mathrm{e}^{-mx}) + T_0 \mathrm{e}^{-mx} \tag{9.8}$$

或

$$\frac{T - T_r}{T_0 - T_r} = e^{-mx} \tag{9.9}$$

$$q = q^* + (q_0 - q^*)e^{-mx} \tag{9.10}$$

式中,$q_0 = k_1(T_0 - T_s)/a$,为 $x = 0$ 处通过含水层顶板的热流值。

从公式(9.8)和(9.9)可以看出,地温及热流值均沿水流方向呈指数函数变化。如果已知在含水层中的水流速度 v,就可以按上述的公式来计算含水层顶板任意处的温度,然后根据热传导方程推算上覆不透水层中的温度。

2. 参数变化对对流传热的影响

根据地下水水平运动时温度的描述方程,分别针对地下水流速 v、含水层的埋深 a、厚度 b 及孔隙度 n 四个参数,根据(9.6)公式,研究各参数变化时围岩温度的变化情况。假设方程中的其他变量相同时,利用MATLAB针对某一参数的变化情况进行分析。

给定一地质模型:底部热流值 $q = 0.07$ mW/m²,初始水温 $T_0 = 35$ ℃,水的密度 $\rho_w = 1000$ kg/m³,水的比热容 $c_w = 4200$ J/(kg·℃),含水层的导热系数 $k_2 = 2.3$ W/(m·K),含水层上覆岩土层的导热系数 $k_1 = 2.2$ W/(m·K)。

(1)含水层埋深 $a = 500$ m,含水层厚度 $b = 100$ m,孔隙度 $n = 0.5$,研究当地下水流速分别为 $v_1 = 1 \times 10^{-8}$ m/s、$v_2 = 2 \times 10^{-8}$ m/s、$v_3 = 3 \times 10^{-8}$ m/s、$v_4 = 4 \times 10^{-8}$ m/s、$v_5 = 5 \times 10^{-8}$ m/s时,温度场与运移长度的关系,模拟结果如图9.3所示。

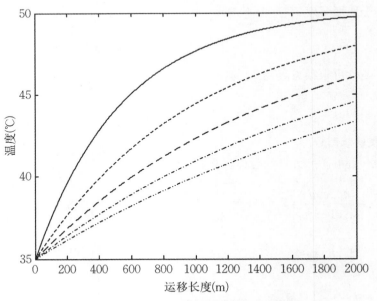

图9.3 不同流速时的温度-运移长度关系

由图9.3可知,在假定其余参数固定的情况下,地下水水平移动相同的距离时,水流速度越大,水体增温越慢。通常,在水流及流经介质相同的情况下,水体的流速越快,其吸收的热量越少,水温变化越小,受地下水运移影响的温度场增温越慢;反之,水体流速越慢,其吸收的热量越多,水温变化越大,受地下水运移影响的温度场增温越快。

（2）含水层埋深 $a=500$ m，孔隙度 $n=0.5$，水流速度 $v=3\times10^{-8}$ m/s，研究当含水层厚度分别为 $b_1=50$ m、$b_2=75$ m、$b_3=100$ m、$b_4=125$ m、$b_5=150$ m 时，温度场与运移长度的关系，模拟结果如图9.4所示。

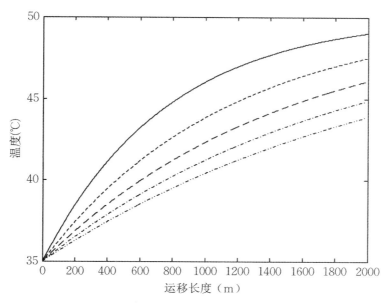

图9.4　不同含水层厚度时的温度–运移长度关系

由图9.4可知，在假定其余参数固定的情况下，地下水水平移动相同距离时，含水层厚度越大，水体温度越低。所以，受含水层厚度的影响，厚度越大含水层水增温越慢，水温变化越小，受地下水运移影响的温度场增温越慢；反之，厚度越小含水层水增温越快，水温变化越大，受地下水运移影响的温度场增温越快。

（3）含水层厚度 $b=100$ m，孔隙度 $n=0.5$，水流速度 $v=3\times10^{-8}$ m/s，研究当含水层的埋深分别为 $a_1=300$ m、$a_2=400$ m、$a_3=500$ m、$a_4=600$ m、$a_5=700$ m、$a_6=800$ m 时，温度场与运移长度的关系，模拟结果如图9.5所示。

由图9.5可知，在假定其余参数固定的情况下，地下水水平移动相同距离时，含水层的埋深越大，水体的温度越高。所以，受含水层埋深的影响，埋深越大水体增温越快，水温变化越大，受地下水运移影响的温度场增温越快；反之，埋深越小水体增温越慢，水温变化越小，受地下水运移影响的温度场增温越慢。

（4）含水层埋深 $a=500$ m，含水层厚度 $b=100$ m，水流速度 $v=3\times10^{-8}$ m/s，研究当孔隙度 $n_1=0.1$、$n_2=0.3$、$n_3=0.5$、$n_4=0.7$、$n_5=0.9$ 时，温度场与运移长度的关系，模拟结果如图9.6所示。

由图9.6可知，在假定其余参数固定的情况下，地下水水平移动相同距离时，含水层孔隙度越大，水体温度越低。所以，受含水层孔隙度的影响，孔隙度越大含水层水增温越慢，水温变化越小，受地下水运移影响的温度场增温越慢；反之，孔隙度越小含水层水增温越快，水温变化越大，受地下水运移影响的温度场增温越快。

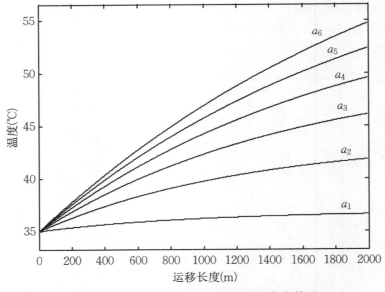

图9.5 不同含水层埋深时的温度–运移长度关系

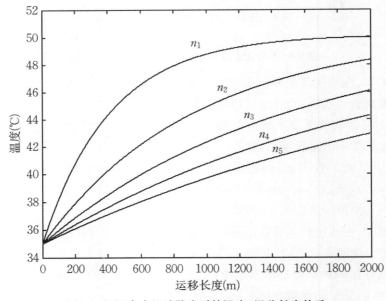

图9.6 不同含水层孔隙度时的温度–运移长度关系

9.3.2 灰岩水平面流动对地温的影响

根据上节分析可知,地下水在地壳上参与水循环时,水体的热量经常会发生变化,这从水温上可以体现出来。淮南煤田的地下热水主要来自于太原组灰岩含水层及奥陶纪灰岩含水层,故在研究地下水平面流动对温度场的影响时,主要考虑太灰水及奥灰水的流动。根据淮南矿区最新的水文钻探资料,整理灰岩含水层的水位标高情况,部分钻孔的灰岩水水位标高如表9.1所示。图9.7和图9.8分别是淮南煤田太原组灰岩等水位线图和奥陶纪灰岩等水位线图。

表9.1　淮南矿区部分钻孔灰岩含水层水位

钻孔位置	太原组灰岩水位标高(km)	奥陶纪灰岩水位标高(km)
潘三十C3Ⅰ	4.13	—
潘三十O2-1	—	5.08
谢桥补D1302	8.73	8.26
顾北七C3Ⅰ	5.14	—
刘庄水1	13.079	—
口孜东	14.42	14.51
张集补IXLZ4	5.11	5.46

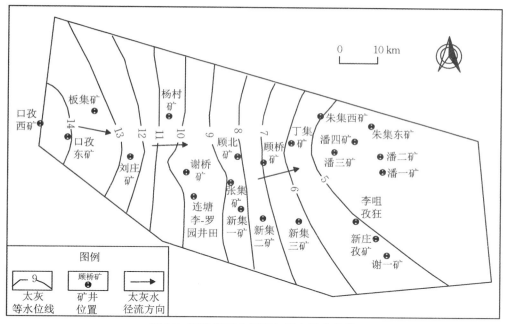

图9.7　淮南煤田太原组灰岩水等水位线

由图9.7可知,淮南矿区的太灰水流基本形成自西向东的分布趋势,在潘谢矿区东部的水位基本在保持初始水位附近。其水位变化主要受地质构造的控制,还可能受到矿井灰岩水疏放工作的影响,最终形成由西向东的径流。由图9.8可知,在潘集背斜处奥灰含水层水位最低,地下水水流形成从东西两侧向潘集背斜的径流。

根据淮南矿区的勘探资料可知,在矿区沿地下水流场的分布范围内,同一埋深的含水层地下水的径流由西向东,西部水温比东部相对较低。这里以顾桥矿和潘三矿为例,进行分析验证。

231

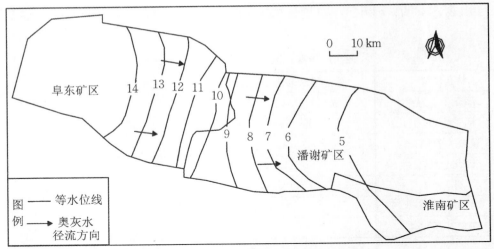

图9.8 淮南煤田奥陶纪灰岩水等水位线

利用地下水水平运动与温度场的关系方程(9.2),分析相同埋深下的太灰水从顾桥矿水平运动到潘三矿时温度场的变化情况,顾桥矿水16钻孔在500 m左右埋深的太灰含水层的测量水温为35 ℃。根据水文资料及地温数据,设定方程的各参数如下:底部热流值$q=$0.07 mW/m²,初始水温$T_0=35$ ℃,含水层厚度$b=100$ m,含水层的埋深$a=500$ m,水的密度$\rho_w=1000$ kg/m³,水的比热容$c_w=4200$ J/(kg·℃),含水层的导热系数$k_2=2.4$ W/(m·K),含水层上覆岩土层的导热系数$k_1=2.1$ W/(m·K),地面温度$T_s=16.8$ ℃,故$T_r=T_s+q^*\cdot\dfrac{a}{k_1}=$

$16.8+0.07\times\dfrac{500}{2.2}=32.709$ $T_r=T_s+q^*\cdot\dfrac{a}{k_1}=16.8+0.07\times\dfrac{500}{2.2}=32.709$ ℃。

顾桥矿到潘三矿的距离$x=16.20\times10^3$ m,地下水的水平流速$v=8.50\times10^{-7}$ m/s时,

$$m=-\dfrac{0.4\times4.2\times10^6\times8.5\times10^{-7}}{2\times2.3\times(1-0.4)}$$

$$\cdot\left[1-\sqrt{1+\dfrac{4\times(1-0.4)\times2.3\times2.2}{500\times100\times(0.4\times4.2\times10^6\times8.5\times10^{-7})^2}}\right]$$

$$=2.465\times10^{-5}$$

$$T=\left(32.709+0.07\times\dfrac{500}{2.2}\right)(1-e^{-2.465\times10^{-5}\times16.20\times10^3})+35\times e^{-2.465\times10^{-5}\times16.20\times10^3}$$

$$=39.483 \text{℃}$$

从计算结果可知,在水流及水流环境相同的情况下,500 m埋深处的灰岩含水层地下水从顾桥矿水平流向潘三矿的过程中,水体不断吸收围岩的热量,水温逐渐增高。故西部地下水向东径流到达潘谢井田时,水温会有所升高。根据潘三矿的勘探资料,潘三矿水(三)4钻孔测量的500 m附近的太灰含水层水温为33.5 ℃,潘三矿构3钻孔测量的400 m附近的太灰含水层水温为36 ℃,潘三矿十C3-11钻孔测量的450 m附近的太灰含水层水温为37 ℃。对比可知,推算结果比较符合实际情况。

从淮南矿区的勘探数据可知,在潘集井田内多次发现高温热水现象,如靠近潘集背斜轴部的钻孔五 1、十一一 5、构 8、水 7 等孔,甚至在潘三井田发现 46 ℃的高温热水。由于矿区内各井田的水头差较小,沿着灰岩水流场的分布方向,在缓慢的径流过程中,经过深循环加热的地下水,赋存于中东部井田,使该地区保持较高的地温。

根据淮南矿区地温场的分布规律,区内的高温异常区基本是沿着陈桥-潘集背斜轴线的走势分布的,总体上呈现北高南低、东高西低的特点。且在丁集矿、潘三矿井田内,其高温异常点几乎都位于潘集背斜轴附近,如:丁集钻孔十三西 3、十一西 2 及潘三钻孔 8414、十六 6。淮南煤田地温场的分布特点,明显与灰岩水流场的分布密切相关。潘谢井田内的高温地下水现象,与来自西部井田的地下水径流补给有关,由于径流途径长,地下水与围岩频繁进行热交换,水温较高。虽然在井田的灰岩露头区可能接受来自上部新生界含水层的冷水补给,但从井田如今的高温异常现象来判断,其可能性不大。

9.4　地下水垂直运动的热效应

垂直运动是地下水运移的另一种主要方式。因为在垂向上地质体的温度往往差异较大,地下水的运移通常造成能量的变化,所以此时地下水的垂直运动将会引起围岩温度的变化。地下水在地质体内的垂向运动主要分为两种情况:一是大面积的垂直渗流,这种现象是由于垂向上有较大的渗透率且底部高压造成的;二是沿断层破碎带的垂直渗流,深部地下水沿垂向断裂带向上运移,使地壳深部的热量传到上部岩层,引起原始岩温增高,造成局部高温异常。沿断裂破碎带的垂直渗流所造成的温度异常,虽然面积较小,但温度比较高。

假设一地下岩体由理想的隔水岩层组成,且不存在任何的水流渗透作用,各岩层均为各向同性的均质导热体,岩层总厚度为 h,则围岩中存在传导型温度场,垂向上的温度分布可用一维的数学模型表示:

$$k\frac{\partial^2 T}{\partial z^2}=0 \tag{9.11}$$

这个方程的解析解为 $T=T_0+\dfrac{T_h-T_0}{h}z$,其中,$T_0$ 和 T_h 分别为岩层上、下边界的已知温度,z 为从上边界垂向向下的深度。

在受地下水运动影响的区域,温度场同时受传导和对流的控制。流体在地质中较快运动时,其移动区域与围岩间存在一定的温度差,存在热交换现象。通常情况下,可建立一维的数学模型进行描述:

$$\rho_1 c_1\frac{\partial T}{\partial t}=(1-n)k\frac{\partial^2 T}{\partial z^2}+n\rho_w c_w v\frac{\partial T}{\partial z}-2a(T-T_c) \tag{9.12}$$

式中,a 为地下水流体和围岩间的热交换系数;k 为地下水和岩石混合物的热导率,W/(m·K);c_w、ρ_w 为地下水的比热容和密度,J/(kg·℃)、kg/m³;c_1、ρ_1 为地下水和岩石混合物的比热容和密度,J/(kg·℃)、kg/m³;T 为地下水和岩石混合物的温度,℃;n 为围岩的孔隙度;T_c 为围岩的温度,℃;z 为垂向深度,m;t 为时间,s。

9.4.1 大面积缓慢垂直渗流

1. 数学模型的建立及参数分析

由于渗透系数较大且深部存在高压,地下水将做大范围的垂向运动,但移动速度较小,用时较长。在此过程中水体与围岩充分接触,来自深部较高温的流体缓慢地对围岩加热,水流和围岩的温度差较小,二者的热交换可忽略不计,故取 $a=0$,方程(9.12)可简化为

$$\rho_1 c_1 \frac{\partial T}{\partial t} = (1-n)k \frac{\partial^2 T}{\partial z^2} + n\rho_w c_w v \frac{\partial T}{\partial z} \tag{9.13}$$

当水流运移时间 $t=\infty$ 时,水流与围岩间达到热平衡,可作稳态处理,上述方程变为

$$(1-n)k \frac{\partial^2 T}{\partial z^2} + n\rho_w c_w v \frac{\partial T}{\partial z} = 0 \tag{9.14}$$

以下针对不同的地质以及渗流条件,建立不同的模型进行方程推导:

(1) A 型温度场模型分析

A 型温度场模,是由上部 $n-1$ 层传导型温度场和底部传导-对流型温度场组合成的模型,如图 9.9 所示。设固体接触边界 $S_1, S_2, \cdots, S_{n-1}$ 的温度分别为 $T_1, T_2, \cdots, T_{n-1}$,两相邻温度场分界面($z=h_1+h_2+\cdots+h_{n-1}$)上的温度相同,设为 T_{n-1},已知 $z=0$ 时的温度 T_0 和 $z=h_1+h_2+\cdots+h_n$ 时的温度 T_n。根据模型,可以分别给出第 $n-1$ 层和第 n 层内垂向上的温度分布及地温梯度。

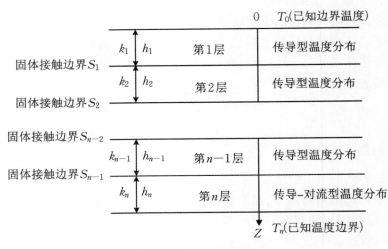

图 9.9 A 型温度场模型

第 1 层(传导型温度分布区)内的温度:

$$T = T_0 + \frac{T_1 - T_0}{h_1} z \quad (0 \leqslant z < h_1)$$

温度梯度:

$$\frac{\partial T}{\partial z} = \frac{T_1 - T_0}{h_1} \quad (0 \leqslant z < h_1)$$

第2层(传导型温度分布区)内的温度:

$$T = T_1 + \frac{T_2 - T_1}{h_2}(z - h_1) \quad (h_1 \leqslant z < h_1 + h_2)$$

温度梯度:

$$\frac{\partial T}{\partial z} = \frac{T_2 - T_1}{h_2} \quad (h_1 \leqslant z < h_1 + h_2)$$

第1层与第2层的边界为两固体接触表面,按照热传导规律,流过两物体接触表面的热流密度相等,即

$$k_1 \cdot \frac{\partial T}{\partial Z}\bigg|_{S_1} = -k_2 \cdot \frac{\partial T}{\partial Z}\bigg|_{S_1}$$

$$-k_1 \cdot \frac{T_1 - T_0}{h_1} = -k_2 \cdot \frac{T_2 - T_1}{h_2}$$

求解后得到接触表面的温度分布为

$$T_1 = \frac{k_1 h_2 T_0 + k_2 h_1 T_2}{k_1 h_2 + k_2 h_1}$$

采取同样的方法可求得

$$T_2 = \frac{k_1 h_2 k_3 T_3 + h_1 k_2 k_3 T_3 + k_1 k_2 h_3 T_0}{k_1 k_2 h_3 + k_1 h_2 k_3 + h_1 k_2 k_3}$$

$$T_3 = \frac{h_1 k_2 k_3 k_4 T_4 + k_1 h_2 k_3 k_4 T_4 + k_1 k_2 h_3 k_4 T_4 + k_1 k_2 k_3 h_4 T_0}{h_1 k_2 k_3 k_4 + k_1 h_2 k_3 k_4 + k_1 k_2 h_3 k_4 + k_1 k_2 k_3 h_4}$$

$$\cdots$$

$$T_{n-2} = \frac{\begin{aligned}&h_1 k_2 k_3 \cdots k_{n-1} T_{n-1} + k_1 h_2 k_3 \cdots k_{n-1} T_{n-1} + k_1 k_2 h_3 \cdots k_{n-1} T_{n-1} + \cdots \\&+ k_1 k_2 k_3 \cdots h_{n-2} k_{n-1} T_{n-1} + k_1 k_2 k_3 \cdots k_{n-2} h_{n-1} T_0\end{aligned}}{\begin{aligned}&h_1 k_2 k_3 \cdots k_{n-1} + k_1 h_2 k_3 \cdots k_{n-1} + k_1 k_2 h_3 \cdots k_{n-1} + \cdots \\&+ k_1 k_2 k_3 \cdots h_{n-2} k_{n-1} + k_1 k_2 k_3 \cdots k_{n-2} h_{n-1}\end{aligned}}$$

第 $n-1$ 层与第 n 层固体接触表面的温度为 T_{n-1},第 $n-1$ 层(传导型温度分布区)内的温度为

$$T = T_{n-2} + \frac{T_{n-1} - T_{n-2}}{h_{n-1}}\left(z - \sum_{i=1}^{n-2} h_i\right) \quad \left(\sum_{i=1}^{n-2} h_i \leqslant z < \sum_{i=1}^{n-1} h_i\right)$$

温度梯度为

$$\frac{\partial T}{\partial z} = \frac{T_{n-1} - T_{n-2}}{h_{n-1}} \quad \left(\sum_{i=1}^{n-2} h_i \leqslant z < \sum_{i=1}^{n-1} h_i\right)$$

第 n 层(传导–对流型温度分布区)内的温度为

$$T = (T_{n-1} - T_n)\frac{\beta - 1}{(e^{\beta \cdot h_{n-1}})} \quad \left(\sum_{i=1}^{n-1} h_i \leqslant z < \sum_{i=1}^{n} h_i\right)$$

温度梯度为

$$\frac{\partial T}{\partial z} = -(T_{n-1} - T_n)\frac{\beta}{(e^{\beta \cdot h_{n-1}})} \quad \left(\sum_{i=1}^{n-1} h_i \leqslant z < \sum_{i=1}^{n} h_i\right)$$

同理,在第 $n-1$ 层与第 n 层的两固体接触表面上:

$$-k_{n-1} \cdot \frac{\partial T}{\partial z}\bigg|_{S_{n-1}} = -k_n \cdot \frac{\partial T}{\partial z}\bigg|_{S_{n-1}}$$

$$-k_{n-1} \cdot \frac{T_{n-1} - T_{n-2}}{h_{n-1}} = k_n(T_{n-1} - T_n)\frac{\beta}{e^{\beta \cdot h_n} - 1}$$

求解后得到接触表面的温度为

$$T_{n-1} = \frac{T_n \gamma_{n-1}(M+N) + T_0 N}{\gamma_{n-1}(M+N) + N}$$

其中

$$M_{n-1} = h_1 k_2 k_3 \cdots k_{n-1} + k_1 h_2 k_3 \cdots k_{n-1} + \cdots + k_1 k_2 k_3 \cdots h_{n-2} k_{n-1}$$

$$N_{n-1} = k_1 k_2 k_3 \cdots k_{n-2} h_{n-1}; \quad \gamma_{n-1} = \frac{k_n \cdot \beta \cdot h_{n-1}}{k_{n-1} \cdot (e^{\beta \cdot h_n} - 1)}$$

所以沿垂向上,围岩内的温度分布为

$$T = \begin{cases} \dfrac{(T_n M_n + T_0 N_n)\gamma_{n-1} + T_0}{\gamma_{n-1}(M_n + N_n) + N_n} + \dfrac{(T_n - T_0)\gamma_{n-1} N_n}{\gamma_{n-1}(M_n + N_n) + N_n} \cdot \dfrac{z - \sum\limits_{i=1}^{n-1} h_i}{h_{n-1}} & \left(\sum\limits_{i=1}^{n-2} h_i \leqslant z < \sum\limits_{i=1}^{n-1} h_i\right) \\[4mm] \dfrac{T_n \gamma_{n-1}(M_n + N_n) + T_0 N_n}{\gamma_{n-1}(M_n + N_n) + N_n} - \dfrac{(T_0 - T_N) N_n}{\gamma_{n-1}(M_n + N_n) + N_n} & \left(\sum\limits_{i=1}^{n-1} h_i \leqslant z < \sum\limits_{i=1}^{n} h_i\right) \end{cases}$$

$$(9.15)$$

温度梯度为

$$\frac{\partial T}{\partial h} = \begin{cases} \dfrac{(T_n - T_0)\gamma_{n-1} N_n}{\gamma_{n-1}(M_n + N_n) + N_n} & \left(\sum\limits_{i=1}^{n-2} h_i \leqslant z < \sum\limits_{i=1}^{n-1} h_i\right) \\[4mm] \dfrac{(T_0 - T_N) N_n}{\gamma_{n-1}(M_n + N_n) + N_n} \cdot \dfrac{\beta \cdot e^{\beta(z - \sum\limits_{i=1}^{n-1} h_i)}}{e^{\beta h_n} - 1} & \left(\sum\limits_{i=1}^{n-1} h_i \leqslant z < \sum\limits_{i=1}^{n} h_i\right) \end{cases}$$

$$(9.16)$$

上述方程中各参数的含义: h_i 为第 i 层的厚度,m; k_i 为第 i 层内岩层的导热系数,W/(m·K); k_n 为第 n 层内岩石和水的混合导热系数,W/(m·K); T_0 为第 1 层上边界已知温度,℃; T_n 为第 n 层下边界已知温度,℃; z 为以第 1 层上边界为起始点的深度,m; β 为系数, $\beta = \dfrac{n c_w \rho_w v_z}{(1-n)k_n}$ (n 为围岩的孔隙度, k_n 为第 n 层的导热系数); c_w 为水的比热容,单位为 J/(kg·℃); ρ_w 为水的密度,单位 kg/m³; v_z 为地下水在 z 轴方向上的体积流速,m³/s,流向朝下时 v_z 为正,反之则为负。

(2) B 型温度场模型分析

B 型温度场模,是由上部传导-对流型温度场和其下 $n-1$ 层传导型温度场组合成的模型,如图 9.10 所示。设固体接触边界 $S_1, S_2, \cdots, S_{n-1}$ 的温度分别为 $T_1, T_2, \cdots, T_{n-1}$,两相邻温度场分界面($z＝h_1＋h_2＋\cdots＋h_{n-1}$)上的温度相同,设为$T_{n-1}$,已知$z＝0$时的温度$T_0$和$z＝h_1＋h_2＋\cdots＋h_n$时的温度$T_n$。根据模型,可以分别给出第$n-1$层和第$n$层内垂向上的温度分布及地温梯度。

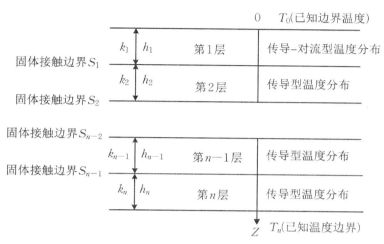

图9.10　B型温度场模型

第1层(传导-对流型温度分布区)内的温度为

$$T＝T_0＋(T_1-T_0)\cdot\frac{\mathrm{e}^{\beta z}-1}{\mathrm{e}^{\beta h_1}-1}\quad(0＜z\leqslant h_1)$$

温度梯度为

$$\frac{\partial T}{\partial z}＝(T_1-T_0)\cdot\frac{\beta\cdot\mathrm{e}^{\beta z}}{\mathrm{e}^{\beta h_1}-1}\quad(0＜z\leqslant \mathrm{h}_1)$$

第2层(传导型温度分布区)内的温度为

$$T＝T_1＋\frac{T_2-T_1}{h_2}(z-h_1)\quad(h_1＜z\leqslant h_1＋h_2)$$

温度梯度为

$$\frac{\partial T}{\partial z}＝\frac{T_2-T_1}{h_2}\quad(h_1＜z\leqslant h_1＋h_2)$$

第1层与第2层的边界为两固体接触表面,按照热传导规律,流过两物体接触表面的热流密度相等,即

$$-k_1\cdot\frac{\partial t}{\partial z}\bigg|_{S_1}＝-k_2\cdot\frac{\partial t}{\partial z}\bigg|_{S_2}$$

$$-k_1\cdot\frac{\partial t}{\partial z}\bigg|_{S_1}＝k_1(T_0-T_1)\cdot\frac{\beta\cdot\mathrm{e}^{\beta h_1}}{\mathrm{e}^{\beta h_1}-1}$$

$$-k_2\cdot\frac{\partial t}{\partial z}\bigg|_{S_2}＝-k_2\cdot\frac{T_2-T_1}{h_2}$$

$$k_1(T_0 - T_1) \cdot \frac{\beta \cdot e^{\beta h_1}}{e^{\beta h_1} - 1} = -k_2 \cdot \frac{T_2 - T_1}{h_2}$$

求解后得到接触表面的温度分布:

$$T_1 = T_0 + \frac{m_1(T_2 - T_0)}{m_1 + m_2}$$

采取同样的方法可求得

$$T_2 = T_0 + \frac{(m_1 + m_2)(T_3 - T_0)}{m_1 + m_2 + m_3}$$

$$T_3 = T_0 + \frac{(m_1 + m_2 + m_3)(T_4 - T_0)}{m_1 + m_2 + m_3 + m_4}$$

$$\cdots$$

$$T_n = T_0 + \frac{(m_1 + m_2 + \cdots + m_{n-1})(T_n - T_0)}{m_1 + m_2 + \cdots + m_n}$$

其中,$m_1 = 1$; $m_i = \dfrac{k_1}{k_i} \cdot \dfrac{\beta \cdot e^{\beta h_1}}{e^{\beta h_1} - 1} \cdot h_i (2 \leqslant i \leqslant n)$。

所以沿垂向上,围岩内的温度分布为

$$T = \begin{cases} T_0 + \dfrac{m_1(T_n - T_0)}{\sum\limits_{i=1}^{n} m_i} \cdot \dfrac{e^{\beta z} - 1}{e^{\beta h_1} - 1} & (0 < z \leqslant h_1) \\[3em] T_0 + \dfrac{m_1(T_n - T_0)}{\sum\limits_{i=1}^{n} m_i} + \dfrac{m_2(T_n - T_0)}{\sum\limits_{i=1}^{n} m_i} \cdot \dfrac{z - h_1}{h_2} & (h_1 < z \leqslant h_1 + h_2) \\[3em] T_0 + \dfrac{(m_1 + m_2)(T_n - T_0)}{\sum\limits_{i=1}^{n} m_i} + \dfrac{m_3(T_n - T_0)}{\sum\limits_{i=1}^{n} m_i} \cdot \dfrac{z - h_1 - h_2}{h_3} \\ \qquad\qquad (h_1 + h_2 < z \leqslant h_1 + h_2 + h_3) \\[1em] \cdots \\ T_0 + \dfrac{\sum\limits_{i=1}^{n-1} m_i(T_n - T_0)}{\sum\limits_{i=1}^{n} m_i} + \dfrac{m_n(T_n - T_0)}{\sum\limits_{i=1}^{n} m_i} \cdot \dfrac{z - \sum\limits_{i=1}^{n-1} h_i}{h_n} \\ \qquad\qquad \left(\sum\limits_{i=1}^{n-1} h_i < z \leqslant \sum\limits_{i=1}^{n} h_i\right) \end{cases} \tag{9.17}$$

温度梯度为

$$\frac{\partial T}{\partial z} = \begin{cases} \dfrac{m_1(T_n - T_0)}{\sum\limits_{i=1}^{n} m_i} \cdot \dfrac{\beta e^{\beta z}}{e^{\beta h_1} - 1} & (0 < z \leqslant h_1) \\[4ex] \dfrac{m_2(T_n - T_0)}{h_2 \cdot \sum\limits_{i=1}^{n} m_i} & (h_1 < z \leqslant h_1 + h_2) \\[4ex] \dfrac{m_3(T_n - T_0)}{h_3 \cdot \sum\limits_{i=1}^{n} m_i} & (h_1 + h_2 < z \leqslant h_1 + h_2 + h_3) \\[2ex] \cdots \\[2ex] \dfrac{m_n(T_n - T_0)}{h_n \cdot \sum\limits_{i=1}^{n} m_i} & \left(\sum\limits_{i=1}^{n-1} h_i < z \leqslant \sum\limits_{i=1}^{n} h_i\right) \end{cases} \tag{9.18}$$

上述方程中各参数的含义:h_i 第 i 层的厚度,m;k_1 为第 1 层内岩石和水混合物的导热系数,W/(m·K);k_i 为第 i 层内岩层的导热系数($i \geqslant 2$),W/(m·K);T_0 为第 1 层上边界已知温度,℃;T_n 为第 n 层下边界已知温度,℃;z 为以第 1 层上边界为起始点的深度,m;β 为系数,$\beta = n \dfrac{c_w \rho_w v_z}{k_n}$($n$ 为围岩的孔隙度,k_n 为第 n 层的导热系数);c_w 为水的比热容,J/(kg·℃);ρ_w 为水的密度,kg/m³;v_z 为地下水在 z 轴方向上的体积流速,m³/s,流向朝下时 v_z 为正,反之则为负。

2. 影响参数分析

以模型 A 为例,当只有两层时,即模型由上部传导型温度场和下部传导-对流型温度场组合而成,根据公式(9.12),利用 MATLAB 软件针对不同孔隙度和不同垂向流速时围岩内沿垂向上的温度分布与运移深度的关系进行分析。

假设一地质模型:第 1 层上边界已知温度 $T_0 = 10$ ℃,第 2 层下边界已知温度 $T_2 = 30$ ℃,第 1 层内岩石的导热系数 $k_1 = 2.2$ W/(m·K),第 2 层内岩石和水的混合导热系数 $k_2 = 2.3$ W/(m·K),水的密度 $\rho_w = 1000$ kg/m³,水的比热容 $c_w = 4200$ J/(kg·℃),第 1 层的厚度 $h_1 = 30$ m,第 2 层的厚度 $h_1 = 70$ m。

(1) 地下水体积流速为 $v = -1 \times 10^{-7}$ m³/s,研究当围岩的孔隙度分别为 0.1、0.3、0.5、0.7、0.9 时,温度场与运移深度的关系,模拟结果如图 9.11 所示。

由图 9.11 可知,在假定其余参数固定的情况下,地下水向下垂直运移相同的距离时,围岩孔隙度越大,围岩内沿垂向上的温度越高。在传导区域内,孔隙度越大,温度上升越快,且温度与运移长度的曲线呈一定斜率的直线关系;在传导-对流区域内,围岩垂向上的温度也与孔隙度具正相关关系,即相同运移距离时孔隙度越大温度越高,但温度-运移距离的关系呈曲线性。

(2) 围岩孔隙度 $n = 0.5$,研究当地下水体积流速分别为 $v_1 = -8 \times 10^{-8}$ m³/s、$v_2 = -10 \times 10^{-8}$ m³/s、$v_3 = -12 \times 10^{-8}$ m³/s、$v_4 = -14 \times 10^{-8}$ m³/s、$v_5 = -16 \times 10^{-8}$ m³/s 时,温度场与运

移深度的关系,模拟结果如图9.12所示。

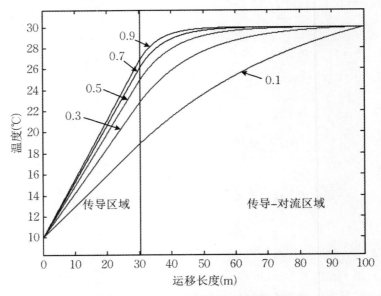

图9.11 不同孔隙度时的温度–运移长度关系

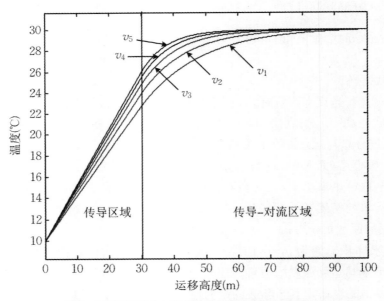

图9.12 不同地下水流速时的温度–运移长度关系

由图9.12可知,在假定其余参数固定的情况下,地下水向下垂直运移相同的距离时,地下水的体积流速越大,围岩内沿垂向上的温度越高。在传导区域内,体积流速越大,温度上升越快,且温度与运移长度的曲线呈一定斜率的直线关系;在传导–对流区域内,围岩垂向上的温度也与体积流速具正相关关系,即相同运移距离时体积流速越大温度越高,但温度–运移距离的关系呈曲线性。

3. 研究区大面积垂向渗流对地温的影响实例

根据A型温度场的模型,当n取2时,模型变成上部一层传导型温度场和下部传导-对流型温度场的组合。根据式(9.15)和式(9.16)可以写出两层时垂向上的温度分布方程:

$$T = \begin{cases} T_0 + \dfrac{\gamma_1(T_2 - T_0)}{(1+\gamma_1)h_1}z & (0 \leqslant z \leqslant h_1) \\ \dfrac{T_0 + \gamma_1 T_2}{1+\gamma_1} - \dfrac{T_0 - T_2}{1+\gamma_1} \cdot \dfrac{[e^{\beta(z-h_1)}-1]}{(e^{\beta h_2}-1)} & (h_1 < z \leqslant h_1 + h_2) \end{cases} \tag{9.19}$$

温度梯度为

$$\frac{\partial T}{\partial z} = \begin{cases} \dfrac{\gamma_1(T_2 - T_0)}{(1+\gamma_1)h_1} & (0 \leqslant z \leqslant h_1) \\ -\dfrac{T_0 - T_2}{1+\gamma_1} \cdot \dfrac{\beta \cdot e^{\beta(z-h_1)}}{(e^{\beta h_2}-1)} & (h_1 < z \leqslant h_1 + h_2) \end{cases} \tag{9.20}$$

其中,$\gamma_1 = \dfrac{k_2 h_1 \beta}{k_1(e^{\beta h_2}-1)}$,$\beta = n\dfrac{c_w \rho_w v_z}{k_2}$。

从上式可以看出,当围岩内存在垂向对流时:

$$T = \frac{T_0 + \gamma_1 T_2}{1+\gamma_1} + \frac{1}{\beta} \cdot \frac{\partial T}{\partial z} + \frac{T_0 - T_2}{1+\gamma_1} \cdot \frac{1}{(e^{\beta h_2}-1)}$$

即温度与地温梯度呈线性关系。则在判断是否存在垂向对流时,温度-地温梯度曲线可以作为根据。

丁集、顾桥、潘三井田都属于淮南煤田的高温异常区,且根据勘探材料各井田内的温度场特征比较接近。以这三个矿井的钻孔测温数据为例,取较典型的井温曲线进行分析验证。根据勘探数据及文献资料,模型A中的有关参数设置见表9.2,钻孔有关参数见表9.3。

表9.2 模型A中的部分参数

n	k_1(W/(m·K))	k_2(W/(m·K))	c_w(J/(kg·℃))	ρ_w(kg/m³)
0.4	2.34	2.4	10^3	4.2×10^3

表9.3 钻孔的部分参数

钻孔名	T_0(℃)	T_2(℃)	h_1(m)	h_2(m)	v(m³/s)
丁集二十6	37.1	47.5	280		
丁集十六11	41.9	50.5	80	140	-9×10^{-9}
潘三十四西9	35.71	50.71	400	140	-1×10^{-8}
顾桥XLZM1	46.34	59.73	100	400	-4.5×10^{-9}

丁集二十6钻孔,揭露的地层中不存在垂向对流,取埋深600~880 m段为例,钻孔温度与深度的曲线近似线性关系,其地温梯度变化极小,地温梯度-温度的关系不明显,见图9.13和图9.14。结合水文资料,可以推断此井孔含水层分布较少,富水性较差。温度随着深度的增加而逐渐升高,表现出良好的线性关系,反映了钻孔以传导型增温为主。此时围岩温度方

程为

$$T = T_0 + \frac{T_2 - T_0}{h_1} z \quad (0 \leqslant z \leqslant h_1) \tag{9.21}$$

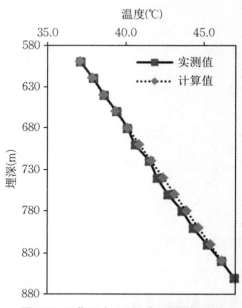

图9.13　丁集二十6孔温度–埋深关系图

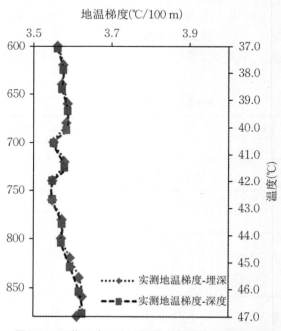

图9.14　丁集二十6孔地温梯度与温度和埋深关系

　　丁集十六11钻孔揭穿新生界、二叠系和太原组上部灰岩。在埋深900 m附近,存在4-1煤顶板砂岩裂隙含水层。在埋深980 m附近,存在3煤顶板砂岩裂隙含水层。从图9.15和图9.16可知,在埋深880~920 m段表现出地下水垂直向下运移的特征:① 温度-埋深曲线呈上凸形;② 地温梯度-温度曲线近似线性关系;③ 地温梯度随深度自上而下增大。因此,围岩内的垂向温度分布用传导-对流型方程描述:

$$T = \frac{T_0 + \gamma_1 T_2}{1 + \gamma_1} - \frac{T_0 - T_2}{1 + \gamma_1} \cdot \frac{[e^{\beta(z-h_1)} - 1]}{(e^{\beta h_2} - 1)} \quad (h_1 \leqslant z \leqslant h_1 + h_2) \tag{9.22}$$

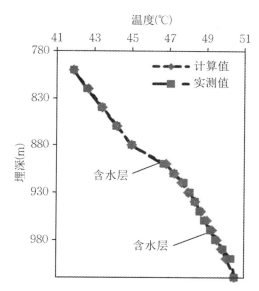

图9.15　丁集十六11孔温度-埋深关系图

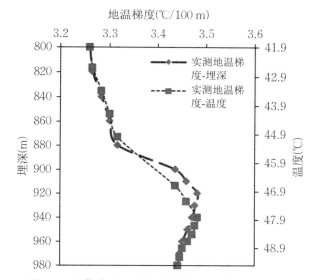

图9.16　丁集十六11孔地温梯度与温度和埋深关系

243

潘三十四西9孔揭穿新生界及二叠纪地层,钻孔虽为揭露太原组灰岩,但是根据勘探线剖面资料,孔底距离太原组灰岩不到100 m,太原组灰岩富水性为承压含水层。在埋深620～980 m段,岩层中含多层砂岩裂隙含水层,厚度不均。而在埋深620～980 m段,岩层中可见裂隙发育,为地下水的运移提供良好通道。从图9.17和图9.18可知,在埋深620～1050 m段表现出地下水垂直向上运移的特征:① 温度–埋深曲线呈上凸形;② 地温梯度–温度曲线近似线性关系,直线斜率的变化与地下水的流速有关;③ 地温梯度随深度自下而上逐渐增大。因此,本段围岩内的垂向温度分布用传导–对流型方程描述。

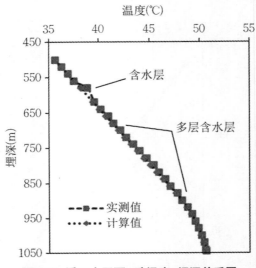

图9.17　潘三十四西9孔温度–埋深关系图

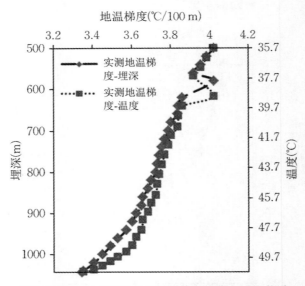

图9.18　潘三十四西9孔地温梯度与温度和埋深关系

　　顾桥XLZM1孔揭示了新生界、二叠纪石炭纪、奥陶纪及寒武纪地层。在埋深1180～1191 m段,为奥陶纪灰岩含水层。在埋深1191～1400 m段,为寒武纪灰岩含水层。从图9.19和图9.20可知,在埋深1180～1400 m段表现出地下水垂直向上运移的特征:① 温度-埋深曲线呈上凸形;② 地温梯度-温度曲线近似线性关系;③ 地温梯度随深度自下而上逐渐增大。因此,本段围岩内的垂向温度分布用传导-对流型方程描述。

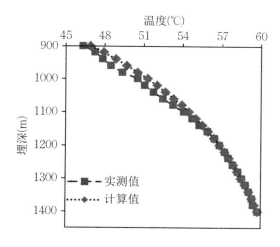

图9.19　顾桥XLZM1孔温度-埋深关系图

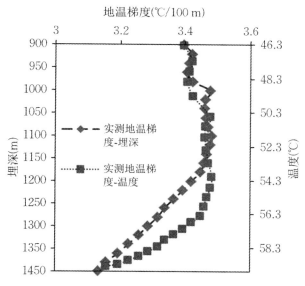

图9.20　顾桥XLZM1孔地温梯度与温度和埋深关系

　　由以上钻孔温度数据的分析,验证了传导-对流型方程(9.22)的准确性。总体上,运用方程计算的温度-埋深曲线与实测曲线较为吻合。存在地下水垂直运动时,井温曲线近似垂直或者接近于垂直,且地温梯度-温度呈线性关系。若上部冷水垂直向下运移,则地温梯度与深度呈自上而下增大的趋势。若下部热水垂直向上运移,则地温梯度与深度呈自下而上增大的趋势。

由以上现象,说明了淮南矿区地下水流场对地温的影响。淮南矿区在勘探期间多次发现高温热水现象,特别是在潘集井田最为普遍,如潘集背斜轴部,靠近煤层露头附近的钻孔水四5、十-十一5、淮3、构8、构3、五1和水7孔等,水温均较高,潘三矿井田甚至发现温度达46℃的热水。热水产层多位于奥陶、太原组灰岩含水层,该套含水层为强含水层,位于煤系地层底部及其以下,因此,地温异常区的分布明显受石炭、奥陶纪灰岩高温水的影响。而丁集、顾桥中深部地温偏高,可能是由于两井田北西向断裂发育,且为张性特征,使相对高温的深层高压岩溶水得以沿断裂裂隙向上运移,在浅部释放热量,提高岩温的缘故。

9.4.2　沿断层破碎带的垂直渗流

1. 描述方程

在断层带内,流体以较快的速度做集中、垂向运移,造成局部较小范围内的温度异常。由于水流和断层两盘接触面的温度差异较大,所以必须考虑流体和围岩间的热交换。而流体在断层内是集中运移的,可以不考虑流体内部的热传导。此时,方程(9.12)可简化为

$$\rho_1 c_1 \frac{\partial T}{\partial t} = n\rho_w c_w v \frac{\partial T}{\partial z} - 2a(T - T_c) \tag{9.23}$$

由于流体在断层内是集中运移的,流体的速度可根据流量确定,当流量为 Q 时,$v = Q/S$,S 指流体通过的横截面积。当流体运移时间 $t = \infty$ 时,水流与围岩间达到热动态平衡,上述方程变为

$$n\rho_w c_w v \frac{\partial T}{\partial z} - 2a(T - T_c) = 0 \tag{9.24}$$

假设围岩的温度为线性变化,T_1、T_2 分别是断层上、下两端的温度,L 为水流垂向运移长度,则 $T_c = T_1 + \dfrac{T_2 - T_1}{L} z$,令 $\lambda = \dfrac{2a}{\rho_w c_w v}$,对方程(9.24)求解得

$$T = T_2 - \frac{1}{\lambda} \frac{T_1 - T_2}{L} + \frac{T_1 - T_2}{L} z + \frac{1}{\lambda} \frac{T_1 - T_2}{L} e^{-\lambda z} \tag{9.25}$$

从上述方程可知,流体在地层内垂向运移时的温度是关于流量和深度的函数,同时受流体的比热容、密度及与围岩的热交换系数的控制。

2. 应用及分析

以抽水井为例,分析热储层的温度。假设一垂直的抽水井半径为 r_0,抽水井的水流速度较快时,流体与井壁围岩间的温差较大,在抽水井附近的小范围内形成温度异常现象。此时,抽水井内热水在上升过程中与围岩的热交换模型与公式(9.10)相似,为

$$\pi r_0 \rho_1 c_1 \frac{\partial T}{\partial t} - \pi r_0^2 \rho_w c_w v \frac{\partial T}{\partial z} = -2\pi r_0 a(T - T_c) \tag{9.26}$$

当抽水井的流量为 Q 时,垂向上的水流速度为

$$v = \frac{Q}{\pi r_0^2}$$

表9.4 由井口水温计算热水含水层温度表

序号	井的结构			热水层	流量 Q (m³/s)	水流速度 v(m/s)	井口温度 T_1(℃)	热水层埋深处围岩温度 T_2(℃)	水流垂向运移长度 L(m)	垂向深度 z(m)	井口水温实测值(℃)	热水层处水温计算值(℃)
	井深 H_1(m)	井径 $2r_0$(m)	埋深 H_2(m)	层位								
1	540.7	0.11	491.65	太灰组灰岩	0.0026	0.2736	16.8	35.27	461.65	461.65	33.5	34.23
2	478.7	0.108	422.7	太原组3下灰岩及岩浆岩	0.006481	0.7075	16.8	38.40	392.7	392.7	37	37.98
3	800.95	0.108	581	奥陶系及寒武系灰岩	0.01803	1.9682	16.8	43.25	551	551	42	42.99
4	580.48	0.091	411.62	太原组、奥陶系及F1断层破碎带	0.007829	1.2037	16.8	35.12	381.62	381.62	33.5	34.88
6	1287.46	0.091	1127.5	寒武系灰岩	0.001453	0.2234	16.8	45.34	1097.5	1097.5	38	40.19
7	721.5	0.11	669.07	奥陶系灰岩	0.001307	0.1375	16.8	37.25	639.07	639.07	33	34.29
8	398.76	0.11	370.81	太原组1-12层灰岩及F1-1地层破碎带	0.001482	0.1559	16.8	34.52	340.81	340.81	32	33.25
9	1098.68	0.108	862.5	太原组及奥陶系灰岩	0.000474	0.0517	16.8	47.60	832.5	832.5	34	35.22
10	1003.5	0.091	889	奥陶系灰岩	0.000228	0.0351	16.8	38.28	859	859	22	25.92

247

当抽水时间足够长时,地下水流在上升过程中与围岩达到动态热平衡,此时(9.26)式变为

$$\pi r_0^2 \rho_w c_w v \frac{\partial T}{\partial z} - 2\pi r_0 a \left(T - T_c\right) = 0 \qquad (9.27)$$

假设抽水井内的围岩温度呈线性变化,T_1、T_2分别井口温度和含水层埋深处的温度,L为含水层的埋深,则$T_c = T_1 + \dfrac{T_2 - T_1}{L} z$,令$\lambda = \dfrac{2a}{r_0 \rho_w c_w v}$,对方程(9.27)求解得井中水温的表达式为

$$T = T_2 - \frac{1}{\lambda} \frac{T_1 - T_2}{L} + \frac{T_1 - T_2}{L} z + \frac{1}{\lambda} \frac{T_1 - T_2}{L} e^{-\lambda z} \qquad (9.28)$$

以潘三矿的部分抽水井为例,假定含水层处的围岩温度比水温要高,含水层段的水温主要是受含水层段围岩温度影响的,地下水的密度为 1000 kg/m³,地下水的比热容为 4200 J/(kg·℃),流体和围岩的热交换系数为 8 W/(m²·℃),当水流的上升速度较大时,根据(9.28)式计算灰岩含水层埋深处的水温,计算结果见表9.4。因为淮南煤田恒温带的埋深较浅,这一段的热量损失可以忽略不计,故只考虑水流从含水层处上升到恒温带这一过程。井田内恒温带的温度为 16.8 ℃,恒温带的埋深为 30 m。

由表9.4可知,当水流速度较大时,计算的井中含水层段的水温较井口的实测水温高,水温的变化间接反映了流体热量的变化,说明了水流在上升过程中与围岩进行了热交换;当水流速度大于 0.1 m/s 时,计算的热水层处的水温与其围岩温度较为接近,表示热水与围岩间接近于热平衡状态。

9.5 钻孔测温曲线类型划分

根据前面的地下水对地温的影响机理分析,本小节开展对矿井钻孔测温曲线类型进行划分,区分出哪些地段受地下水影响,哪些钻孔曲线不受影响,即是纯传导型温度场。每一钻孔测温曲线的变化趋势及特点不尽相同,甚至差别很大,通过对研究区井温曲线整体形态特征的分析,矿区内井温曲线类型可划分为全孔缓斜型、上缓下缓中间急突变型和多变型三种。

9.5.1 丁集矿区井温曲线形态分析

丁集矿区共有 42 个测温钻孔,其中近似稳态孔 5 个,简易测温孔 37 个。对矿区井温曲线整体形态特征进行分析,主要研究松散层底部到孔底之间的井温曲线变化,矿区内全孔缓斜型钻孔共有 21 个,上缓下缓中间急突变型钻孔共有 12 个,多变型钻孔共有 9 个,详细分类见表9.5。

表9.5 丁集矿测温孔井温曲线分类

井温曲线形态	钻 孔 名 称
全孔缓斜型	二十1、二十8、二十10、二十13、二十八4、二十八8、二十二11、二十七9、二十七12、二十四5、二十五7、三十5、十六12、十七6、十六1、二十三12、二十九3、二十6、十八20、十六4、8414
上缓下缓中间急突变型	二十4、二十八7、二十六1、二十一6、十六11、十六6、水12、847、849、二十七11、二十五13、二十八10
多变型	十六8、二十九2、二十八11、十六10、十八7、二十三9、二十三6、二十六5、十八8

在图9.21至图9.25四个钻孔的综合井温图中,图中C_1、C_2分别表示第一次测温和第二次测温,直线表示校正之后的温度趋势,第二次测温曲线较能反映围岩温度情况。从图上可以看出:钻孔847、849和二十七11的井温曲线均是在临近孔底部位地温梯度明显增大,对照岩性柱状图和勘探线剖面图分析,各转折点的深度都大体对应主采煤层。钻孔847在埋深880~900 m段岩性以细砂岩为主,此段位于3煤底板,砂岩层厚度达22.96 m。但是根据简易水文地质观测,8煤以下无漏水孔,故此处井温曲线的变化可能是由于岩石的热导率变化引起的。钻孔8414的井温曲线无明显变化,属于全孔缓斜型,温度梯度主要受控于背景热流值和岩石热导率。钻孔二十七11在埋深900~960 m段岩性以泥岩为主,局部含中砂岩和细砂岩,含5-2~4-1煤,富水性差,地下水对温度梯度的影响较小。钻孔849在埋深680~720 m段岩性以泥岩为主,在埋深693.97 m处揭露11-2煤,温度梯度的变化更可能是受岩石热导率的影响。

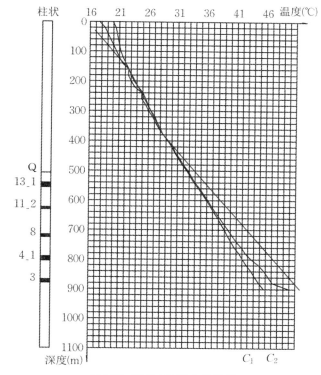

图9.21 丁集847综合井温图

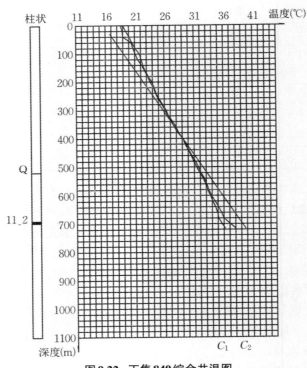

图9.22 丁集849综合井温图

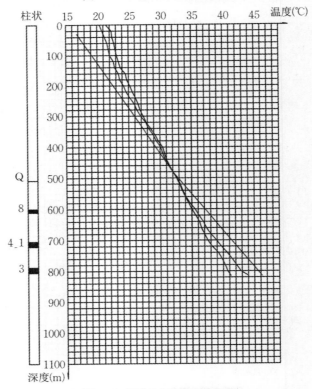

图9.23 丁集8414综合井温图

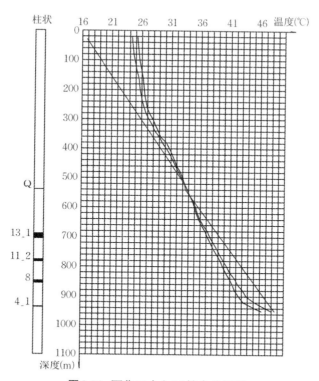

图9.24 丁集二十七 11 综合井温图

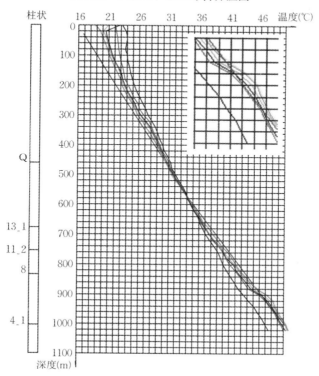

图9.25 丁集十六 11 综合井温图

251

由图9.25可知,钻孔十六11在埋深900~1000 m时曲线变为"上凸"形式。综合钻孔岩性资料可知,此处岩性为砂岩、泥岩互层,处于4-1煤底板,局部砂岩裂隙发育,属于4-1煤地板砂岩裂隙含水层。所以推断此段温度曲线的变化应该是受下部较高温地下水上升活动影响的。图9.26中钻孔十六6的井温曲线在埋深800~830 m段地温梯度增大,岩性以灰岩为主。从勘探线剖面图可知钻孔在埋深786.28 m处揭露一灰,根据水文资料,上部1~4层灰岩为1煤底板直接充水含水层,富水性较强。此段井温曲线变为"上凸"形式,推断是受深循环的较高温灰岩水上升活动的影响。

由图9.27中钻孔二十6的井温曲线可以看出,其趋势图变化缓慢,没有明显突变情况。从揭露的岩性资料分析,主采煤层的顶底板以泥岩、粉砂岩为主,结合水文资料,可以推断此井孔含水层分布较少,富水性较差。整个层段的变化率基本一致,井温曲线所反映的主要是传导型地温变化,一般不存在含水层对温度的影响,属于相对无水钻孔。图9.28中,钻孔二十4在埋深640~840 m段曲线斜率发生小幅度变化。在埋深640~740 m段岩性以泥岩、黏土岩为主,无含水层。在埋深740~800 m段岩性以砂岩为主,属于3煤顶板,但井温曲线并未发生突变,可见此段地下水对温度梯度没有影响。在埋深800~840 m段主要为1煤底板砂岩层,井温曲线呈现微小上凸,但从矿井地质报告可知1煤底板属于隔水层段,导水性较差,应该不存在地下水活动对井温的影响。所以,二十4井温曲线的变化很可能是由于岩石热导率变化引起的。

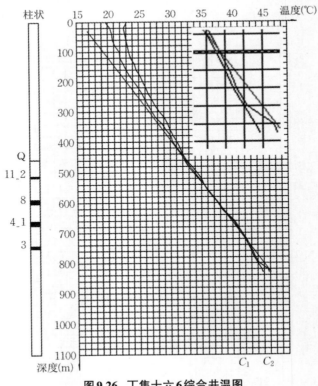

图9.26 丁集十六6综合井温图

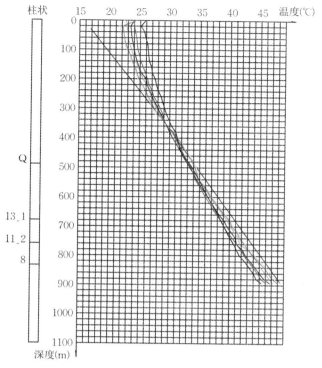

图9.27　丁集二十6综合井温图

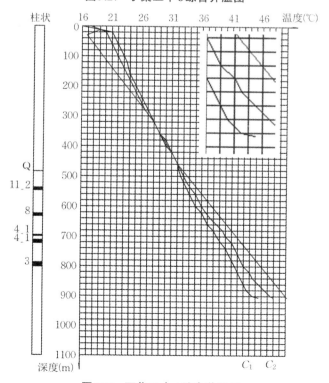

253

图9.28　丁集二十4综合井温图

图 9.29 中温度曲线为多变型,井温曲线表现为缓斜型与突变型接替出现。在埋深 0~40 m 段曲线突变厉害,此处可能与地表太阳辐射有关。在松散层下部,钻孔岩性以泥岩和粉砂岩为主,局部夹砂岩层,13-1 煤底板、4-2 煤顶板和 1 煤底板砂岩层相对较厚些。在埋深 840~940 m 段曲线凸出明显,说明 4-2 煤及 4-1 煤顶底板砂岩裂隙水活动性强。缓斜段主要属正常地温变化,直线段反映地下水沿井轴有垂向运动。与此类似情况的还有钻孔二十三 9。钻孔二十三 9 揭露的地层中,岩性以泥岩为主,多处出现砂岩层。井温曲线反映出钻孔二十三 9 各含水层间应该有着复杂的水动力联系,急突变位置均有含水层分布,地下水活动对钻孔井温的影响较为明显。

图 9.31 中,钻孔二十六 5 井温曲线在松散层段存在多处突变,说明此段井温梯度受新生界松散层含水层的影响较大。此外,孔底地温梯度也明显增大。分析钻孔岩性资料可知,二十六 5 钻孔岩性以黏土岩为主,而在埋深 880~980 m 段地层中,7-2 煤、4-2 煤和 4-1 煤的顶底板岩层中砂岩含量相对较高。对照矿井水文资料,此段属于 8~4-1 煤层含水层(段)。地层增温加快,应该是受地下水热流运动的影响。从钻孔二十六 1 井温曲线图可以看出,在埋深 740~860 m 段曲线表现出"上凸"形。而此处岩性为砂岩、泥岩相间,砂岩层主要分布于 5-2 煤到 3 煤之间,砂岩、泥岩中有节理、裂隙发育。地温曲线的突变可能是由于较高温地下水上升活动造成的。

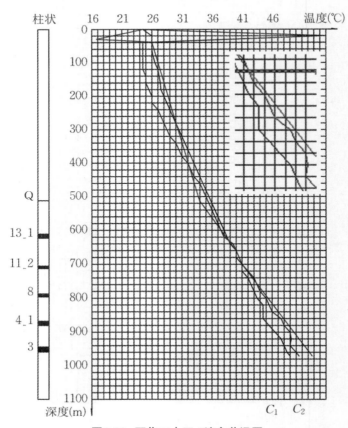

图 9.29　丁集二十三 6 综合井温图

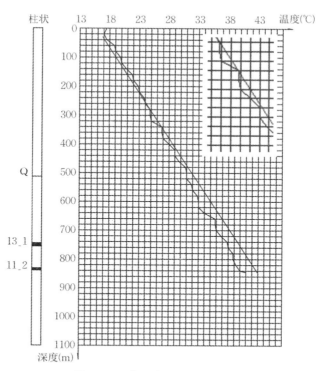

图9.30　丁集二十三9综合井温图

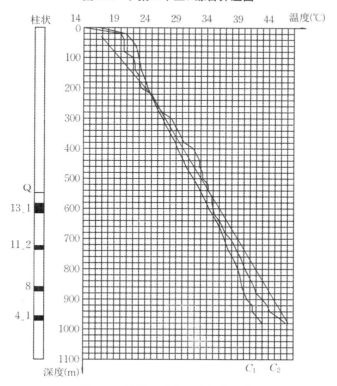

图9.31　丁集二十六5综合井温图

255

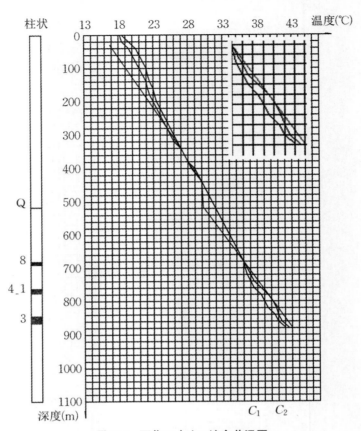

图9.32 丁集二十六1综合井温图

图9.33中的钻孔二十九2井温曲线表现为缓斜型与突变型接替出现,属于多变型类型。钻孔揭露的地层中砂岩含量较高,井温受地下水活动影响较大。缓斜段属正常地温变化,为传导型。在埋深840~900 m段曲线微微上凸,结合岩性柱状图和水文资料得知,此段温度梯度可能是受13-1煤底板含水层的影响,尤其是较高温地下水活动的影响。当埋深大于920 m时,温度梯度增大,而岩性主要为泥岩、粉砂岩,温度梯度的增大应该是由于岩石热导率变化引起的。

图9.34中的钻孔二十八11的井温曲线在埋深780~820 m段出现突变,然而此段岩性以粉砂岩、泥岩为主,没有含水层,地下水对温度梯度没有影响,温度梯度主要受背景热流值和岩石热导率控制。

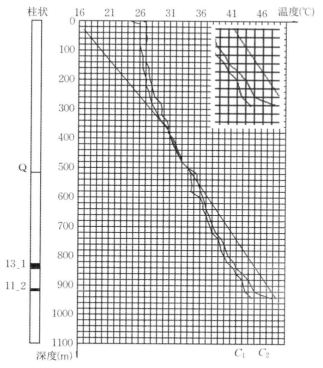

图9.33　丁集二十九2综合井温图

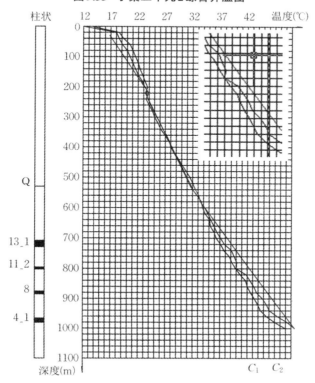

图9.34　丁集二十八11综合井温图

257

9.5.2　顾桥矿区井温曲线形态分析

顾桥矿共有56个测温钻孔,其中近似稳态孔33个,简易测温孔23个。对矿区井温曲线整体形态特征进行分析,主要研究松散层底部到孔底之间的井温曲线变化,矿区内全孔缓斜型钻孔共有24个,上缓下缓中间急突变型钻孔共有21个,多变型钻孔共有11个,详细分类见表9.6。

表9.6　顾桥矿测温孔井温曲线分类

井温曲线形态类别	钻孔名称
全孔缓斜型	十二15、十二17、十四12、八8、三9、六10、九13、七17、补4、十一-十二7、六12、七19、十二9、丁补08-1、XLZM2、XLZK1、XLZJ1、XLZE2、三-四3、十北补2、XLZM1、十九补3、十南补3、东回风井筒检查孔
上缓下缓中间急突变型	水33、十一13、六16、三8、五23、49、五20、五25、XLZM1、XLZL3、一-7、XLZL1、XLZK3、XLZJ2、XLZE1、十八补3、69、九15、XLZL2、七16、七14、十一17
多变型	十二12、十五14、东进风井筒检查孔、十九南1-2、深部进风井筒检查孔、十南14、十六16、七15、水13、XLZK2、十二16

图9.35中,XLZM1井温曲线在埋深1000~1500 m段井温曲线稍有隆起。参照XLZM1钻孔岩性柱状图可知,钻孔在埋深1014.3 m处揭露1灰,由此到1500 m之间,钻孔岩性几乎全部为灰岩。1灰厚度大,富水性较强,地下热水上升活动较强烈,对地温梯度的影响较明显。当钻孔埋深大于1000 m时,钻孔XLZM2的温度梯度减小,如图9.36所示。钻孔XLZM2在埋深1025.55 m处揭露灰岩,在埋深1020~1140 m段岩性为灰岩泥岩互层。在埋

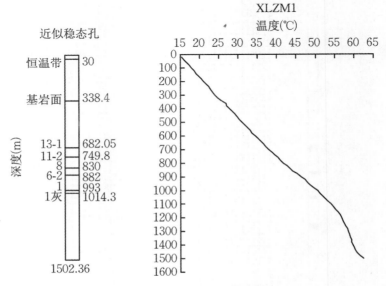

图9.35　顾桥XLZM1综合井温图

深1140~1020 m段,岩性为白云岩或者灰岩,多数地层发育溶孔或裂隙。灰岩和白云岩地层富水性较好,流体的热对流作用使温度曲线呈近乎垂直。

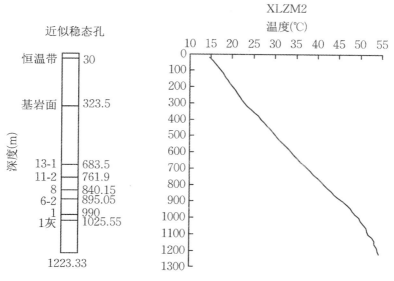

图9.36　顾桥XLZM2综合井温图

图9.37和图9.38中,C_1、C_2分别表示第1次测温和第2次测温,直线表示校正之后的温度趋势,第2次测温曲线最能够反映围岩温度情况。井温曲线出现多变型,多数是由于地下水活动引起的。从图9.37中看出,七15的井温曲线在800 m附近有一段低温梯度近乎为零,是在流体的热对流作用控制下形成的对流型曲线。由钻孔岩性资料可知,钻孔七15从松散层到6-2煤之间常有砂岩层出现,各含水层之间存在补给关系。在埋深760~830 m段砂岩主要位于11-1煤底板,砂岩层厚度可达十几米厚,此段曲线反映地下水沿井轴有垂向运动。钻

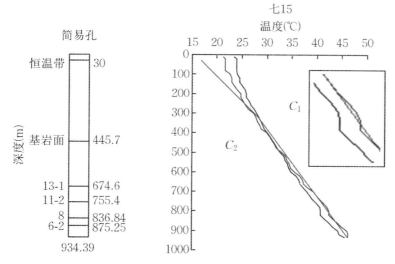

图9.37　顾桥七15综合井温图

孔七16的井温曲线在埋深420~440 m之间存在突变,此段井温曲线属于对流型。在此区间430 m处有一段2.95 m的细砂岩层,岩芯破碎,位于松散层底部。此段温度梯度的变化可能是受较高温度地下水上升活动的影响。

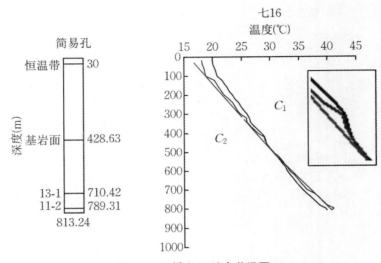

图9.38 顾桥七16综合井温图

图9.39中,井温曲线在埋深1000~1500 m段隆起。钻孔XLZL1在978.85处揭露灰岩,在埋深1000~1500 m段岩性以灰岩和白云岩为主,并且在埋深1040~1090 m段出现破碎带,破碎带上下岩层裂隙发育。故此段地层地下水活动较强烈,在地下水上升运动的影响下,XLZL1钻孔的井温曲线呈上凸形。钻孔XLZL2的井温曲线整体变化较为平缓,而在0~50 m处温度梯度大很可能受地表太阳辐射的影响,这里从100 m处开始研究曲线变化。在

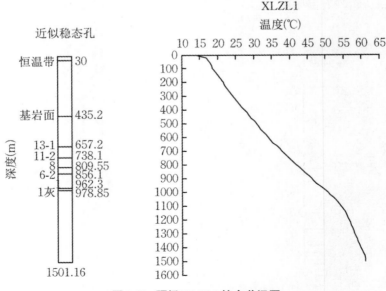

图9.39 顾桥XLZL1综合井温图

埋深900~960 m时温度梯度减小,在埋深960 m处出现突变,在埋深960~1000 m段曲线为缓倾斜,XLZL2曲线为上缓下缓中间急突变型。参考岩性资料得知,1煤顶板粉砂岩垂向裂隙发育,但是岩层含水性差,对井温的影响小。在埋深1000~1200 m段岩性主要为灰岩,地下水活动性较强,温度梯度稍有增大。

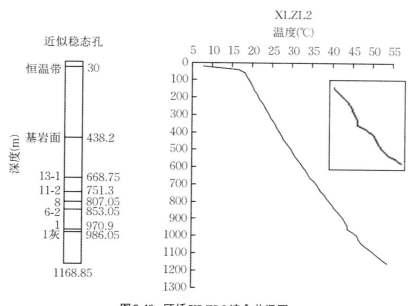

图9.40 顾桥XLZL2综合井温图

图9.41中,钻孔XLZK2的井温曲线在埋深1150~1550 m时"上凸",而在埋深1150~

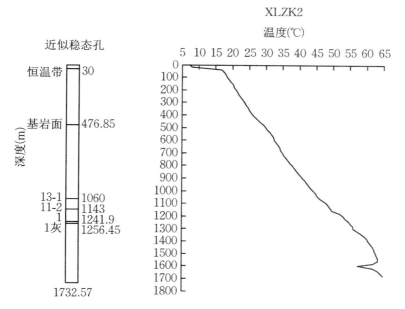

图9.41 顾桥XLZK2综合井温图

261

1550 m段出现"下凹"。查阅钻孔岩性资料发现,在埋深1000~1220 m之间,出现数次破碎带,钻孔在埋深1256.45 m处揭露灰岩。在埋深1250~1550 m段岩性以灰岩为主,还含有泥岩、砂岩和白云岩。在埋深1250~1550 m段岩性为白云岩或者灰岩,溶孔、裂隙较发育。有低温地下水侧向径流活动时,曲线下凹。而有较高温地下水上升活动时,曲线上凸。井温曲线的突变受地下水运动的影响非常明显。图9.42中钻孔XLZK3在1240 m附近有一个突变点,突变点后部曲线增温减缓。钻孔XLZK3在1351.20 m处揭露灰岩,而在1330 m处有一个小的破碎带。受灰岩水的影响,在埋深1240~1400 m段,流体的热对流作用增强。

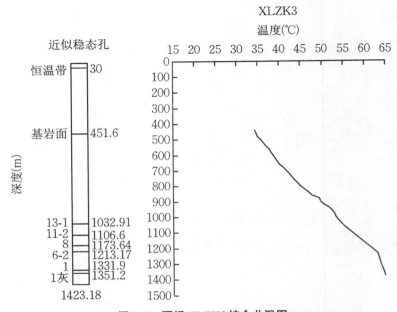

图9.42　顾桥XLZK3综合井温图

从图9.43可以看出,钻孔一7的井温曲线在560 m处有一个突变点。在埋深500~560 m段,温度曲线近乎竖直,砂岩主要位于松散层底板,砂岩层厚度为0.9~2.2 m,此处流体的热对流作用对温度梯度的影响较大。在埋深560~600 m段温度梯度增大,可能是受20煤顶底板砂岩裂隙水的影响。图9.44中十四12的井温曲线变化较为复杂,曲线上有多个突变点。钻孔十四12揭露的岩性资料显示,钻孔岩性主要为泥岩、粉砂岩和砂岩,岩层中砂岩含量占1/3。从水文地质资料可知,在井田南部北西向剪切挤压裂隙带,二叠系砂岩裂隙含水层富水性较强,含水层间存在水力联系。此钻孔揭露的岩层中地下水流动较为活跃,在低温地下水和较高温地下水的相互作用下,井温曲线变现出多个突变点。

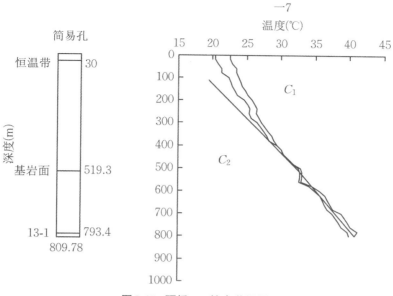

图9.43 顾桥—7综合井温图

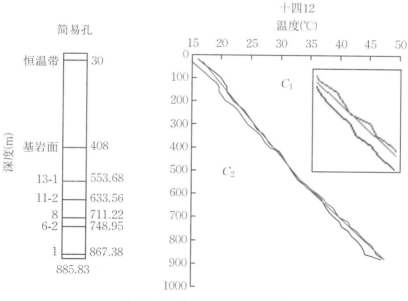

图9.44 顾桥十四12综合井温图

9.5.3 潘三矿区井温曲线形态分析

潘三矿区共有26个测温钻孔,其中近似稳态孔1个,简易测温孔25个。潘三矿区收集到的测温资料较少,收集的井温曲线图13个,仅为矿区测温孔的一半。分析井温曲线时,主要研究松散层底部到孔底之间的井温曲线变化,矿区内全孔缓斜型钻孔共有8个,上缓下缓中间急突变型钻孔共有5个。

表 9.7　潘三矿测温孔井温曲线分类

井温曲线形态类别	钻 孔 名 称
全孔缓斜型	十二西2、十东7、十四西11、十一西7、十一西9、十四西9、十一西2、十四东9
上缓下缓中间急突变型	13-1E-1、十四西7、十四西3、十四西13、十一西13
多变型	无

图9.45中,钻孔13-1E-1井温在埋深0~100 m段异常,应该与地表太阳辐射有关,暂不研究。井温曲线在1150 m处出现急突变,从1100 m到1150 m段属于缓斜型井温曲线段,地温梯度较小。而从1150 m到1250 m,井温梯度明显增大。根据钻探资料,在1150 m附近围岩岩性为奥陶系灰岩,而奥灰上部太原组厚度136.50 m。井温曲线存在突变一般是由地下水活动影响造成的,钻孔13-1E-1井温曲线出现"下凹",很可能受低温地下水侧向径流活动的影响。钻孔十一西2井温曲线变化趋势缓慢,没有明显突变情况,见图9.46。

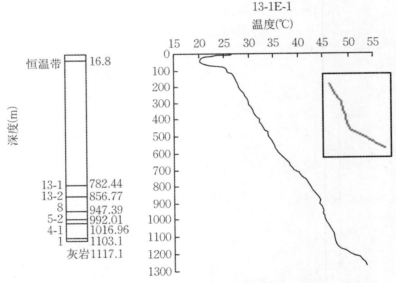

图9.45　潘三 13-1E-1 综合井温图

从图9.47中可知,十四西7孔温度与深度变化曲线呈多变形,既有埋深300 m的下凹形,又有600 m以下的持续上凸形。所以该孔上部400 m处受到同一含水层较低温水的侧向径流活动干扰,埋深800 m处受到底部较高温地下水上升活动的影响。而钻孔十四西9在埋深580 m时出现温度的突然变大,在埋深900 m时呈现"上凸"形式,见图9.48。参考钻孔岩性资料可知,从580 m到1030 m,岩层中砂岩厚度增大且分布较多,属于煤系砂岩裂隙含水层段。根据水文资料,潘三矿太原组灰岩富水性差异较大,而1煤底板至太原组1灰顶间的隔水层段也并不是完全隔水的。故推断煤系含水层与其下部的灰岩含水层间,具有一定的水力联系,受下部热水的上升补给使十四西9孔地温偏高。

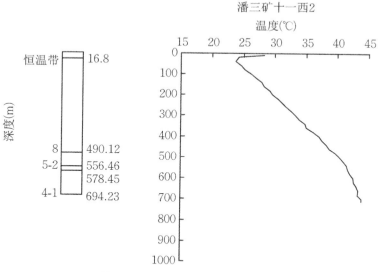

图9.46　潘三十一西2综合井温图

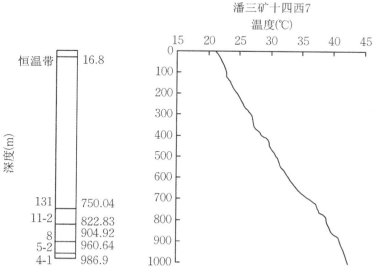

图9.47　潘三十四西7综合井温图

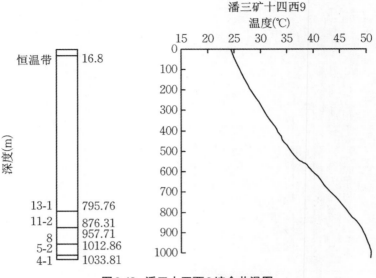

图9.48 潘三十四西9综合井温图

本 章 小 结

从地下水的水平运动和垂直运动方式入手,分别建立其热量传递方程,分析其对矿井地温场的影响,最后对矿井钻孔测温曲线类型进行划分,得出如下结论:

(1) 地下水水平运动对温度场的影响程度取决于地下水流速、含水层的厚度、孔隙度及埋深、含水层与上覆不透水层中岩石的热导率。在假定其余参数固定的情况下,地下水水平移动相同的距离时,水体温度与含水层厚度、孔隙度及地下水的水平流速度成反比关系,与含水层的埋藏深度成正比关系。

(2) 淮南矿区内各井田的灰岩水头差较小,沿着灰岩水流场的分布方向,在缓慢的径流过程中,经过深循环加热的地下水,赋存于矿区中东部,该地区保持较高的地温。

(3) 岩体中存在大面积垂直渗流时,围岩内沿垂向上的温度分布与上、下边界的温度有关,还与介质的热导率、孔隙度和流体的密度、比热容、垂向流速等参数有关。由上部传导型温度场和下部传导-对流型温度场组合成的模型,在其余参数相同时,地下水垂直运移相同距离时,温度与岩体孔隙度和流速成正比。

(4) 研究区内测温孔的综合井温曲线多表现为"上凸"和"多变"形,地温异常区的分布明显受太灰、奥灰高温水的影响。在丁集矿及顾桥矿的中深部地区,受北西向张性断裂导通深层较高温岩溶水的影响,地温梯度偏高。在顾桥井田南部"X"共轭剪切区,断层较发育,深部较高温的高压岩溶水沿断裂裂隙上升,将热量传到上部岩层,引起原始岩温增高。潘三井田内的十四西9孔,由于下部高温岩溶水的垂向上升活动,使该孔呈现高温异常。这也是研究区内下含水和煤系水与灰岩水水质相近的原因。

　　（5）太灰水在谢桥-张集和潘三-潘北矿区附近形成两个降落漏斗，奥灰水在潘集背斜处达到最低水位－60 m 左右。根据以往的研究资料显示，淮南矿区内＞3 ℃/100 m 的高温异常区，总体沿着陈桥-潘集背斜轴线呈"S"形分布。淮南煤田地温场的分布特点，明显与灰岩水流场的分布密切相关，证实了由于深部热水上涌补给上部含水层引起的高温异常是研究区内高温异常的原因之一。

第10章 A组煤开采底板突水温度响应的数值分析

研究区井内的深层灰岩水水温较高,水头压力较大。在相对独立的环境下,井田内灰岩的自流速度较为缓慢,在与围岩的长期作用下和流体环境达到相对的热平衡。矿井内A组煤开采时距离太原组灰岩含水层较近,在矿山开采的扰动下,灰岩水可以经由煤层底板的破坏带或构造带等进入回采工作面,高温高压的灰岩水则对煤层隔水底板以及工作面的温度场产生重要的影响。因此,在预测地质体中是否存在含水体时,可以应用岩体温度法。目前,已有学者将岩体温度法应用于堤坝渗流分析、隧道工程问题及矿山突水预测上。

本章主要通过数值模拟的方法,研究深部A组煤层开采过程中,由于采动裂隙以及构造带等的存在,预测当导水裂隙沟通下部灰岩水时,底板以及工作面的渗流场、应力场以及温度场的改变,以期来探讨通过岩体温度法进行工作面突水危险性的预报。

10.1 FLAC软件简介及三场耦合原理

10.1.1 软件简介

FLAC即快速拉格朗日分析是一种基于三维显式有限差分法的数值分析方法,由美国Itasca Consulting Group Inc开发,在计算时将计算区域划分为若干六面体单元,单元网格可以随着材料的变形而变形,即所谓的拉格朗日算法。该程序具有强大的前后处理功能,能很好地模拟地质材料在达到强度极限或屈服极限时发生的破坏或塑性流动的非线性力学行为,尤其在材料的弹塑性分析、大变形分析以及模拟施工过程等领域有其特别的优势。它包含10种弹塑性材料本构模型,有静力、动力、蠕变、渗流、温度5种计算模式,各种模式间可以互相耦合,可以模拟多种结构形式,如岩体、土体或其他材料实体,梁、锚杆、桩、壳以及人工结构如支护、衬砌、锚索、岩栓、土工织物、摩擦桩、板桩、界面单元等,可以模拟复杂的岩土工程或力学问题。无论是静力还是动力问题,快速拉格朗日分析都利用动态的运动方程进行求解,这使得快速拉格朗日分析很容易模拟动态问题,如振动、失稳、大变形等。快速拉格朗日分析采用显式方法进行求解,对显式法来说非线性本构关系与线性本构关系并无算法上的差别,对于已知的应变增量,可以很方便地求出应力增量,并得到不平衡力,就同实际中的物理过程一样,可以跟踪系统的演化过程。此外,显式法不形成刚度矩阵,每一步计算所需计算机内存很小,使用较少的计算机内存就可以模拟大量的单元,特别适于在微机上操作。

而且在求解大变形过程中,因每一时步变形很小,可采用小变形本构关系,这就避免了通常大变形问题中推导大变形本构关系及其应用中所遇到的麻烦,使它的求解过程与小变形问题一样。当然,由于算法自身的原因也造成了快速拉格朗日分析的一些固有缺陷,与其他方法如有限元相比,快速拉格朗日分析的计算效率较低,但随着计算机运算速度的加快,这与快速拉格朗日分析的优越性相比,已经是微不足道。

10.1.2 耦合方程

地下水渗流、地应力和温度场对岩体的作用是一种耦合作用过程,现根据实现方式的不同,将这三场的耦合作用归纳为力学耦合和参数耦合两种作用机理。这三场的耦合模型(简称 THM 模型)体现了可变形孔隙介质中热量和流体渗流的相互作用,通过物理量(质量、动量、能量)的守恒规律和 Darcy 渗流和 Fourier 热传递定理,来模拟所建立模型中的孔隙流体渗流、热传递和变形过程,用建立本构方程来模拟孔隙压力变化所造成的孔隙流体的渗流。总体来说,在本次对 THM 模型的耦合过程中,体积的应变量、孔隙压力、温度等因素的影响均有所体现,即耦合模型的模拟可以认为是接近真实情况的。

变形-渗流耦合模型的孔隙介质中,单相 Darcy 渗流是通过 FLAC 里 quasi-static Biot 理论进一步模拟的。来自岩土体的孔隙压力、岩土体的饱和度和地下水渗流速度的这三个分量,是变形-渗流耦合模型中的基本变量。孔隙压力受温度变化的影响,热膨胀系数是表征应力随温度改变的尺度。因此,孔隙介质中体积应变受到流体渗流和热膨胀的影响,这一影响过程就可以通过含有以上因素的耦合模型来表达。

热液流体主要遵循上述物理量的基本守恒定律,还有 Darcy 渗流定理和 Fourier 热传递定理,因此,本次模型具体的数值计算所依据的数学物理方程如下:

孔隙流体流动的 Darcy 公式:

$$q_i = -k_{il}\hat{k}(s)\big[p - \rho_f x_j g_j\big]_{,l} \tag{10.1}$$

热传递过程 Fourier 公式:

$$q_i^{\mathrm{T}} = -k^{\mathrm{T}}T \tag{10.2}$$

能量、质量、动量守恒方程:

$$-q_{i,i} + q_v = \frac{\partial \varsigma}{\partial t} \tag{10.3}$$

$$-q_{i,i}^{\mathrm{T}} + q_v^{\mathrm{T}} = \frac{\partial \zeta^{\mathrm{T}}}{\partial t} \tag{10.4}$$

$$\sigma_{ij,j} + \rho g_i = \rho \frac{\mathrm{d}v_i}{\mathrm{d}t} \tag{10.5}$$

THM 耦合的本构方程:

$$\frac{\partial \varepsilon_{ij}^{\mathrm{T}}}{\partial t} = \alpha_{\mathrm{T}} \frac{\partial T}{\partial t} \delta_{ij} \tag{10.6}$$

$$\frac{\partial P}{\partial t} = M\left(\frac{\partial \zeta_{\mathrm{H}}}{\partial t} - \alpha \frac{\partial \varepsilon_v}{\partial t} - \beta \frac{\partial T}{\partial t}\right) \tag{10.7}$$

其中,q_i为流速比;p为是孔隙压力;k_{it}为FLAC模拟中所使用的渗透率;$\hat{k}(s)$为相对流动系数;ρ_f为孔隙流体密度;$g_i(i=1,2,3)$为重力加速度在x,y,z向的三个分量;q_i^T为热通量;T为孔隙流体的温度;k^T为孔隙介质热传导系数;q_v为流体的源汇项;ζ为孔隙流体体积;ζ^T为每单位体积的孔隙介质中存储的热;ε_{ij}^T为热应变矢量;δ_{ij}为Kronecker符号;ε_v为体积应变;M为Biot模数;α为Biot系数;β为孔隙流体热膨胀系数。

10.1.3 三场耦合边界条件

模型实际的初始条件和边界条件是求解数学模型解析解的重要条件,通过对模型给定初始时刻的应力、位移、孔隙水压和温度的相应值能够确定模型的初始条件,对于本次三场耦合模型的边界条件,经学习探讨确定为以下几条:

1. 耦合模型的应力场边界条件

应力边界:

$$\sigma_{ij}n_j=\overline{f_i} \tag{10.8}$$

式中,n_j为边界上方向余弦分量;$\overline{f_i}$为边界面力分量。

位移边界:

$$\mu_i=\overline{\mu_{si}} \tag{10.9}$$

其中,$\overline{\mu_{si}}$表示边界位移分量。

2. 耦合模型的渗流场边界条件

给定孔隙水压力、不透水边界、透水边界和给定边界外法线方向的流速分量为渗流场的四种边界条件,此次模型的不透水边界在程序中默认,透水边界则使用:

$$q_n=h(p-p_\varepsilon) \tag{10.10}$$

式中,q_n为边界外法线方向的流速分量;h为渗漏系数($\text{m}^3/\text{N}\cdot\text{s}$);$p$为边界面处的孔隙水压力;$p_\varepsilon$为渗流出口处的孔隙水压力。

3. 耦合模型的温度场边界条件

设定热流密度、设定温度和对流交换边界条件,是确定具体温度场边界条件的主要内容,分别如下:

温度的设定:

$$T=\overline{T}(x_1,x_2,x_3,t) \tag{10.11}$$

热流密度的设定:

$$q_i=-\lambda\frac{\partial T}{\partial x_i}=\overline{q_i}(x_1,x_2,x_3,t) \tag{10.12}$$

对流交换边界的设定:

$$-\lambda\frac{\partial T}{\partial n}=h(T_s-T_f) \tag{10.13}$$

10.2 岩石全应力-应变三轴渗透试验

由上节所述可知,岩石变形破坏后其孔隙结构发生变化,因而渗透特性也发生变化,其渗流压力引起岩石孔隙结构的变形,因此应力对渗流的影响实质上是个耦合问题。在井下煤炭开采过程中,由于应力重新分布,采空区周围围岩应力应变状态发生了变化,使采场及巷道顶板产生弯曲变形甚至垮落,周围煤体产生片帮,底板也产生变形鼓起等,从而改变了原有岩层的渗透状态,形成了新的不均匀、各向异性的渗透系数场。在应力-渗流耦合数值计算和理论分析时,除本构方程外,对应于全应力应变过程的应变-渗透率关系应作为另一个极为重要的参考因素。因此,这种与应力应变有关的渗透系数场对于评价煤炭回采过程中顶底板水文地质条件及采动空间围岩突水防治具有十分重要的意义。

目前,在煤矿开采顶底板流固耦合分析数值计算时,大都是考虑岩体渗透系数在整个模拟过程是不变的,以定值来对待,即以线性耦合的方式,这显然这是不尽合理的。实际上,由于岩石种类繁多,组成岩石的颗粒成分大不相同,多孔介质和流体之间的关系不同,以至于岩石应力发生改变时所引起的应变不同,渗流过程中的孔隙压力差也不同,这些因素都会导致渗流特性发生变化,即使是同种岩石也是如此,故岩石渗透率与所处的应变状态密切相关。通过全应力-应变过程渗透性实验建立渗透性-应变耦合关系的研究思路是目前研究变形岩体渗透性应用较多的试验方法。目前的室内实验研究比较系统,初步建立了损伤、破坏、孔隙率等参数和渗透性的关系。

本节对潘三矿陷落柱东1钻孔的部分岩样进行渗透性试验。通过试验,得出试件全应力-应变关系曲线和相应的应变-渗透率关系对比曲线,从而分析各岩层岩石在变形破坏全过程的渗透率变化特征;分析应力和渗透率的关系,将渗透率-应力耦合关系融入应力场与渗流场的关系方程中。

10.2.1 渗透试验原理

试验室内测定岩石渗透率的方法有10余种,大致可归纳为两大类,即稳态法和瞬态法。鉴于稳态法所需要的岩样数量多、试验周期长、费用高以及围压不易控制等缺点。本次试验选用瞬态法进行岩石渗透性分析,试验时应特别注意岩样的密封,还有轴向载荷不能为零,故预设的第一个应变值不能为零,围压要大于孔隙压力,如果孔隙压力高于围压,则密封岩样的塑料绝缘带与热缩塑料套会被撑破使试验无法进行。

全应力应变过程中的渗透试验在山东科技大学MTS815.03岩石力学电液伺服系统上进行,该试验系统配备轴压($\sigma_1 \leqslant 4600$ kN)、围压($\sigma_3 \leqslant 140$ MPa)和孔隙水压($P_w \leqslant 70$ MPa)等三套独立的闭环伺服控制系统,具有计算机控制、自动数据采集功能。该系统是目前世界上最先进的室内岩石力学性质试验设备(图10.1),水渗透试验原理如图6.2所示。

图10.1 电液伺服三轴应力岩石力学实验系统

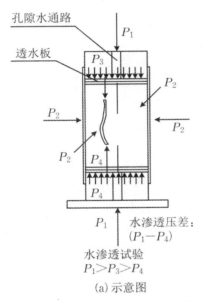

孔隙水通路

透水板

P_1

P_3

P_2

P_2

P_2

P_2

P_2

P_4

P_4

P_1

水渗透压差：
(P_1-P_4)

水渗透试验
$P_1 > P_3 > P_4$

(a) 示意图

(b) 渗透试验系统照片

图10.2 水渗透试验原理

在试件的上下端头各有一块透水板,透水板是具有许多均匀分布小孔的钢板,其作用是使水压均匀地作用于整个试件断面,以保证液体在整个试件表面均匀地向试件内渗透。在上渗透板的上部为试件上端水压,下渗透板的下部为试件下端水压,其中心各开有一个竖向小孔,这是水流动的通道。本次试验测定试件渗透率采用瞬态法。其基本原理:根据试验设计先施加一定的轴压P_1、围压P_2和孔压P_3(始终保持$P_3 < P_2$,否则将使热缩塑料等密封失效而使试验失败),然后降低试样下端的水压值P_4(开始时$P_4 = P_3$),在试件两端形成渗透压差ΔP(设备最大压差$\leqslant 2$ MPa,渗透试验时一般取$\Delta P = 1.5$ MPa左右),从而引起水体通过试件渗流。渗透试验液压系统均为伺服控制,试验全过程由计算机操作,包括数据采集和处理,在施加每一级轴向压力过程中,测定试样的轴向变形及渗透压差随时间的变化,并读取

每一级轴向压力下的轴向应变及渗透率值,可以获得应力-应变和渗透率-应变关系曲线。

在渗流过程中,ΔP不断减小,ΔP减小的速率与岩石种类、岩石结构、试件高度(渗流路径)、试件截面尺寸大小、流体黏度与密度以及应力状态和应力水平等有关。根据试验过程中计算机自动采集的数据,岩石渗透率为

$$k=\frac{1}{5n}\sum_{i=1}^{n}526\times10^{-6}\times\lg\left[\Delta P(i-1)/\Delta P(i)\right]$$

式中,n为数据采集行数;$\Delta P(i-1)$为第$i-1$行渗透压差,MPa;$\Delta P(i)$为第i行渗透压差,MPa。

在进行渗透试验前必须预先使试件充分饱和,试件不饱和或不够充分饱和会造成渗流过程不畅,渗透压差有时不是单调减小(有局部升高现象)。另外,岩石试件为圆柱形,试验时一定要密封良好,否则会造成试件内的水与试件外三轴室内的油相混,造成试验数据失真或试验失败。

10.2.2　试验参数及结果分析

1. 试验参数

试样取自潘三矿,共四组岩样。岩性分别为泥岩、粉砂岩和细砂岩。四种岩样的尺寸(直径×高度)见表10.1。所有的试样都是在相同的条件下进行的渗透性试验。试验所控制的参数见表10.1,试样在变形及破坏过程中控制14个测试点进行测试,试样应力应变过程的渗透率曲线分别如图10.3所示。

表10.1　试验参数及试验成果表

岩样编号	采样层位(m)	岩性描述	试样尺寸(mm)		围压σ_3(MPa)	孔隙水压(MPa)	渗透压差(MPa)	峰值应力$\sigma_1 max\sigma_3$(MPa)	渗透率k(10^{-6} cm/sec)
			高度	直径					
1	450.1~451.0	泥岩	100.4	49.66	5	4	1.5	21.3	0.83~6.6
2	461.3~462.2	粉砂岩	98.42	49.62	5	4	1.5	48.7	1.74~24.3
3	466.2~467.1	泥岩	99.68	49.61	5	4	1.5	29.5	0.68~5.31
4	550.2~551.1	细砂岩	99.53	49.52	5	4	1.5	74.32	1.54~167.7

2. 试验结果分析

(1)岩石渗透试样的特征阶段

由图10.3可以看到,三轴渗透试验结果揭示出岩石在全应力应变过程中,岩石的渗透性与内部结构演化相关,各阶段特征如下:

① 岩石初始压密阶段,岩石内部在垂直于主应力的原始微孔隙出现闭合或压密时,岩石渗透率出现下降。

② 线弹性变形阶段,随着轴向应力的增加,岩石渗透率总体呈现缓慢降低,说明岩石在外载荷与孔隙压力联合作用下,内部结构原始微孔隙继续被压密闭合。

③ 非线性变形与峰值强度阶段,随着轴向应力的增加,岩石内部结构的微裂纹合并,逐渐演变成宏观裂缝,岩石出现破裂,岩石渗透率剧增。

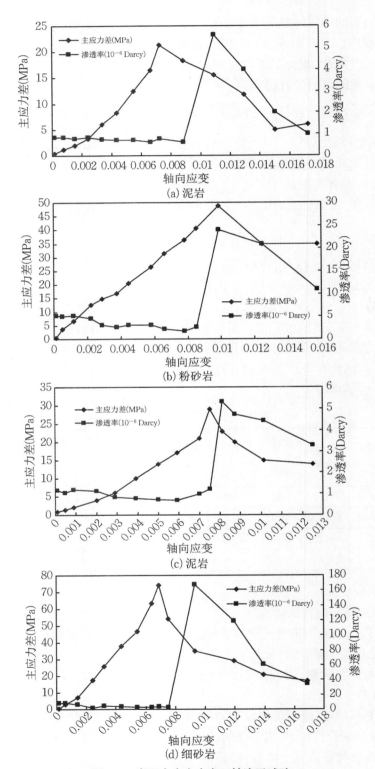

图10.3 岩石全应力应变三轴渗透试验

④ 岩石应变软化阶段破裂岩块沿断裂面产生错动和凹凸体的爬坡效应,使宏观裂隙法向间距加大,岩石的渗透率也达到峰值。

⑤ 残余强度阶段随着破裂岩块变形的进一步发展,凹凸体被剪断或磨损,裂隙间距减小,同时剪切与磨损产生的岩屑部分充填到裂隙间,破裂岩石的渗透性下降。

(2) 渗透破坏规律

结合表10.1和图10.3,本次渗透试验工程中渗透特征总结如下:

① 各岩石在达到岩石的峰值强度前,岩体处于压密阶段,渗透率随载荷的增加而逐渐减少,当轴压继续增加时,试样由弹性变形阶段过渡到塑性破坏阶段,岩石渗透性基本随应力增加而增大,并出现了峰值,试样屈服后应力应变曲线表现为软化特征,其内部裂隙又被压密闭合,此时渗透性却随应力的增加而降低,至塑性流变阶段,渗透性减小,并趋于稳定,渗透-应变的关系曲线在形态上大致与应力-应变曲线相似。

② 岩石渗透率峰值基本发生在岩石破坏后应变软化阶段,说明岩石的破坏并非与渗透极大值同步,只有岩石破坏后变形的进一步发展,才会导致峰值渗透的到来。因此,防止岩石破坏与控制岩石破坏后应变软化阶段变形的进一步发展和预防岩层突水是同等重要的。

③ 岩石渗透率常在应力-应变曲线峰后出现突然增大的现象。在突跳前,岩石渗透率值一般较低,而在突跳位置上,岩石渗透率一般直接跳跃到最大值。

④ 在同等围压和渗透压力条件下,不同岩性岩石的最大渗透率由小到大是泥岩、粉砂岩、细砂岩,可见泥岩的渗透率最小,是岩层中最好的隔水岩层。

图10.4列出了部分岩石试件的最终破裂形式图。从图10.4中可观察到,岩石在水压和轴压作用下,以劈裂为主,或者是高角度剪切破裂。另外当岩石裂隙不发育时,岩石试件试件破裂时形成一个贯通整个岩样的倾斜破裂面,倾斜破裂面多是始于试件的一个端面,止于另一个端面(图10.4中(a));当岩石裂隙发育,其破坏模式受控于结构面,岩石多沿结构面破坏(图10.4中(b))。

(a) 砂岩　　　　　　　　　(b) 泥岩

图10.4　部分试件破坏模式

10.2.3　岩石应力-渗透率关系方程

根据三轴渗透试验结果,建立应力-渗透率关系方程,目的是研究岩石应力应变过程中渗透率的变化规律,为渗流-应力耦合数值模型提供渗透率变化控制方程。

在岩石强度峰值前,根据C. Louis提出的应力-渗透率公式,有

$$k = k_0 e^{\alpha_1 \sigma} \tag{10.14}$$

峰值后,渗透率一般都有一个突跳增大的现象,且这一现象已被多数研究者所证实,本次试验结果同样有如此现象,如图10.5所示,有

$$k = k_f e^{\alpha_2 \sigma} \tag{10.15}$$

式中,k 为渗透率;k_0 为初始渗透率;α_1、α_2 为试验常数;σ 为应力;k_f 为峰值渗透率。

图10.5显示了4种岩性应力与渗透率之间的关系,其拟合曲线以及拟合方程如图中所示,拟合程度较高,为后续建立描述岩石破裂过程中流固耦合数值模型提供了可靠的试验依据。另外从图中可以看出,软质岩体屈服后,渗透率的增长倍数远远不如硬质岩石,表明,底板软弱覆岩即使受采动破坏的影响,其渗透率也变化不大,这对底板防突水是有利的。

10.2.4　结论

(1) 岩石一般在达到峰值后的应变软化阶段渗透性能才达到最大,因此,防止岩石破坏与控制岩石破坏后应变软化阶段变形的进一步发展和预防岩层突水是同等重要的。

(2) 岩石峰值前应力-渗透率的关系呈负指数函数关系,而峰值后二者呈现正指数关系,且方程拟合程度较高。

(3) 在同等围压和渗透压力条件下,不同岩石的最大渗透率由小到大是泥岩、粉砂岩、细砂岩。

(4) 软弱岩石在屈服后,渗透率的增长倍数远远不如硬质岩石,表明煤层顶底板软弱岩石即使受采动破坏的影响,其渗透率也变化不大,这对松散含水层下采煤缩小防水煤柱以及底板防突水开采是有利的。

10.3　数值模型的建立

根据矿区 A 组煤开采时实际的水文地质和工程地质条件,本次设计的计算模型为 250 m×160 m 的平面应变模型,模型划分为 250×160=40000 个单元。模型中 A 组煤厚度为 3 m,设计煤层隔水底板(煤层到太原组 3 灰距离)厚达 40 m。

模型的力学边界条件为:左右边界施加位移约束,下边界施加垂直位移约束,上边界施加 $\sigma_z = 4.5$ MPa 垂直载荷以模拟模型上覆 250 m 左右的岩土层。

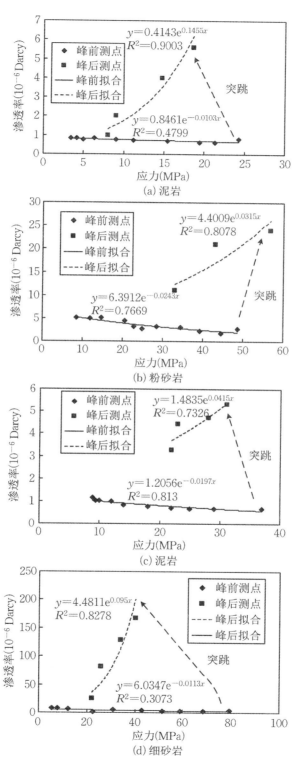

图10.5　岩石全应力应变三轴渗透试验

模型中渗流边界条件:底部采用固定水压边界模拟底部含水层的高承压水值(2 MPa),其余为隔水边界。初始时只有底部含水层有水,工作面开采后采空区为排水边界,不考虑采空区有水,其边界取固定水压为零。

模型中热力学边界条件:初始地温场按照前面描述的本矿地温梯度值进行施加,将模型上、下边界设为给定温度边界条件,按地温梯度3.5°/hm的条件,计算得到模型中上边界固定温度为44°,下边界温度为50°。模型左右采用隔温边界。工作面四周和空气采用对流换热边界。设置工作面环境温度为20 ℃,对流换热系数为10 W/(m²·℃)。数值计算模型如图10.6至图10.8所示。

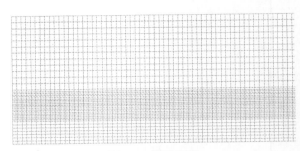

图10.6 网格划分

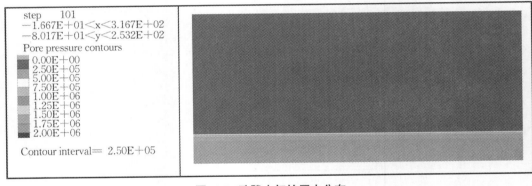

图10.7 孔隙水初始压力分布

图10.8 地温场初始分布

参考现场提供的钻孔柱状图资料,为便于计算,对岩层做了合并均匀化处理,模型中各岩层的基本参数见表10.2。

　　根据该矿的现行采煤方法,模拟一次采全高,采煤工作面倾向长度100 m。沿采煤工作面走向自左侧150 m处开始开挖,步距10 m,共开挖10步。模拟开挖计算过程中,先关闭FLAC中的流体渗流和温度分析部分,计算模型在单力学场中的岩体变形量,迭代计算模型在不排水状态下达到平衡,然后开启流体渗流场,使用流固耦合计算岩体在该步开挖时间内的固结变形量,耦合计算该时步完成后,再打开温度场计算功能,使用流–固–热三场耦合下温度响应特征的模拟。全部计算结束后,进入下一步开采过程计算,如此循环,直至开采结束。

表10.2　模型中岩层物理力学参数

岩层	密度 (kg/m³)	弹模 (GPa)	泊松比	内聚力 (MPa)	抗拉强度 MPa	摩擦角 (°)	渗透系数 (cm/s)	孔隙率	热导率 (W/(m·℃))	比热容 (J/(kg·℃))
顶板	2680	1.96	0.24	0.87	1.12	35.5	1e-4	0.3	2.7	800
8煤	2000	0.50	0.32	0.80	0.10	27.0	6e-3	0.2	2.4	700
底板	2540	26.00	0.18	4.60	2.70	36.0	1e-6	0.3	2.7	800
灰岩	2540	2.13	0.23	3.40	2.34	34.3	5e-3	0.5	2.9	800
地下水	1000	—	—	—	—	—	—	—	—	4200

　　模型中考虑渗透系数随着应力变化而变化,其关系式参考上节的室内试验分析结果拟合的方程式,运用Fish语言编写出渗透系数的变化关系,每隔10步距动态更新渗透系数的值。

10.4　结果分析

10.4.1　应力场及采动塑性区分析

　　由于煤层的开采,引起周围岩石应力重新分布,在开挖区段的两侧,前后方煤层岩壁的支撑处出现应力集中(图10.9)。围岩内的垂直应力分布受工作面开采的影响,往两侧推进开采时,垂向上的应力集中范围从25 m相应增大到40 m。在工作面前方15 m左右的区域是应力的高峰聚集区,并没有受开采的影响。用负值表示压应力,正值表示拉应力,当停止工作面向两侧的继续推进时,得到的支撑压力峰值为−25 MPa,已是原岩应力的3倍。采空区的垂向上,顶部覆岩和底部岩层内出现应力释放。

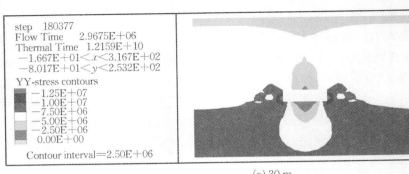

(a) 30 m

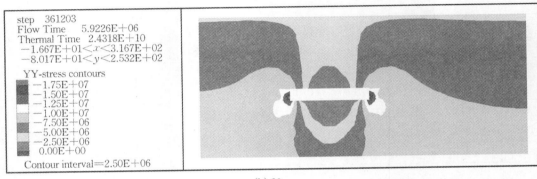

(b) 60 m

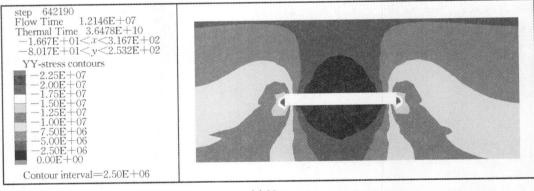

(c) 90 m

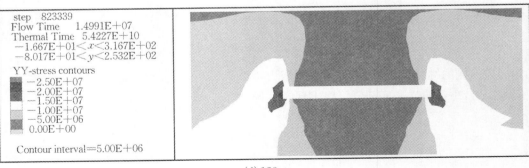

(d) 120 m

图 10.9　推进距离不同时的围岩垂向应力分布

从图10.10中围岩的塑性分布可知,从30 m推进到120 m距离时,顶底板岩层的剪切应力和拉伸应力不断增大,表现为拉剪混合的破坏现象,顶板最大的破坏高度为37 m,而在被开挖的煤岩壁两侧以压剪破坏为主。当推进距离达到120 m时,底板破坏带沟通了灰岩含水层,工作面突水形成。

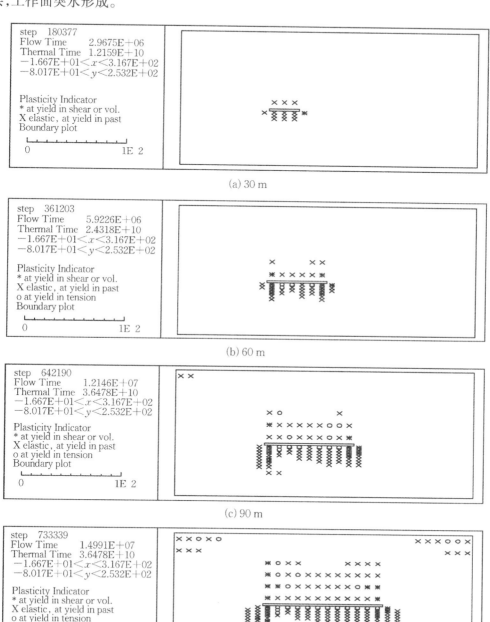

图10.10 推进距离不同时的围岩垂向应力分布

10.4.2　渗流场分析

由图10.11可知：推进距离在30～60 m间，由于采动裂隙并没有沟通灰岩含水层，故灰

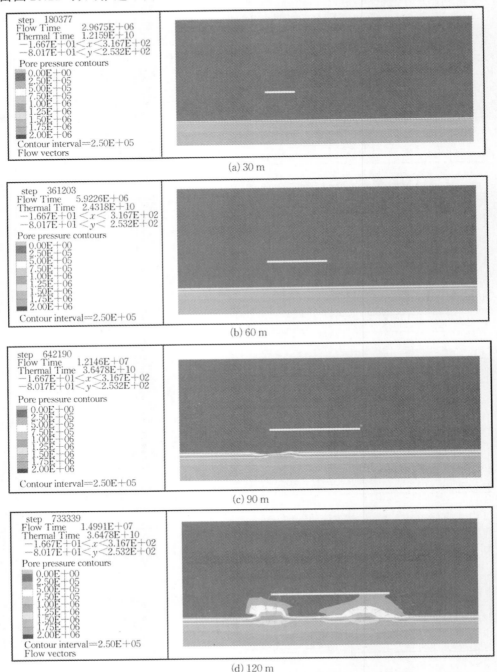

(a) 30 m

(b) 60 m

(c) 90 m

(d) 120 m

图10.11　推进距离不同时孔隙水压力的分布情况

岩含水层的水压没有变化;推进距离为90 m时,由于隔水底板底部出现承压水拉伸破坏区,底板的孔隙水压开始出现微小的浮动,水平面上的压力分布不太均匀;当推进到120 m距离时,由于采动裂隙导通了灰岩含水层,底板灰岩水顺着岩体裂隙涌入工作面,造成工作面发生突水事故。

在FLAC中用fish程序语言编写围岩渗透系数与其原始值的比值,来表示采煤过程中围岩渗透性的变化,并作为额外的输出变量,模拟结果见图10.12。根据图形可以看出,采煤推进到120 m的距离时,受开采扰动影响工作面的围岩受损,底板灰岩水突入采空区,周围岩石的渗透性变化明显。灰色表示的高比值区域较为形象,在采空区底部呈"八字形",而顶板像个"马鞍"。并且从采空区向四周,这一比值的分布呈递减趋势。在采空区顶底板岩层的裂隙破坏带,比值最大达到了50,即是原始渗透系数的50倍。采动时的渗透系数与原始渗透性的比值,间接地反映了顶底板岩体的破坏情况。

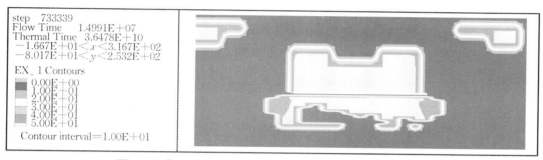

图10.12　推进120 m时渗透系数与原始渗透系数的比值分布

10.4.3　温度场分析

图10.13为工作面不同的推进距离时,采空区围岩中温度分布的变化情况。由图可知,推进距离为30 m时,在工作面附近的围岩温度为20 ℃左右,从采矿向四周温度增高,此时岩层中的热量传递以热传导形式为主。随着采矿距离的加大,围岩温度的分布情况相应变化,受影响的温度区域面积增大,可以从30 m到90 m推进距离时的温度分布情况图看出这一现象。当推进距离达到120 m时,底部热水沿采动裂隙上涌,工作面温度升高到达50 ℃,工作面附近的温度场受传导和对流的同时控制。温度场的变化可以看出在对流作用下岩体升温比较迅速。

本 章 小 结

本章借助FLAC软件,根据地质体实际边界条件,建立了深部A组煤开采底板突水时应力–渗流–温度的耦合模型,本章试验及模拟结果如下:

(1)岩石三轴渗透试验表明,通常岩石峰后应变软化阶段渗透率达到最大的性能,岩石峰值前应力–渗透率的关系呈负指数函数关系,而峰值后二者呈现正指数关系,且方程拟合

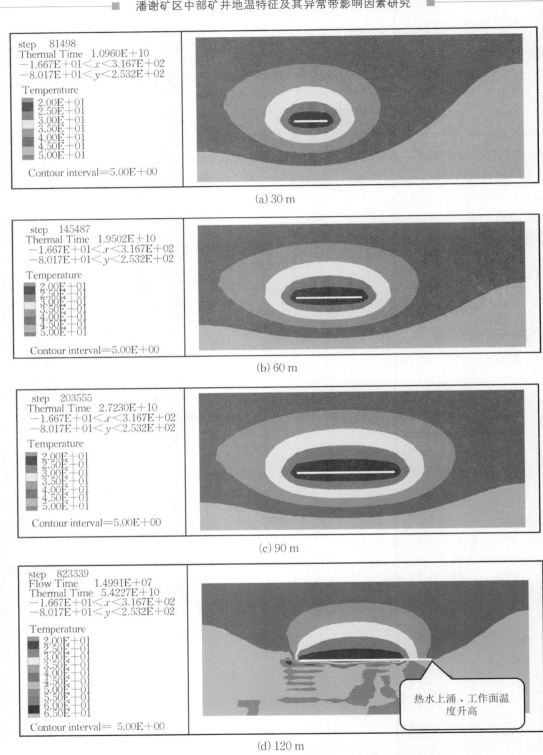

(a) 30 m

(b) 60 m

(c) 90 m

(d) 120 m

图10.13 推进距离不同时围岩的温度分布

程度较高;软弱岩石屈服后,比坚硬的岩石渗透率增长倍数小,表明煤层底板软弱岩石即使受采动破坏的影响,其渗透率也变化不大,这对底板防突水是有利的。

（2）随着工作面的不断推进,采空区范围扩大,在采空区的左右两端出现应力集中,采矿区的竖向上则表现为应力释放。推进 120 m 时,底板的塑性区沟通了灰岩含水层。

（3）突水前含水层的水压分布较为均匀,随着推进距离增大水压没有变化。而当推进 120 m 距离时,底板灰岩水顺着岩体裂隙涌入工作面,造成工作面发生突水事故,且顶底板岩层破坏带处的渗透系数/原始渗透系数≈50,顶底板岩体已受破坏。

（4）在突水前工作面附近的围岩温度为 20 ℃左右,围岩中主要以热传导形式进行热量传递。当推进距离达到 120 m 时,底部热水沿采动裂隙上涌,工作面温度升高到达 50 ℃,热水上涌对温度场的影响较为明显。

第11章　研究区地热水资源储量计算及热害防治

地热水能属于可再生能源家族中的重要成员之一,也是可以预见的在未来一定时间内能够为人类开发和利用的地球内部的热能资源,它是一种集水、热、矿于一体的很有发展前途的新型能源,并且因为地热能以资源覆盖面广,对生态环境污染小,运营成本低等优势而受到人们的青睐。研究区地热资源潜力较大,对区内地热资源进行评价,并且分析利用前景是十分必要的。本次执行国家标准《地热资源地质勘查规范》(GB/T11615—2010)、《地热资源评价方法》(DZ 40—85)对研究区地热资源进行评价。按规范要求,地热资源评价包括地热能储量与地热水可开采储量评价。研究区为沉积盆地型地热资源类型,为热储层分布无限边界条件。地热能储量计算评价采用热储法及储存量法,地热水可开采储量计算评价主要采用解析法。根据规范,将埋深2000 m以内定义为经济型地热资源,受当前开采技术水平限制,本次地热资源计算埋深为2000 m。

随着煤矿开采深度的不断增加,原岩温度不断升高,采掘工作面的高温热害日益严重。为调查井下高温和确定是否形成矿井热害以及对其进行治理等目的,世界各国根据本国矿井具体条件、技术、经济状况及发展水平,对矿井热害都制定了相应的标准。1978年颁发的《煤炭资源勘探地温测量若干规定》中规定:原始岩温高于31 ℃的地区为一级热害区;原始岩温高于37 ℃的地区为二级热害区。据《煤炭资源地质勘探地温测量若干规定》,热害等级分为Ⅰ级(>31 ℃)和Ⅱ级(>37 ℃),本次依据此划分标准对研究区的热害区域进行预测和圈定。

根据前面对研究区地温特征的分析,对矿区各主要煤层的温度进行了计算,利用各煤层地温分布状况,预测圈定了各煤层的热害等级分区。

11.1　地热水资源概述

11.1.1　地热水资源分布

由前所述,淮南地区20世纪60年代在进行煤田地质勘探及20世纪末地热资源普查,钻探了40多个钻孔进行地热测量,发现淮南市地热资源主要分布于淮河以北的谢潘地区。潘集地区处于潘集至谢桥反"S"形地质构造区,热水钻孔储热层主要为奥陶系石灰岩。钻孔揭示,垂深600 m的地热温度大于35 ℃以上有12个钻孔,如十二16孔和五1孔垂深500 m的地热温度分别为34 ℃和37.9 ℃,垂深700 m以上地热温度平均达37 ℃,实测地热以十四12孔最高,垂深880 m的温度达47 ℃。

由前所述,研究区地热分布规律如下:

(1)地温不均衡。陈桥-潘集背斜轴部地温高,梯度大,两翼地温低,梯度小,从翼部向轴部地温上升,梯度呈增大趋势。

(2)较大断层处地温高,梯度也大。如Ⅵ-Ⅷ3、Ⅶ13、Ⅶ9B孔处于F4断层带内,其地温梯度明显高于正常地带。

(3)水温与地温呈正相关,地温高的地下水温度也高。

(4)地热资源分布不均匀。因热储层为石灰石岩层,岩溶发育不均匀,造成资源分布不均匀。

另外,地热资源按温度可分为高温、中温和低温三类:

(1)高温地热:温度大于150 ℃的地热,以蒸气形式存在。

(2)中温地热:温度为90~150 ℃的地热,以水和蒸气的混合物等形式存在。

(3)低温地热:温度大于25 ℃、小于90 ℃的地热,以温水(25~40 ℃)、温热水(40~60 ℃)、热水(60~90 ℃)等形式存在。

高温地热一般存在于地质活动性强的全球板块的边界,如我国的西藏羊八井地热田、云南腾冲地热田、台湾大屯地热田都属于高温地热田。中低温地热田广泛分布在板块的内部,如我国华北、京津地区的地热田多属于中低温地热田。

根据现有的勘探资料,研究区的地热资源类型为低温地热,以温热水的形式存在。

11.1.2　热储层及热储盖层

热储是指地热流体相对富集,具有一定渗透性并含载热流体的岩层或岩体破碎带。20世纪潘集地区煤田地质勘探的钻探资料证实,潘集地区热储层主要为奥陶系中、下统马家沟组,厚度一般在56~147 m,以层控为主的地热水。热储层岩性为灰岩、白云质灰岩和泥质灰岩,在构造作用下易形成裂隙,在地下水丰富的情况下,有利于岩溶发育,成为良好的含水层。四5、十二16、五1等孔钻探资料显示,奥陶系中下统马家沟组岩层岩溶裂隙发育,并见有溶孔。该岩溶裂隙承压水含水层在长期的地温作用下,最终形成该地区重要的热储层。

盖层是地热形成的必备条件之一,它是覆盖在热储上部具有隔水隔热性能,对热储起保温作用的岩层。潘集地区奥陶系中、下统马家沟组热储层之上广泛分布着厚度较大的第四系或石炭系上统太原组。根据钻孔资料揭示,在背斜的核部储热体之上直接覆盖新生界第四系地层,岩性为粉砂与粉砂质黏土;背斜的南北两翼储热体上覆地层为石炭系下统太原组,岩性为灰岩与砂质泥岩、页岩互层,特别是其底部铝质黏土层。这些岩层厚度大,透水性差,既防止了浅层地下水向下渗透,又阻隔深层地下水向上的垂直运移,制止了因地下水的垂向对流造成的热能损耗,从而使地下热能在盖层之下的热储层中聚集。

综上分析可得,研究区地下热水资源的热储概念模型为圈闭式层状热储(图11.1),即岩溶型热层在较厚盖层屏蔽下,使热储层从控热断裂获取的地热能得以富集和赋存,并经导水

287

断裂构造传送热储层中的地下水。地下水经过漫长地质时期的对流运动,使地热载体逐渐升温,形成现在的潘集地区的地下热水资源。

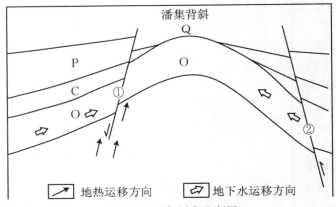

① F1断层,② 潘集北断层

图11.1　研究区热储模型示意图

11.1.3　地热水形成机制

从潘集背斜地质发展史不难看出,地热形成的地质条件,经历了一个漫长的地质演化发展过程。大致可分为两个阶段:

(1) 盖层形成之前的热能散失阶段。在奥陶系和含煤岩系形成之后,由于纬向构造和近东西向断裂的产生和发展,潘集背斜形成遭受漫长的风化剥蚀,表层岩层形成众多的风化裂隙,大气降水沿着裂隙向下渗透,给地下岩层中的地下水以补充,但伴随着蒸发作用的进行,从地下深部获取的热量大量散失,因没有热储盖层,形成不了地热。

(2) 盖层形成之后的地热形成阶段。新生代第四纪该地区沉积了较厚的岩层,防止了大气降水的渗透,阻隔了含水层间的联系,有效控制了地下热能的散失,但切割潘集背斜呈近东西向的断裂的持续活动,不仅加速了地下热能从深部向浅部传导,而且加速了侧向补给的地下水在热储层中的对流,大约经过20 Ma的积累,逐渐形成了该地区的地热资源。

11.2　地热资源储量估算

11.2.1　储量计算级别的确定

从我国目前开采的经济和技术条件考虑,钻进愈深技术愈复杂,钻井(孔)的成本愈高。一般将埋深2000 m以内定为经济型地热资源,2000~3000 m定为亚经济型地热资源。埋深1000 m以内,热水温度大于40 ℃、单井出水量大于20 m³/h的热能才能作为可利用的地热资源。

由于研究区地热田勘查属于初步调查阶段,主要根据煤田勘探资料来评价地热资源。圈定的地热异常区主要是根据钻孔测温资料所计算的地温梯度方法,因此,精度较低,所计算的地热储量为推断的经济基础储量。

11.2.2　热储法地热资源储量计算

本次采用热储法对热储层中热能量进行计算。热能量计算又分为热储层中热能总量和可采热能储量计算两个方面。前者国内常用的方法是热储法,后者常用的方法是采收率法。

1. 计算模型

（1）地热资源量计算

热储层中储存热能总量包括热储中固体和流体含热能总量,采用热储法计算模型(11.1)计算。

$$Q_R = C \cdot A \cdot d \cdot (T_r - T_j) \tag{11.1}$$

式中,Q_R 为热储层中储存的热能总量,kcal;A 为计算区面积,m^2;d 为热储层厚度,m;T_r 为热储层温度,℃;T_j 为基准温度（即当地地下恒温层温度或年平均气温）,℃;C 为热储层岩石和水的平均比热容,$kcal/m^3$;$C = \rho_c \cdot c_c \cdot (1-\varphi) + \rho_w \cdot c_w \cdot \varphi$,$\rho_c$、$\rho_w$ 分别为岩石和水的密度,kg/m^3;c_c、c_w 分别为岩石和水的比热,$J/(kg \cdot ℃)$;φ 为热储层岩石的孔隙度,无量纲。

（2）可采热能储量计算

热储层可采热能储量计算,采用采收率法进行计算。用热储法计算出的热储层中储存热能总量不可能全部被开采出来,只能开采出一部分,二者的比值称为回收率。回收率的大小根据热储的岩性、有效孔隙度确定。规范要求,松散孔隙热储,孔隙率大于20%时,回收率可取25%;固结砂岩、花岗岩、火成岩等裂隙热储,其回收率可取5%~10%。热储层可采热能储量,采用采收率法计算模型(11.2)进行计算。

$$Q_{wh} = R_E \times Q_R \tag{11.2}$$

式中,Q_{wh} 为热储层可采热能储量,J;R_E 为采收率;Q_R 为埋藏在地下热储层中储存的热能总量,J。

2. 计算参数确定

（1）计算区面积

本次计算埋深为2000 m,根据矿区勘探资料,太原组地层厚度平均为120 m,奥陶纪地层平均厚度250 m,地层总厚约370 m,因此,埋深2000 m范围内可包含奥陶纪地层以上的所有地层。由于区内对寒武纪灰岩揭露较少,寒灰水文地质资料较少,研究区热储下限定为奥陶纪地层。

《地热资源地质勘查规范》中规定,低温地热资源的下限为水温大于25 ℃,详见表11.1。根据研究区域水文地质资料,晚第三纪中新统下部砂砾松散层含水层及古生代灰岩含水层水温能够满足低温地热资源的下限要求,同时两含水层均能满足可利用热储的基本条件。因此,矿区热储量分为两大部分进行计算,即晚第三纪砂层热储和古生代奥灰、太灰灰岩热储。

表11.1 地热资源温度分级

温度分级		温度(T)界限(℃)	主要用途
高温地热资源		$T \geqslant 150$	发电、烘干、采暖、
中温地热资源		$90 \leqslant T < 150$	烘干、发电、采暖、
低温地热资源	热水	$60 \leqslant T < 90$	采暖、理疗、洗浴、温室、
	温热水	$40 \leqslant T < 60$	理疗、洗浴、采暖、温室、养殖
	温水	$25 \leqslant T < 40$	洗浴、温室、养殖、农灌

注:表中温度是指主要储层代表性温度。

研究区为新生界全隐伏煤田,《地热资源地质勘查规范》中指出,隐伏地热区特别是沉积盆地型地热资源地区热储面积可利用深层地温梯度进行圈定。同时,在利用地温梯度圈定热储边界时,应以在1000 m以浅的地温不得小于40 ℃时的地温梯度($\Delta T/\Delta h$)为下限,即式(11.3)所示。

$$\frac{\Delta T}{\Delta h} = \frac{40 - T_0}{1000 - h} \tag{11.3}$$

式中,T_0为恒温层温度或年平均气温,℃;h为恒温层埋深,m。

淮南矿区恒温层温度为16.8 ℃,恒温层埋深30 m,因此,经公式(11.3)计算热储边界的地温梯度下限为2.4 ℃/100 m。古生代计算区热储面积以地温梯度2.4 ℃/100 m为下限进行圈定。

(2)热储层厚度

据吴基文(2014)研究内容可知,淮南矿区晚第三纪热储厚度根据各矿区勘探钻孔统计资料,有效砂岩段平均厚度为35 m;淮南矿区古生代热储厚度计算根据区域钻探资料,太原组灰岩纯厚平均为55 m,奥灰地层平均总厚250 m,据潘一矿奥灰地层揭露,奥灰纯厚约为地层厚度的75%,经计算区域奥灰纯厚约187 m。古生代有效热储厚度为灰岩纯厚乘以灰岩裂隙段长度占揭露深度的平均比例,根据钻探资料裂隙率取23%,因此淮南矿区古生代热储有效厚度为56 m。

(3)热储层温度

淮南矿区晚第三纪热储温度根据勘探期间抽水试验相关资料,热储平均温度28.5 ℃。矿区古生代热储属于深埋型热储,根据相关规范,当工作区内揭露热储的井很少或仅有浅层地温资料时,应根据地质情况,利用热储上部的地温梯度按式(11.4)推算深部热储温度:

$$t = (d - h)\frac{\Delta T}{\Delta h} + T_0 \tag{11.4}$$

式中,T为热储温度,℃;d为热储埋藏深度,m;h为恒温层埋藏深度,m;$\frac{\Delta T}{\Delta h}$为地温梯度,地温梯度,℃/100 m;$T_0$为恒温层温度,℃。

本次热储温度用热储层顶、底面温度平均值代替。通过勘探线剖面的统计除区内背斜核部范围外,研究区太灰顶面标高基本在-1100~-1300 m,其中丁集、顾桥以及潘三的地温梯度分别为3.31 ℃/100 m、3.12 ℃/100 m以及3.08 ℃/100 m,恒温层埋深30 m,温度为16.8 ℃,利用公式(10.4)计算得到的具体结果见表10.2。

（4）年平均气温

根据地区气象资料,淮南矿区年平均气温为16.8 ℃。

（5）岩石与水的密度、比热及岩石孔隙度

岩石的密度、比热参照《地热资源地质勘查规范》有关数据（表11.3）,研究区热储孔隙度根据矿区已有资料,定为20%。

表11.2 研究区不同分区热储温度计算表

名称	热储顶面平均埋深（m）	热储底面埋深	平均地温梯度（℃/100 m）	热储顶面温度（℃）	热储底面温度（℃）	热储平均温度（℃）
丁集	1200	2000	3.31	55.5	82.0	68.8
顾桥	1310	2000	3.12	56.7	78.3	67.5
潘三	1270	2000	3.08	55.0	77.5	66.3

表11.3 几种常见岩石的比热、密度和热导率（吴基文,2014）

岩石名称	比热容（J/(kg·℃)）	密度（kg/m³）	热导率（W/(m·℃)）
花岗岩	794	2700	2.721
石灰岩	920	2700	2.010
砂岩	878	2600	2.596
钙质砂（含水率43%）	2215	1670	0.712
干石英砂（中-细粒）	794	1650	0.264
石英砂（含水率8.3%）	1003	1750	0.586
砂质黏土（含水率15%）	1379	1780	0.921
空气（常压）	1003	1.29	0.023
冰	2048	920	2.219
水（平均）	4180	1000	0.599

3. 地热能储量计算及结果

将已确定的参数带入计算模型公式,淮南矿区热储法计算结果见表11.4。

表11.4 研究区热储法计算热储层中热量一览表

矿名	热储岩石和水的平均比热容 C(kcal/(m³·℃))	计算区面积 A（10^8 m²）	热储厚度 d(m)	热储温度 T_r（℃）	年平均气温 T_j（℃）	可采率	热能总量 Q(kcal)	可采热能储量 Q(kcal)	换成标准煤（10^6 t）
丁集	615.35	1.01	56	68.8	16.8	0.25	$1.81×10^{14}$	$4.53×10^{13}$	6.47
顾桥	615.35	1.07	56	67.5	16.8	0.25	$1.87×10^{14}$	$4.68×10^{13}$	6.69
潘三	615.35	0.56	56	66.3	16.8	0.25	$9.55×10^{13}$	$2.39×10^{13}$	3.41
总计							$4.64×10^{14}$	$1.16×10^{14}$	16.57

注:每kg标准煤产热量按7000 kcal计算。

11.2.3 地热资源储存量计算

1. 计算模型

承压水储存量可分为容积储存量和弹性储存量。

(1) 地热水总储存量

$$Q_L = A \cdot \frac{h \cdot \phi + H \cdot S}{B}$$

式中,Q_L为热水天然储存量,m^3;A为热储面积,m^2;ϕ为热储层岩石的孔隙度;h为热储层厚度,m;H为热储层顶板算起压力水头高度,m;S为弹性释水系数;B为地热水的体积系数m^3/m^3(一般水密度/地热流体密度),取1.01。

$$S = C \cdot \phi \cdot P_w \cdot g \cdot h$$

式中,ϕ为热储岩石的孔隙度;C为热储层综合压缩系数;g为重力加速度;A为热储面积,m^2。

(2) 水中存储的热量

$$Q_w = Q_L c_w r_w (T_r - T_0)$$

式中,Q_w为水中存储的热量,kcal;Q_L为热储中存储的水量,m^3;r_w为水的密度,kg/m^3;c_w为水的比热,$kcal/(kg \cdot ℃)$;T_r为热储温度,℃;T_0为年平均气温,℃。

2. 计算参数确定

研究区晚第三纪热储为砂砾含水层,根据区域水文地质资料,含水层水位平均标高为+24 m,根据区域水文地质剖面图及对比图,中新统下部含水层顶面平均埋深为350 m。热储顶板水头H为374 m,热储综合压缩系数取$4×10^{-4}$/MPa,经计算热储弹性释水系数为$2.74×10^{-5}$。

古生代热储相关参数按前述选取,含水层的弹性释水系数根据区内太灰及奥灰抽水试验,二者平均值取为$5.08×10^{-4}$,通过对矿区内各矿井水文常观孔资料统计,除太灰局部因井下放水外,太灰与奥灰水位相近,水位标高取二者区域平均值为+6 m,一灰顶板平均标高为-1350 m,则热储顶板水头H为1356 m。

(1) 储存量计算及结果

将参数带入公式计算,计算结果如表11.5~表11.10所示。

表11.5 潘三矿区地热流体储存量计算结果表

热储类型	热储储水量 $Q_L(10^9 \text{ m}^3)$	热储分布面积 $A(10^8 \text{ m}^2)$	热储层厚度 $d(\text{m})$	热储孔隙度 ϕ	水头高度 $H(\text{m})$	弹性释水系数 S	地热水体积系数 B
晚第三纪	0.39	0.56	35	0.2	374	$2.74×10^{-5}$	1.01
古生代	0.66	0.56	56	0.2	1356	$5.08×10^{-4}$	1.01

表11.6　潘三矿区地热流体储热量计算结果表

热储类型	水的密度 (kg/m³)	水的比热 (kcal/(kg·℃))	热储温度 T_r(℃)	年平均气温 T_j(℃)	水中存储的热量 Q_w(kcal)	换算为标准煤 (10^6 t)
晚第三纪	1000	1	28.5	16.8	4.56×10^{12}	0.65
古生代	1000	1	65.2	16.8	3.19×10^{13}	4.56
总计					3.65×10^{13}	5.21

表11.7　丁集矿区地热流体储存量计算结果表

热储类型	热储储水量 Q_L(10^9 m³)	热储分布面积 A(10^8 m²)	热储层厚度 d(m)	热储孔隙度 ϕ	水头高度 H(m)	弹性释水系数 S	地热水体积系数 B
晚第三纪	0.71	1.01	35	0.2	374	2.74×10^{-5}	1.01
古生代	1.19	1.01	56	0.2	1356	5.08×10^{-4}	1.01

表11.8　丁集矿区地热流体储热量计算结果表

热储类型	水的密度 (kg/m³)	水的比热 (kcal/(kg·℃))	热储温度 T_r(℃)	年平均气温 T_j(℃)	水中存储的热量 Q_w(kcal)	换算为标准煤 (10^6 t)
晚第三纪	1000	1	28.5	16.8	8.31×10^{12}	1.19
古生代	1000	1	65.2	16.8	5.76×10^{13}	8.23
总计					6.59×10^{13}	9.42

表11.9　顾桥矿区地热流体储存量计算结果表

热储类型	热储储水量 Q_L(10^9 m³)	热储分布面积 A(10^8 m²)	热储层厚度 d(m)	热储孔隙度 ϕ	水头高度 H(m)	弹性释水系数 S	地热水体积系数 B
晚第三纪	0.74	1.07	35	0.2	374	2.74×10^{-5}	1.01
古生代	1.26	1.07	56	0.2	1356	5.08×10^{-4}	1.01

表11.10　顾桥矿区地热流体储热量计算结果表

热储类型	水的密度 (kg/m³)	水的比热 (kcal/(kg·℃))	热储温度 T_r(℃)	年平均气温 T_j(℃)	水中存储的热量 Q_w(kcal)	换算为标准煤 (10^6 t)
晚第三纪	1000	1	28.5	16.8	8.66×10^{12}	1.24
古生代	1000	1	65.2	16.8	6.10×10^{13}	8.71
总计					6.97×10^{13}	9.95

11.3　地热流体可采量计算与评价

11.3.1　地热流体可采量计算

1. 单井可采量计算

通过对研究区内各煤矿勘探及补勘时期太灰-奥灰段及晚第三纪下部含水层抽水试验资料的分析,根据拟合误差分析,曲线类型为直线形。由于矿区内灰岩岩溶发育程度及下含富水性具有不均一性,即使同一煤矿的不同部位都存在较大差异,反映在图上为直线的斜率存在差异性,因此,本次计算选取统计资料的平均值进行计算。根据《地热资源地质勘查规范》中规定,利用内插法确定单井可采量时,计算使用的压力降低值最不大于 0.5 MPa,本次计算以 50 m 作为允许降深($S_{允}$):

古生代热储:

$$S = 0.7175Q - 2.5741$$

$S = 50$ m 时,$Q = 1759.6$ m³/d,取值为 1760 m³/d。因此,古生代地热流体单井开采的允许开采量为 1760 m³/d。

晚第三纪热储:

$$S = 0.3178Q - 2.9355$$

$S = 50$ m 时,$Q = 3997.6$ m³/d,取值为 3998 m³/d。因此,晚第三纪地热流体单井开采的允许开采量为 3998 m³/d。

2. 均匀布井法

依据确定的单井稳定产量,按相关公式估算其开采权益保护范围。对盆地型地热田,可按单井允许开采量开采 100 a、消耗 15% 左右地热储量,采用下式估算地热井开采对热储的影响半径,视其为单井开采权益保护半径:

$$R = \sqrt{\frac{36500Qf}{0.15H\pi}}$$

式中,Q 为地热井产量,m³/d;f 为水比热/热储岩石比热的比值,$f = 4180/920 = 4.5$;H 为热储层厚度,m;R 为地热井开采 100 a 排出热量对热储的影响半径,m。

经计算得出 $R_{古} = 3310.58$ m、$R_{新} = 6311.45$ m。因此,古生代热储按照井间距 6.6 km 均匀布井,晚第三纪热储按照井间距 12.6 km 布井。研究区东西长 27 km,古生代热储全区可布置 4 眼开采井,可采量 1760 m³/d,晚第三纪热储全区可布置 2 眼开采井,可采量 3998 m³/d。

11.3.2　地热资源量评价

根据我国已知地热田特征,按地热田的温度、热储形态、规模和构造的复杂程度,将地热田勘查类型划分为两类六型(表 11.11)。

表11.11 地热勘查类型

类	型	主 要 特 征
高温 地热田 （I）	I-1	热储呈层状,岩性和厚度变化不大或呈规则变化,地质构造条件比较简单
	I-2	热储呈带状,受构造断裂及岩浆活动的控制,地质构造条件比较复杂
	I-3	地热田兼有层状热储和带状热储特征,彼此存在成生关系,地质构造条件复杂
中低温 地热田 （II）	II-1	热储呈层状,分布面广,岩性、厚度稳定或呈规则变化,构造条件比较简单
	II-2	热储呈带状,受构造断裂控制,地热田规模较小,地面多有温、热泉出露
	II-3	地热田兼有层状热储和带状热储特征,彼此存在成生关系,地质构造条件比较复杂

本次勘查区属中低温（II）类II-3型层状热储地热田勘查类型,具有热储层分布面积广,厚度较稳定,岩性较均匀。按规范,计算评价期为100 a,对地热资源储量进行计算评价。

计算参数来源于钻探、抽水试验、物探测井、水质化验等资料数据。计算方法确定符合规范要求,计算参数数据来源较可靠,选用计算公式符合实际及规范要求,计算结果准确可靠。

11.4　矿井地温区划

11.4.1　丁集矿地温区划

为了进一步对丁集矿的热害深度做系统的分析,在第5章研究的基础上,通过各钻孔的拟合公式可以计算出相应温度值31 ℃和37 ℃的深度,并用surfer软件成图,绘制丁集矿31 ℃和37 ℃等深线图。丁集矿区31 ℃及37 ℃区划深度的数据见表11.12,丁集矿31 ℃等深线图和37 ℃等深线图如图11.2和图11.3所示。

表11.12 丁集矿区31 ℃及37 ℃区划深度

钻孔号	y	x	31 ℃深度(m)	37 ℃深度(m)
847	3640682.92	39468185.61	440.33	592.61
849	3641135.54	39467179.29	482.08	676.88
8414	3641202.90	39468353.99	439.12	616.11
二十1	3640866.05	39470335.95	461.72	659.74
二十4	3639843.50	39470044.06	426.32	596.29
二十8	3638276.96	39469574.00	496.10	690.91
二十10	3637422.86	39469301.98	482.82	684.16
二十13	3635566.34	39468776.37	467.74	669.76
二十八4	3639309.59	39465382.73	462.54	679.93

钻孔号	y	x	31 ℃深度(m)	37 ℃深度(m)
二十八7	3639919.20	39465523.90	513.35	703.23
二十八8	3638078.85	39465052.04	512.94	694.76
二十八10	3636419.49	39464610.06	515.46	720.24
二十八11	3641154.64	39465858.12	477.94	647.43
二十二11	3638830.30	39468481.71	493.05	674.32
二十九2	3641540.98	39465417.00	394.23	614.82
二十六1	3641660.92	39467079.16	487.95	677.22
二十六5	3640172.54	39466651.84	447.86	648.53
二十七9	3639650.84	39465973.44	532.38	722.86
二十七11	3641521.65	39466464.31	433.22	645.23
二十七12	3636543.56	39465140.50	464.67	673.73
二十三6	3639579.06	39468160.44	378.77	549.72
二十三9	3638266.82	39467743.02	512.64	705.56
二十四5	3639702.48	39467570.84	469.50	667.52
二十五7	3639210.47	39466903.10	471.94	680.28
二十五13	3635780.13	39465884.62	544.13	745.47
二十一6	3638258.08	39468971.20	462.61	666.00
三十5	3639794.44	39464539.40	652.21	922.48
十八8	3636404.87	39470175.58	441.29	655.57
十八20	3632494.47	39468928.73	533.07	737.85
十六1	3640121.29	39472298.76	508.65	706.02
十六4	3639284.49	39472068.06	411.25	577.92
十六6	3638818.44	39471940.00	414.18	573.75
十六8	3638002.43	39471671.82	451.97	652.64
十六10	3637162.72	39471422.54	529.59	719.46
十六12	3636295.70	39471171.15	459.25	654.06
十七6	3638859.90	39471417.41	377.67	542.05
水12	3640675.34	39469051.05	366.61	527.90
十六11	3636736.07	39471291.56	446.95	633.86
十八7	3637046.48	39470374.40	464.50	663.18
二十6	3639147.70	39469825.08	392.39	583.47
二十三12	3635935.28	39467029.70	495.50	703.11
二十九3	3641190.93	39465354.76	465.43	664.11

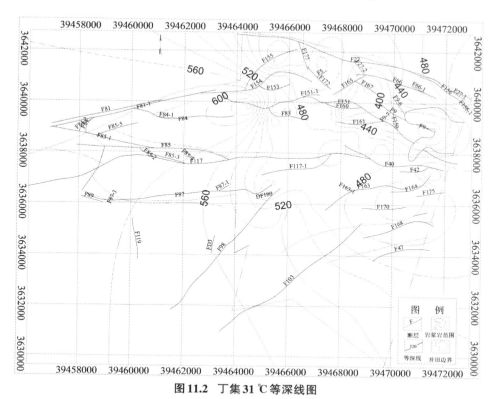

图 11.2　丁集 31 ℃等深线图

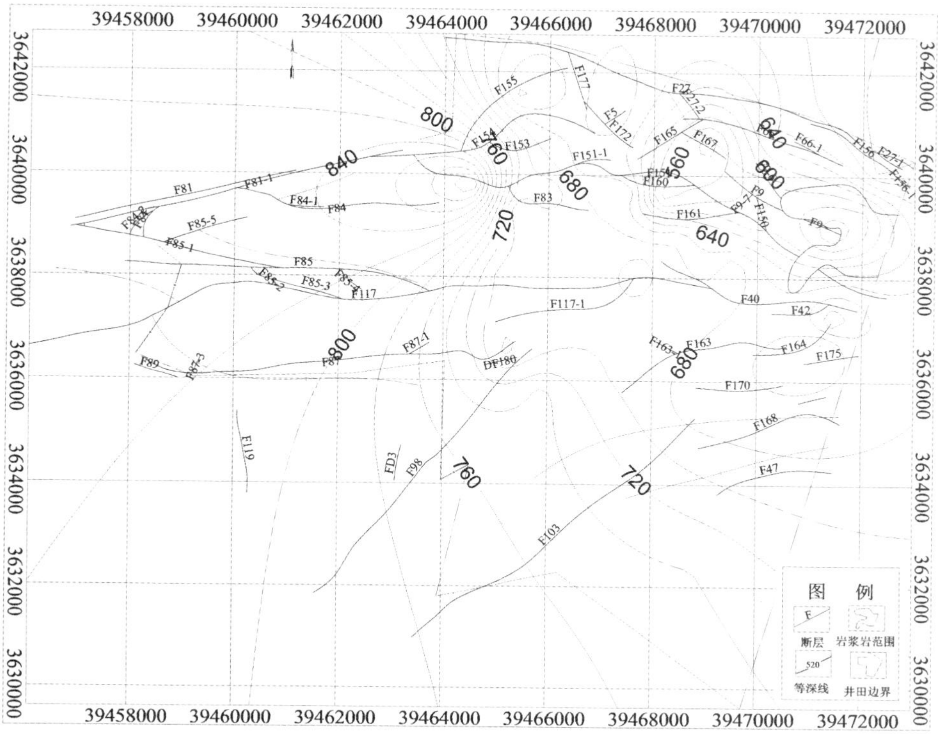

图 11.3　丁集 37 ℃等深线图

一级热害区范围深度范围为 366.61～652.21 m,平均值为 468.62 m,在钻孔水 12 附近温度相对较高,先达到一级热害。二级热害区范围深度范围为 527.90～922.48 m,平均值为 662.40 m,同样是在钻孔水 12 附近,其温度相对其他地方较高,先达到二级热害。从图 11.2 丁集 31 ℃等深线图可以看出,井田区域在越靠近潘集背斜核部,深度越浅。潘集背斜从北向南,31 ℃等深线的深度越来越深。井田北部深度差异较大,南部变化较为平缓。在三十 5 钻孔附近,平面深度 530 m 左右,为井田 31 ℃深度最深的区域。从图 11.3 可以看出,37 ℃等深线的变化趋势和 31 ℃时很相似,吻合度很高。在三十 5 钻孔附近,平面深度为 900 m 左右,为井田 37 ℃深度最深的区域.

11.4.2　顾桥矿地温区划

通过各钻孔的拟合公式计算出顾桥矿相应温度值 31 ℃和 37 ℃的深度,并用 surfer 软件成图,绘制顾桥矿 31 ℃和 37 ℃等深线图。顾桥矿区 31 ℃及 37 ℃区划深度的数据见表 11.13,顾桥矿 31 ℃等深线图和 37 ℃等深线图如图 11.4 和图 11.5 所示。一级热害区范围深度范围为 370.51～633.65 m,平均值为 480.36 m,在钻孔十二 17 附近温度相对较高,先达到一级热害。二级热害区范围深度范围为 545.38～877.16 m,平均值为 693.25 m,在钻孔 XLZK3 附近温度相对其他地方较高,先达到二级热害。从图 11.4 顾桥 31 ℃等深线图可以看出:在井田中部区域 31 ℃等深线较浅,且等深线的变化趋势较为平缓,向四周等深线深度增加;在井田西部及东北部区域 31 ℃等深线较深,且变化幅度较大;在井田东北部、平面深度 530 m 左右,为井田 31 ℃深度最深的区域。从图 11.5 顾桥 37 ℃等深线图可以看出,37 ℃等深线的变化趋势和 31 ℃时大体相似,中部 37 ℃等深线较浅,等深线向四周逐渐增大;在井田东北部、西北部、南部,37 ℃等深线深度较深;在井田东北部平面深度 740 m 左右,为井田 37 ℃深度最深的区域;井田各处 37 ℃等深线的变化趋势较相近。

表 11.13　顾桥矿区 31 ℃及 37 ℃区划深度

钻孔号	y	x	31 ℃深度(m)	37 ℃深度(m)
三-四 3	3636782.29	39459788.24	518.80	690.72
十八补 3	3625643.608	39461919.47	466.56	749.58
十北补 2	3632346.461	39462633.03	430.91	703.64
十九补 3	3624810.588	39461787.05	486.65	709.70
东进风井井筒检查孔	3632295.185	39463300.88	459.22	681.44
十九南 1-2	3624357.964	39461003.41	479.17	715.39
十南补 3	3631754.627	39462395.86	533.51	730.23
东回风井井筒	3632338.722	39463388.87	566.67	762.75
深部进风井井筒检查孔	3632303.8	39460619.01	427.91	633.39
XLZE1	3631997.090	39456706.970	452.83	650.20
XLZE2	3632155.216	39456863.687	552.00	752.00
XLZJ1	3634080.736	39452943.414	633.65	874.62

钻孔号	y	x	31 ℃深度(m)	37 ℃深度(m)
XLZJ2	3634641.129	39453418.288	567.89	877.16
XLZK1	3630295.040	39461000.930	465.43	654.70
XLZK2	3629263.310	39461243.570	548.42	737.70
XLZK3	3628998.610	39461225.430	376.37	545.38
XLZL1	3631236.110	39458345.100	480.39	660.57
XLZL2	3631383.030	39458452.020	523.42	711.50
XLZL3	3632373.065	39459546.342	496.37	812.16
XLZM1	3636162.790	39460664.290	484.38	661.89
XLZM2	3636298.990	39460791.780	507.51	677.01
十二 9	3630379.620	39458600.380	428.87	628.21
七 19	3634248.450	39462484.220	533.69	735.03
七 49	3635170.880	39457733.320	434.70	634.70
六 12	3637704.035	39463077.65	483.62	677.80
丁补 08-1	3631003.344	39463297.95	592.89	783.37
十一-十二 7	3630613.100	39462298.780	485.15	707.37
十二 15	3635765.520	39463442.420	447.15	663.75
五 25	3635877.200	39457095.280	502.60	722.38
五 20	3635561.460	39458625.150	518.43	780.44
49	3635788.240	39461735.060	425.67	631.86
五 23	3630166.320	39455752.160	458.75	673.04
十二 16	3640011.000	39322221.000	401.19	584.12
补 4	3631507.940	39456324.840	514.52	720.00
十南 14	3630703.230	39455605.700	482.26	678.98
69	3634309.350	39461044.840	390.73	609.71
七 17	3627359.990	39464295.080	438.01	644.19
十六 16	3632789.240	39462562.700	438.82	647.87
九 15	3634449.480	39457944.710	475.24	711.46
七 14	3637154.060	39461151.470	517.52	688.46
三 8	3634380.280	39459515.660	526.93	775.89
七 15	3632825.020	39460785.590	416.86	625.92
九 13	3635195.610	39456602.800	447.32	687.32
六 10	3637036.700	39462888.860	480.42	711.19
三 9	3638728.110	39463074.840	519.58	769.58
一 7	3631520.820	39455075.700	441.61	661.39
水 13	3635125.260	39460175.460	460.26	656.98
六 16	3634335.280	39460032.280	457.57	665.90
七 16	3633583.950	39456887.100	500.27	705.05

钻孔号	y	x	31 ℃深度(m)	37 ℃深度(m)
八8	3630915.970	39454021.140	495.29	702.91
十一13	3630927.480	39454698.970	481.87	685.95
十一17	3632037.310	39452830.480	489.67	670.94
水33	3628251.980	39463994.730	524.48	785.35
十五14	3628775.160	39458167.340	426.06	633.67
十四12	3630681.040	39463061.500	457.38	614.45
十二17	3630493.530	39460821.240	370.51	589.49
十二12	3636782.29	39459788.24	456.70	658.72

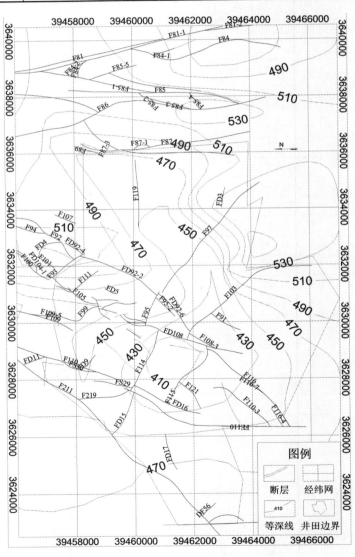

图11.4　顾桥31 ℃等深线图

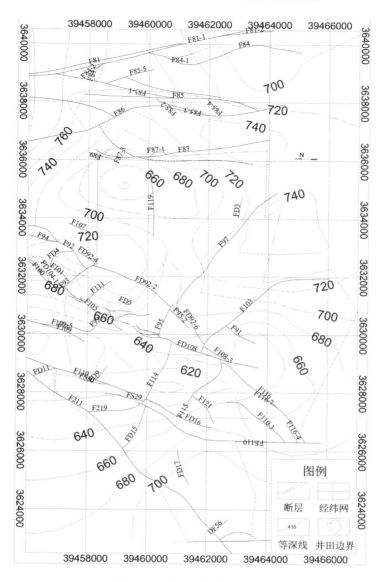

图 11.5　顾桥 37 ℃等深线图

11.4.3　潘三矿地温区划

通过各钻孔的拟合公式计算出潘三矿相应温度值 31 ℃和 37 ℃的深度,并用 surfer 软件成图,绘制潘三矿 31 ℃和 37 ℃等深线图。潘三矿区 31 ℃及 37 ℃区划深度的数据见表 11.14,潘三矿 31 ℃等深线图和 37 ℃等深线图如图 11.6 和图 11.7 所示。一级热害区范围埋深范围为 229.54~682.26 m,平均值为 474.46 m,在钻孔十一西 2 附近温度相对较高,先达到一级热害。二级热害区范围埋深范围为 427.56~937.57 m,平均值为 679.01 m,同样是在钻孔十一西 2 附近温度相对其他地方较高,先达到二级热害。从图 11.6 顾桥 31 ℃等深线图可以看出:在井田北部及西南部区域 31 ℃等深线较浅,南部及东部等深线的变化趋势较为平缓;在井田中部及西北部区域31℃等深线较深,在钻孔十一东7附近31℃等深线变化趋势最大;在井田中部、平面埋深560 m左右,为井田31℃深度最深的区域。从图11.7顾桥37℃等深线图可以看出,37℃等深线的变化趋势和31℃时大体相似,井田北部及西南部区域37℃等深线较浅,南部及东部等深线的变化趋势较为平缓;在井田中部及西北部37℃等深线深度较深,在钻孔十一东7附近37℃等深线变化趋势最大;在井田中部及西北部平面埋深800 m左右,为井田37℃深度最深的区域。

表11.14 潘三矿区31℃及37℃区划深度

钻孔号	y	x	31℃深度(m)	37℃深度(m)
十东7	3634056.7	39479800.92	523.50	716.43
十二西2	3636543.356	39476505.91	621.58	864.49
十一西13	3633896.707	39477420.87	682.26	937.57
十四东9	3634356.66	39472900.73	491.14	667.10
十一西2	3635712.267	39477994.76	229.54	427.56
十四西13	3634092.12	39472171	364.03	528.41
十四西3	3636748.308	39472974.62	555.22	813.84
十四西7	3635992.27	39472753.19	501.47	727.89
十四西9	3635264.008	39472526.82	358.76	549.84
十一9	3632606.89	39477013.01	537.83	758.42
十一西7	3633177.11	39477189.28	549.51	773.40
十四西11	3634581.20	39472341.08	574.55	798.43
13-14E-1	3637502.629	39474544.29	348.48	608.23
十一东7	3634564.9	39478371.98	414.12	629.18
十一东3	3635303.93	39478605.65	44.50	59.10
十一东5	3634895.07	39478481.71	474.40	680.58
十一东9	3633955.37	39478194.09	392.94	602.73
十一15	3633946.47	39477819.51	583.08	813.85
十二7	3634469.87	39476408.13	544.26	757.02
水四14	3637329.43	39475636.35	505.64	719.93
十三5	3635642.8	39474634.54	470.77	655.96
十三西5	3636479.59	39474498.18	413.50	568.94
十三西7	3635967.02	39474336.7	470.94	653.31
十三西1	3637488.53	39474671.52	406.39	571.68
十三西3	3636900.09	39474504.49	402.43	559.50

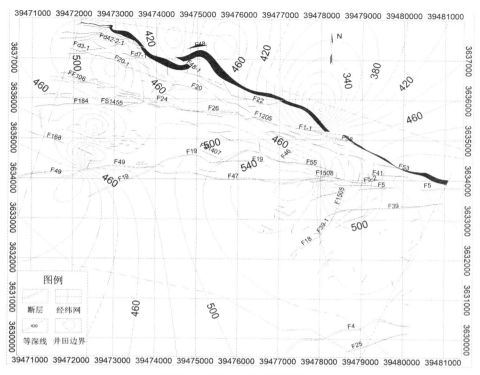

图11.6　潘三31℃等深线图

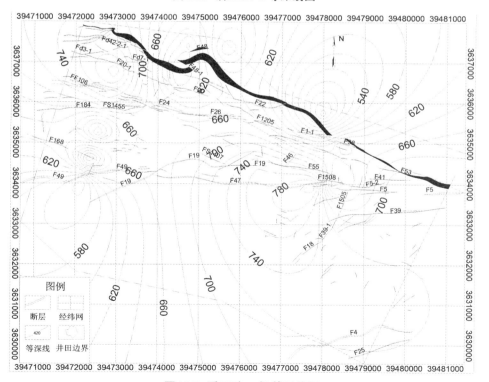

图11.7　潘三矿37℃等深线图

11.5　矿井热害防治措施

　　《煤矿安全规程》规定,采掘工作面的空气温度不得超过26 ℃,否则应采取降温或其他防护措施。随着矿井开采深度的不断增加及机械化程度越来越高,矿井中高温高湿的热害问题将会越来越严重。当前进行热害防治的措施归纳起来主要有两个方面:一是采取非机械制冷方式,即采矿技术,该方法也是最传统、最普遍的制冷措施,主要包括通风降温、隔热疏导、个体防护等,这一措施经济实用,但由于受到多种因素的约束,效果也有限。而采用传统的通风降温法往往达不到理想效果,所以就需采用第二种制冷方式,即采取人工机械制冷的方式。运用各种空气热湿处理手段,来改善和调节井下作业地点的气候条件,使之达到规定的标准。只有在采取非机械制冷方式达不到降温的目的时,才考虑采取机械制冷措施。本节主要介绍矿井热害治理的措施。

11.5.1　非机械制冷方式

1. 通风降温

　　通风降温技术是通过增加井下的风量,使井下作业地点的气温降低到国家有关规程规定的允许温度范围内,从而创造一个适宜的温度环境的一种降温技术。通风降温的主要措施就是加大矿井风量和选择合理的矿井通风系统。风量不仅是影响矿内气候条件的一个重要的、起决定性作用的因素,而且是通过适当手段就能奏效的少数措施之一,有时费用也比较低。

　　理论研究和生产实践都充分证明,加大采掘工作面风量对于降低风温、改善井下气候条件都具有明显效果。另外,加强通风有利于维持人体热平衡。人的机体主要通过对流、蒸发、辐射和导热的途径同外界环境进行热交换以维持人体热平衡。当环境气温稍高时,对流、蒸发就是人体主要散热形式,增大井下作业点的配风量,对有限断面的巷道来说,就意味着风速的增加,风速增大可加强身体与环境的对流换热,能尽快吹散附于人体附近由于汗液蒸发而形成的一层饱和蒸气层,加强质交换,便于蒸发汗液,排出体内热。因此,在稍热的环境中,适当增大风速对促进人体散热维持人体热平衡有着重要的作用。

　　加强通风有利于改善人体的热环境舒适程度。人对热环境的舒适程度是人体热平衡的心理反应。影响人体热平衡的因素不是单一的温度,而人体热平衡也不是一个简单的物理散热过程,而是在人的神经系统调节下的一种非常复杂的过程。人体热平衡受温度、湿度、风速以及热辐射的综合影响。人的主观感觉也是综合效应的反映,如在气温为17.7 ℃、湿度为100%,风速为0 m/s的环境中与气温为22.4 ℃、湿度为70%、风速为0.5 m/s下有相同的热感觉。这就说明在一定条件下增加配风量,可在气温稍高的环境中获得气象条件的改善。

　　综上所述,从理论和实践上皆可证实适当增加供风量可获得降温或感觉舒适些的效果。因此,在一定条件下增加采掘工作面的配风量可以达到降温的目的,即通风降温是可行和有效的。但是增加风量时不应超过《煤矿安全规程》规定的最高允许风速。

增加风量是一种简单易行的降温方法,但是其降温幅度是有限的,受进风温度和围岩温度等因素的影响。当围岩温度达到一定高度时,增加风量将不起作用。

在井下风量是不可以任意增大的,在巷道面积不变的情况下,风量的增大意味着风速的增加,而当风速超过1.5~2 m/s就可能会吹起巷道地面的煤尘等,造成扬尘的效果,影响工人的正常工作和身体健康;任意增加风量在经济上也是不允许的,风机的功率与风量呈三次方关系,风量增加到一定程度时,会导致所需要的风机的功率太大,而这在经济上是不合理的;当风量增加到一定程度时,对风温的影响就不大了,围岩与氧化这两个热源的散热量除与温差、散热面积等有关外,还与风速成幂函数增长关系,也就是对具有有限断面的采面或巷道来说,风量的增加意味着风速的增大,它加剧了热交换,导致了散热量的增大(贺黎明)。

2. 通风方式

在井巷热环境条件和风量不变的情况下,井巷风流的温升是随其流程的加长而增大,风路越长,风流沿途吸热量越大,温升也越大。所以,对高温矿井应使其进风路线的长度尽量缩短。同时在进行开拓系统设计时,要注意与通风系统相结合,避免将进风巷布置在高温岩层中和不必要地加长进风路线的长度,以使温升加大(任世权,2010)。

在选择采区通风系统时,尽量采用轨道上山进风方案,避免因煤流与风流方向相反,将煤炭在运输过程中的放热和设备放热带进工作面。

在条件许可时,回采工作面可采用下行风。当工作面入风温度和风速相同时,下行通风或上行通风的工作面回风风流的最终温度主要取决于煤层倾角,倾角每增加10°,下行通风比上行通风降温1 ℃。但世界各主要采煤国家对回采工作面的下行通风都有所限制。我国《煤矿安全规程》第一百一十五条规定:有煤(岩)与瓦斯(二氧化碳)突出危险的采煤工作面不得采用下行通风。

在其他条件相同时,不同矿井通风系统的通风降温效果不同。通常的排列顺序为分区式通风系统最佳,对角式通风系统次之,中央式通风系统较差。

3. 顶板管理

在高温热害矿井中,采煤工作面是主要升温段,也是人员集中工作的场所。因此,采煤工作面应作为矿井降温的重点。采取集中生产、回采工作面采用后退式采煤法、倾斜长壁采煤法、全面充填法管理顶板,对改善采煤工作面的气候条件是有利的。

(1)集中生产

加大矿井开发强度,提高单产单进,虽然采掘工作面热量有所增加,但采掘面减少,井下围岩总散热减少,有利于提高人工制冷冷却风流的效果,相应降低吨煤成本的降温费用。研究表明,产量提高一倍,可使回采工作面末端的风温降低1~4 ℃。

(2)后退式采煤法

与前进式采煤法相比,采用后退式采煤法时,到达工作面的风流温度要低2~2.5 ℃,且沿采区平巷几乎没有漏风,风量相对较大。

(3)倾斜长壁采煤法

采用倾斜长壁采煤法,通风线路短,有效风量相应提高,对改善采煤工作面的气候条件是有利的。该方法一般适用于缓倾斜煤层。

（4）全面充填法

全面充填法即向采空区充填温度较低的物质，以降低采空区的温度的方法。充填材料温度较低时，充填物将使风流冷却。在使用风力充填时，压气还可以改善气候条件。

如果岩石温度及工作面日产量越高，则充填材料所起的冷却作用也就越大，其冷却作用甚至可以达到小到中等风流冷却设备的制冷能力，即 $400\sim500$ kW。

4. 热水防治

矿内热水通过两个途径把热量传给风流：一是漏出的热水，通过对流对风流直接加热加湿；二是深部承压的高温热水垂直上涌，加热了上部岩体，岩体再把热量传递给风流。

矿井热水的治理措施有：超前疏干，就是将热水水位降到开采深度以下；在出水点附近打专门的排水钻孔，把热水就地排到地面；在回风水平涌出的热水在回风井巷设水仓，利用泵房直接排出地面；利用隔热管道或者加隔热盖板的水沟导入井底水仓；在热水涌出量较大的矿井，开掘专门的热水排水巷。

5. 其他措施

（1）预冷煤层

利用回采工作面附近的平巷或倾斜巷布置钻孔，降低温水通过钻孔注入煤体中，使回采工作面周围的岩体受到冷却。预冷煤层，在一定的条件下，要比采用制冷设备更为经济有效，并可兼收降尘之利。

（2）煤体排热

回采工作面周围煤体排热，通常预先在回采前的准备采区中进行。一般利用回采工作面周围的平巷或斜巷将排热钻孔布置在平行的准备巷道之间。沿煤层厚度的布孔数目和布孔间距视具体条件确定，以保证钻孔周围煤体某一定地点达到预期温度为原则。

（3）减少氧化放热

煤炭的氧化放热是一个较复杂的问题，很难将其与其他的热源分开而单独进行计算。

当煤层、顶板或底板中含有大量的硫化铁时，氧化放热的散热量是比较大的。此时，应采用制冷空调降温的方法，是深部煤矿安全高效开采的一个重要措施和步骤尽量缩短从工作面到地面的运煤时间，采取专门的材料涂抹在巷道壁上以便降低其氧化放热层。把运输设备移到回风水平，这是大大减少煤的氧化和在井下运输煤时冷却放热的重要措施。如果井田的开拓和采准条件不允许这样做，便应设法加快煤炭的运输，以减少待运量，采用绝热矿车和利用绝热席覆盖矿物炭面等方法。

（4）排除机械放热

通常固定设备（如主排水泵、绞车）是布置在使用新风流通风的专用硐室中。一般流经这些硐室而被加热的空气均进入流向工作面的主风流，这样就使井下空气加热。如果这些回风流直接排至总回风流中，便可以大大减少由机械放热引起的风流加热。

11.5.2　机械制冷方式

目前矿井机械制冷空调系统根据热力学特点可分为机械制冷水降温矿井空调系统、冰冷却矿井空调系统、空气压缩制冷矿井空调系统和热电冷联产降温系统。

1. 机械制冷水降温矿井空调系统(集中空调技术)

利用制冷机制出冷水,通过管道输送到用冷地点,然后通过风流热交换设备将冷量传给风流,达到制冷降温的目的。目前国内外常见的冷冻水供冷、空冷器冷却风流的矿井集中空调系统的基本结构模式如图11.8所示。它由制冷、输冷、传冷和排热四个基本环节组成。四个环节的不同组合构成了不同形式的冷水降温矿井空调系统。

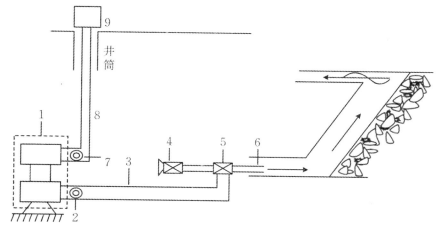

图11.8 机械制冷水降温矿井空调系统结构模式

1.制冷站;2.冷水泵;3.冷水管;4.局部通风机;5.空冷器;

6.风筒;7.冷却水泵;8.冷却水塔;9.冷却塔

机械制冷水降温矿井空调系统通常有以下四种形式:

(1)地面集中式空调系统

地面集中式降温系统将制冷站设置在地面,在空冷器的安设地点和系统结构上有所不同。

对于空冷器运转最简单的系统,是将制冷机和空冷器都安设在地面。采用该系统时,可以采用任意型号的工业用普通型制冷机。采用此种空调系统将冷却进入井下的全部风流。优点是在井下不需要安设制冷空调设备,但该系统的能耗远远大于其他系统,只适用于井田范围不大和供冷距离不长(小于3000 m)的条件,还可用于矿井从基建到生产由浅部到深部的过渡过程,一般情况下很少使用(王进,2007)。

当制冷机安设在地面,空冷器安设在井下时,又可分为两种布置方式。一是在井下安设高压冷水空冷器,此系统不宜推广,既复杂又不安全,显著地加大了空冷器的金属用量,并降低其换热效果。二是在井下安设低压空冷器,为了降低在井下系统的压力,设置了高低压热交换器,将供冷系统分为两个独立的回路:一次载冷剂循环回路(包括蒸发器、敷设在井筒或钻孔内的隔热管道和高低压换热器的高压部分)和二次载冷剂循环回路(包括高低压换热器的低压部分、井下循环管道、贮水池、水泵和空冷器)。

(2)井下集中式空调系统

为使制冷机组靠近空冷器,在井下具备排热条件的情况下,多采用井下集中矿井空调系统。此时需使用专用的矿用制冷装置,该设备应能在潮湿和有爆炸危险的环境中使用。由于排热方式的不同又可分为地下水源排热、地面冷却塔排热、回风流排热、几种排热方式混合排热等方式。此种系统比较简单,供水管道短,没有高低压换热器,仅有冷水循环管路。但必须在井下开凿大断面硐室,它给施工和维护带来困难,并且电机和控制设备都需防爆,难度大、造价高(刘鹏,2009)。这种布置形式只适用于需冷量不太大的矿井。

(3) 井上、下联合空调系统

为了减少地面制冷站的供冷能力和冷量损失,克服井下制冷机的排热困难,在井上、井下同时安设制冷设备,建立井上、下联合空调系统。它实际上相当于两级制冷,井下制冷机的冷凝热是借助于地面制冷机冷水系统冷却。在井上、井下分别安设制冷机组,一次载冷剂通过安设在井下的高低压换热器后,再进入高压冷凝器,将冷凝热带走。来自空冷器的二次载冷剂分别通过高低压换热器、蒸发器后降低温度,然后经过隔热管道进入空冷器继续冷却风流。该系统中设备布置分散,操作管理不便。但它可提高一次载冷剂回水温度,减少冷量损失。

(4) 井下分散式局部空调系统

当实际矿井工程中只有几个点需要降温,并且点点相隔较远时,在矿井中不设置统一的大型制冷站,只在需要降温的地点,如掘进工作面、大型机电硐室等附近建立小型的制冷站,对局部地区进行降温。这时井下分散式局部空调系统是一种高效经济的降温措施。

局部空调系统在我国应用得比较广泛,曾在平煤五矿己二采面用1台制冷量为300 kW的防爆制冷机组向己15—23071采面供冷,利用井下回风排热,效果明显,平均降温幅度4 ℃;四矿戊九采面空调系统,采用1台制冷量为500 kW的制冷机组向戊九采区的S-19140采面供冷,很好地满足了降温要求。

研究区顾桥矿目前采用的制冷系统就属于制冷水降温空调系统中的井上、下联合空调系统,顾桥矿制冷系统总体分为三个部分:地面制冷车间、井下制冷硐室和制冷管路及空冷器,地面制冷车间的主要任务是将冷冻回水通过制冷机组(溴冷机和电冷机)降温,形成温度在3 ℃左右的冷冻水,然后泵向井下;井下制冷硐室最主要的设备是三腔冷媒分配器(压力交换系统),其主要作用是实现冷水和热回水的交换,从而使冷水进入工作面,而热水流回地面;制冷管路是双管路,一趟是进水管,一趟为回水管,进水管的水通过终端的空冷器将巷道进风流的温度降下来,吸收热量后水通过回水管流向三腔冷媒分配器,最后流向地面制冷车间,这样就形成了冷冻水的循环,如图11.9和图11.10所示。

2. 冰冷却矿井空调系统

冰制冷系统就是利用粒状冰或泥状冰作为输冷媒质,通过风力或水力输送至井下的融冰装置,把冷量传递给用冷地点。由于冰具有较大的热容量,因此,该系统的制冷能力很大,已经得到了国内外许多高温矿井和研究人员的重视。缺点是投资大,且在冰的输送过程,管道具有堵塞和破裂的危险性以及冰的融化速率不好控制,喷淋降温、增加湿度、运行费用高等问题(杨芳,2010;翁史烈,2006)。

在地面安设制冰站,在井筒中安装输冰保温管路,制冰站生产的冰通过输冷保温管路送至井底车场的融冰池。冰融化后,冷水泵将融冰池中2 ℃左右的低温水通过保温管道输送至需冷地点。采用空冷器进行热湿交换、采面喷雾及采煤设备均使用低温冷冻水相结合的方式进行散冷,降低工作面温度,大部分冷却回水返回融冰池融冰,循环使用。其系统如图11.11所示。

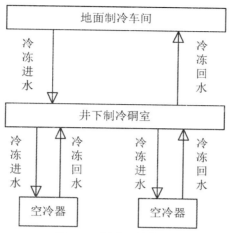

图11.9 制冷系统简图

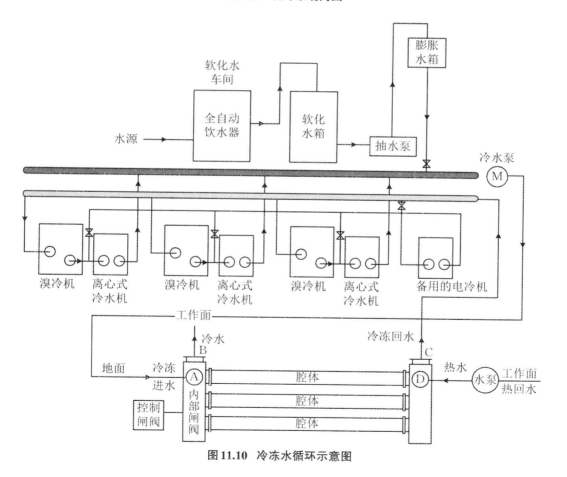

图11.10 冷冻水循环示意图

309

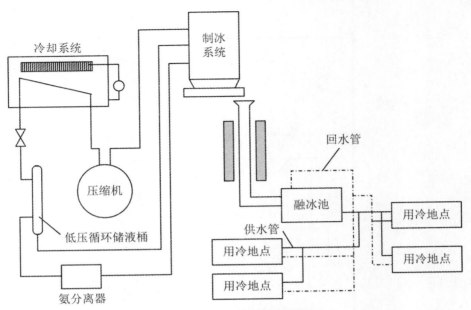

图 11.11　冰冷却降温系统简图

当矿井采深很大,冷量需求很大的情况下,冰冷却降温系统就显示出了它的优越性。需水量少,大大节约成本;输送到空冷器的冷水温度较低,换热效率高;克服了静水压力和冷凝热排放的难题。

该技术在我国平顶山六矿、新汶孙村矿、沈阳三矿、新龙梁北矿得到了现场应用。

3. 空气压缩制冷空调系统

空气压缩制冷降温是基于气体膨胀(某些相关研究将其当作多变过程处理)原理的新型空气制冷技术。由于井下作业较多地使用风动工具,因此矿井一般都具备比较系统的压气管道,可以节省其他制冷方式所必需的机械设备费用。压气制备系统比较简单,成本低,易施工,有利生产。井下压气降温系统如图 11.12 所示,其载冷剂为空气,廉价易得,这也在另一方面突出了其节能性。

但是,由于空气压缩制冷循环的制冷系数小于蒸气压缩制冷系统,使得制冷工质单位质量的制冷能力也较小,要产生足够的制冷量,基建投资和年运转费用较高,大于其他制冷系统。且压力引射器、涡流管制冷器等装置仅仅是空气膨胀装置,必须与地面空气压缩机联合使用,适用范围小。最主要的是由于受矿井压气系统压气量有限的限制,制冷量很难保证。1993 年,平顶山矿务局和 609 研究所研制成 KKL-101 无氟空气压缩机,为我国矿井空调开辟了一条新的途径。

国外在孟加拉国孟巴矿有所利用,该降温方式需要矿井具有充足的压缩气源,且由于压缩空气的吸热量有限,降温能力受到限制,对于冷负荷较大的我国深部矿井降温不能适用,运行费用高。

4. 热电冷联产降温系统

热电冷联产系统是一种建立在能量梯级利用的基础上,将发电、制冷和供热一体化的多联产总能系统,目的在于综合能源供应方式、提高能源利用效率和能源供应的稳定性与可靠性、减少碳化物及有害气体的排放。发电机主要能源是来自煤层中的瓦斯气,由专用集气设备收集和储瓦斯气,将瓦斯气用管道送入燃气发电机发电(左金宝,2009)。该系统降温效果良好,但存在以下问题:要求矿井必须具备坑口瓦斯发电厂;冷源需经过二级制冷,冷量提取小;设备操作复杂,运行成本高,对于深部矿井热害治理,难以推广。

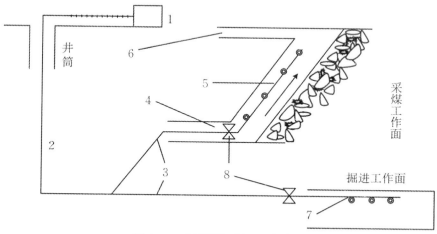

图11.12 井下压气降温系统简图

1. 空压机;2. 压气管道;3. 压气支管;4. 工作面进风平巷;5. 采煤工作面送气软管;
6. 工作面回风平巷;7. 掘进工作面送气软管;8. 节流阀

淮南矿业集团首先在潘一南风井开始实施热电冷联产项目,由于潘一煤矿属于高瓦斯矿井,利用抽采的矿井瓦斯进行燃烧发电,瓦斯发电机组冷却及排气排放物余热通过溴化锂吸收制冷机组制冷,实现热电冷联产联供,形成井上集中供冷、井下移动制冷和瓦斯发电余热制冷相结合的井下降温组合。该技术在河南平顶山四矿以及淮南矿区谢桥、张集矿进行了现场应用,采用这一模式解决矿井热害问题(袁亮,2007)。其系统如图11.13所示。

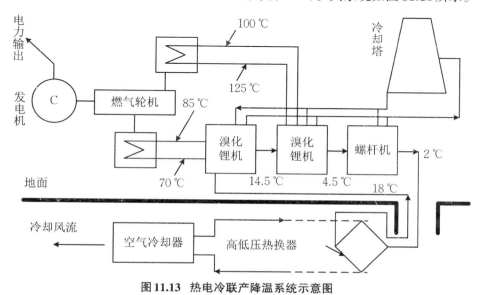

图11.13 热电冷联产降温系统示意图

311

5. 机械制冷降温方式的比较

集中矿井降温空调系统的优缺点比较如表11.15所示。

表11.15 集中矿井降温空调系统的优缺点比较(吴基文,2014)

空调系统		载冷剂	优 点	缺 点
机械制冷冷水降温空调系统	地面集中式空调系统	水	① 厂房施工、设备安装、维护、管理和操作方便;② 可采用一般型制冷设备,安全可靠;③ 冷凝热排放方便;④ 排热方便;⑤ 无需在井下开凿大断面机电硐室;⑥ 冬季可利用地面天然冷源	① 高压冷水处理困难;② 供冷管道长,冷损大;③ 需在井筒中安设大直径管道;④ 一次载热冷剂需用盐水,对管道有腐蚀作用;⑤ 空调系统复杂
	井下集中式空调系统	水	① 供冷管道短,冷损小;② 无高压冷水系统;③ 可利用矿井水或回风井流排热;④ 供冷系统简单,冷量调节方便	① 井下要开凿大断面机电硐室;② 对制冷设备有特殊要求;③ 基建、安装、维护、管理和操作不方便;④ 安全性差
	井上、下联合的空调系统	水	① 可提高一次载冷剂的回水温度,减少冷损;② 可利用一次载冷剂排除井下制冷机的冷凝热;③ 可减少一次载冷剂的循环量	① 系统复杂;② 制冷设备分散,不易管理
	井下分散式局部空调系统	水	① 冷损小;② 无需在井下开凿大断面机电硐室;③ 简单、灵活	① 制冷设备分散,不易管理;② 冷凝热排放困难;③ 安全性差
冰冷却矿井空调系统		冰	① 制冷效果好;② 静水压力和冷凝热排放	① 能耗高;② 故障率高;③ 输冰转弯管道需定期更换;④ 系统较复杂
空气压缩制冷空调系统		空气	① 系统较简单;② 通风效果好;③ 不需要大型换热设备;④ 有利于降低煤尘污染	① 运行能耗高;② 只适用于需冷量较小的矿井
热电冷联产降温系统		水	① 制冷效果好;② 能耗小;③ 可以提供一部分电能	① 设备多,系统复杂;② 管路长,冷损大;③ 只适用于高瓦斯矿井

本 章 小 结

(1) 依据《地热资源地质勘查规范》(GB/T11615—2010)和《地热资源评价方法》(DZ40—85)对研究区地热资源进行了估算,结果表明,研究区热储层资源总量为 4.64×10^{14} kcal,可采热能储量为 1.16×10^{14} kcal,合标准煤为 1.657×10^7 t;水中存储的热量为 17.21×10^{13} kcal,合标准煤为 2.458×10^7 t。研究区地热分布广、储量大,大力开展地热开发利用应是研究区重点发展的方向之一。

（2）根据温度不同，以Ⅰ级（>31℃）、Ⅱ级（>37℃）为等级划分标准，对研究区各个煤层的热害区域进行了预测和圈定，并对矿井热害治理措施进行了阐述。矿井降温措施包括非机械降温方式和机械降温方式两种。优先采用非机械降温方式，当非机械降温方式不能满足矿井制冷需求时，采取机械制冷方式。其中，非机械降温方式包括通风降温、改变通风方式、加强顶板管理、进行热水防治、预冷煤层、煤体排热、减少氧化放热和排除机械放热等；机械降温方式包括机械制冷水降温、冰冷却降温、空气压缩制冷降温和热电冷联产降温等。

第12章　主要结论及展望

本书是经过淮南矿业集团公司和安徽理工大学等多方的共同努力,历经三年时间编写而成的。通过调研、资料收集和整理分析、井下巷道岩温测试、室内试验、数值模拟与理论综合研究,获得了一定的认识。取得的主要结论和研究成果如下:

(1) 利用"曲线法"对简易测温孔数据进行了校正,根据岩石热物理参数测试成果,计算出研究区大地热流值和岩石放射性生热率值。

1) 研究共收集并整理了区内勘探钻孔井温测井孔124个,开展3对矿井井下测温14处,水质分析样品15件,岩石热导率114件,岩石比热容43件,岩石密度43件,岩石放射性生热率35件,岩石三轴渗透4件,为研究区地热资源评价利用和矿井热害防治提供了基础数据,丰富了煤矿区煤系岩石热物理性质测试成果。

2) 利用地质勘探中用法较多的"曲线法",由近似稳态孔(丁集5个、顾桥33个以及潘三1个)井底温度恢复校正量与井液停止循环时间的乘幂型关系曲线,对丁集矿37个简易测温孔、顾桥矿23个简易测温孔以及潘三矿25个简易测温孔的井底温度和各水平温度进行了校正。为下一步绘制各矿区的地温梯度和各水平温度等值线图、认识矿区地温分布特点和预测不同深度的温度提供了基础数据,同时也为今后矿区简易测温的校正提供了依据。

3) 对研究区煤系岩石热导率、比热容等参数进行了系统测试,并对热导率的影响因素进行了分析,结果表明:① 研究区煤系岩石热导率、比热以及密度均值分别为2.64 W/(m·K)、0.87 J/(g·K)和2.51 g/cm³;② 不同岩性的岩石热导率值存在较大的差别,其中煤岩、天然焦的热导率最低,其值仅为0.681 W/(m·K),热导率最高的为中砂岩,其平均值为4.069 W/(m·K);泥岩、砂质泥岩、砂质黏土、粉砂岩、细砂岩、粗砂岩以及灰岩的热导率平均值分别为2.414 W/(m·K)、2.352 W/(m·K)、1.373 W/(m·K)、2.961 W/(m·K)、3.684 W/(m·K)、3.455 W/(m·K)、3.064 W/(m·K),以上不同岩性岩石的热导率特征很好地表明了岩石岩性的特征对其热导率的控制作用;③ 岩石本身的成分对热导率起着控制作用,密度对其也有重要影响。

4) 对研究区煤系岩石生热率进行了测试,结果表明:① 研究区内岩石的放射性生热率范围为0.22~4.17 μW/m³,多数处于1.0~3.0 μW/m³之间,平均值是1.87 μW/m³。而1979年中国地质科学院地质研究所地热组,测试的华北盆地燕山期花岗岩的生热率为2.591 μW/m³。可见,研究区的岩石生热率远低于此;② 研究区丁集、顾桥以及潘三三个矿煤系地层中放射性元素生热对地表热流的累计贡献分别为0.926 mW/m²、1.437 mW/m²以及1.20 mW/m²,分别约占大地热流的1.2%、1.9%和1.6%。由此可见,研究区煤系岩石放射性生热对地表热流有一定的贡献,但贡献量不大。

5) 依据岩石热导率和地温梯度值,计算了研究区大地热流值,结果表明:丁集矿的平均大地热流值为76.18 mW/m²,顾桥矿的平均大地热流值为77.62 mW/m²,潘三的大地热流值为77.22 mW/m²,研究区的平均大地热流值为76.86 mW/m²。研究区大地热流值的计算结果与《中国大陆地区大地热流数据汇编》中公布的安徽省大地热流均值62.0 mW/m²非常接近,呈现出较高的地热状态。

(2)根据研究区内的近似稳态孔以及校正后的简易测温孔数据,分别编制了研究区地温梯度分布图、各水平地温分布趋势图以及主采煤层底板温度分布图,获得了研究区地温场分布特征。

1)研究区地温梯度分布规律如下:

①研究区三矿皆位于淮南矿区的高温异常区范围内,区内大部分区域地温梯度大于3.0 ℃/hm,其中潘三平均地温梯度为3.08 ℃/hm;顾桥平均地温梯度为3.12 ℃/hm;丁集矿平均地温梯度为3.31 ℃/hm。

②丁集矿主采煤层13-1煤的地温梯度范围为2.24~4.15 ℃/hm,平均值为3.08 ℃/hm,11-2煤的地温梯度范围为2.79~3.99 ℃/hm,平均值为3.22 ℃/hm,8煤的地温梯度范围为2.8~3.88 ℃/hm,平均值为3.34 ℃/hm,4-1煤的地温梯度范围为2.81~3.88 ℃/hm,平均值为3.41 ℃/hm,3煤的地温梯度范围为2.99~3.88 ℃/hm,平均值为3.59 ℃/hm。顾桥矿主采煤层13-1煤的地温梯度范围为2.44~3.74 ℃/hm,平均值为2.99 ℃/hm,11-2煤的地温梯度范围为2.54~3.77 ℃/hm,平均值3.03 ℃/hm,8煤的地温梯度范围为2.43~3.81 ℃/hm,平均值为3.07 ℃/hm,6-2煤的地温梯度范围为2.38~3.83 ℃/hm,平均值为3.08 ℃/hm,1煤的地温梯度范围为1.34~3.64 ℃/hm,平均值为3.02 ℃/hm。潘三矿主采煤层13-1煤的地温梯度范围为2.15~3.87 ℃/hm,平均值为3.05/hm;11-2煤的地温梯度范围为2.35~3.96 ℃/hm,平均值为3.15 ℃/hm;8煤的地温梯度范围为2.23~5.43 ℃/hm,平均值为3.26 ℃/hm;5-2煤的地温梯度范围为2.27~4.90 ℃/hm,平均值为3.24 ℃/hm;4-1煤的地温梯度范围为2.28~4.77 ℃/hm,平均值为3.26 ℃/hm;1煤的地温梯度范围为2.41~4.14 ℃/hm,平均值为3.23 ℃/hm。

2)研究区水平向地温分布规律

潘三矿井水平上的地温总体呈北高南低的趋势,在靠近潘集背斜轴线一带的地温场呈较高状态,而且在井田西部十四西9钻孔附近也形成一个地温正异常区;顾桥矿水平上的地温分布显示,最大高温区位于井田中南部"X"共轭剪切区(如XLZL1、XLZK2和XLZK3钻孔附近),而在中部简单单斜区的F87断层(如XLZM1和XLZM2钻孔)附近也形成一个次一级的高温区,整体上是西部高东部低;丁集矿井水平上的地温总体呈北高南低、东高西低的趋势。地温高值区基本上是沿着潘集背斜轴线分布的,并且在潘集背斜轴线两端呈对称形式。

3)研究区垂向上地温分布规律

根据测温孔的温度-深度关系,分析可知地温随深度的增加而增加,垂向上表现出以传导型为主的增温特点,只是在部分地段存在热对流现象。如在潘三井田的十四西9和13-14E-1钻孔附近、在顾桥井田的XLZM1、XLZM2、XLZL1、XLZK2和XLZK3钻孔附近以及在丁集井田的十六11和水12钻孔附近,其温度分布与地下水活动有关。

4)研究区主采煤层底板温度分布规律

①丁集矿13-1煤的温度范围为32~45℃;11-2煤的温度范围为33~48℃;8煤温度范围为39~51℃;4-1煤层的温度范围在42~54℃;整个井田范围3煤底板的温度值都在45℃以上。丁集矿同一煤层,南部煤层的温度高于北部的煤层,在浅部煤层13-1煤,11-2煤层中潘集背斜温度高于附近温度的现象较深部煤层明显。这与前面介绍的各主采煤层的地温梯度异常区域分布是一致的。

②顾桥矿13-1煤的温度范围为28~53.5℃;11-2煤的温度范围为30~57℃;井田内8煤80%的区域温度高于37℃;从6-2煤等温图可以看出,煤层的温度范围为32~62℃;从1煤等温线图可以看出,几乎整个井田的温度值都在40℃以上,由西向东温度逐渐升高。同一煤层,中南部地温最高,东部温度较高,西北部地温最低;高温度异常点均位于井田中南部共轭剪切区钻孔XLZK3附近。这与前面介绍的各主采煤层的地温梯度异常区域的分布是一致的。

③潘三矿13-1煤的温度范围为28~45℃之间;11-2煤的温度范围为30~49℃;8煤底板温度大于37℃的区域占井田面积的80%;5-2煤层的温度范围为31~51.4℃;4-1煤层的温度范围为32~51.5℃,井田内80%的区域温度高于37℃;1煤底板温度在整个井田范围温度值都在37℃以上,井田80%的区域温度高于40℃。潘三同一煤层,南部地温高于北部,西部煤层地温高于东部。

(3)基于地质学和热力学理论,系统地分析了大地构造背景、地质构造特征、松散层厚度、岩石的热物理性质等因素,对研究区地温分布的影响规律。

1)研究区位于华北板块南缘,地温场分布受华北板块区域地质背景的控制非常明显。从华北聚煤形成以后,华北板块经历多期运动引发的热流上升、岩石圈的减薄,且矿区处于华北板块南缘地带,以及陆内郯庐断裂带的存在,这都能与研究区局部较高的地温和热流值分布相对应。

2)在同一水平面上,研究区背斜轴部的地温及地温梯度要比两翼高,而向斜核部的地温及地温梯度要比两翼低,而潘集背斜对丁集、潘三井田地温的影响最为显著。断裂构造,由于改变了围岩的结构以及地下水的径流条件,常会在断裂构造附加产生低温或高温的异常现象。

3)新生代盖层以及煤层的分布情况对研究区地温分布影响较大,在同一深度相同地质条件下,其上覆的第四系地层越厚地温也越高;这也从一定的地方解释了丁集、顾桥等不处于背斜轴部构造位置的井田呈现高温异常的现象。在煤层中尤其厚煤层中,常表现为较高的增温地段;含有较多煤层的煤系地层比一般不含煤的沉积盖层,其整体上具有更加明显对地下热的阻隔作用。

(4)查明了研究区岩浆侵入体的分布情况,讨论了侵入体热作用对矿井现今地温分布的影响规律。

1)在潘三矿井田岩浆岩分布广泛,丁集矿主要分布在东北角,受到岩浆侵蚀而产生变质作用的最高层位在8煤,由8煤至1煤,岩浆的侵入范围逐渐变大。井田内岩浆侵入范围广,主要顺煤层和断层破碎带侵入煤系地层,为第三次燕山期晚期活动侵入,以岩床为主,其岩性为正长煌斑岩、正长斑岩等。

2)理论分析与数值分析结果表明,经过漫长的地质年代,岩浆侵入体自身热作用对矿井现今地温场的影响将消失。同时,根据前面对研究区内岩浆岩岩样的U、Th、40K及热导率的测试表明,研究区内岩浆岩的U、Th、40K含量很低,生热率占大地热流值份额很小,且热导率为3.0 W/(m·K),均接近围岩,故研究区内岩浆侵入体的放射性生热及对围岩热导率的改变对围岩温度场的影响很小。

3)综合分析可得,丁集和潘三矿区内形成于燕山晚期的岩浆侵入体自身热作用对矿井现今地温场的分布特征并没有影响。虽然在潘三矿区现今地温场具有靠近潘集背斜位置温度偏高,同时在部分地段也存在着岩浆侵入的现象,但通过以上分析表明,该地段地温异常并不是岩浆侵入造成的,而应是一些诸如潘集背斜等地质构造、松散层厚度以及深部高温灰岩水活动等地质因素的影响及控制。

(5)明确分析了研究区灰岩富水性及水化学特征,建立了地下水运移的热效应方程,讨论了灰岩水运移对地温分布的影响规律。

1)太灰水含水层单位涌水量为0.000009~0.469 L/(s·m),平均值为0.08494 L/(s·m),富水性弱至中等。奥灰单位涌水量为0.000119~2.773 L/(s·m),富水性不均一,煤田南部和北部出露地区接受大气降水补给,煤田西部地区接受松散层底部含水层补给,是太原组灰岩岩溶裂隙含水层的直接补给水源。

2)研究区内各含水层的水化学类型主要为Cl−Na+K型,区内地下水的主要补给来源为大气降水,溶滤-渗入水是研究区内地下水的基本成因类型。矿井内地下水的溶滤作用强度较低,以静储量为主,矿化度高,表现出封闭-半封闭的水文地质环境。灰岩水为地表浅水和深部古水混合成的混合水,含水层的水文环境较为复杂。矿井内地下水中的碳酸盐矿物基本处于沉淀状态,灰岩水的溶蚀性小,岩溶发育已经基本成形。

3)地下水中的矿化度和相关离子含量与温度场有明显的相关关系。而且在同一地质背景下,高温异常区地下水(煤系水和岩溶水)中的矿化度和Ca^{2+}、Na^+、SO_4^{2-}、Cl^-的浓度与温度具有一定的正相关关系。

4)淮南矿区各井田的灰岩水头差较小,沿着灰岩水流场的分布方向,在缓慢的径流过程中,经过深循环加热的地下水,赋存于中东部井田,使该地区保持较高的地温。

5)依据地下水缓慢垂直运动的对流-传热方程,分析了研究区内测温孔的综合井温曲线类型,得出测温曲线多表现为"上凸"和"多变"形,地温异常区的分布明显受太灰、奥灰高温水的影响。在丁集矿及顾桥矿的中深部地区,受北西向张性断裂导通深层较高温岩溶水的影响,地温梯度偏高。在顾桥井田南部"X"共轭剪切区,断层较发育,深部较高温的高压岩溶水沿断裂裂隙上升,将热量传到上部岩层,引起原始岩温增高。潘三井田内的十四西9孔,由于下部高温岩溶水的垂向上升活动,使该孔呈现高温异常。这也是研究区内下含水和煤系水与灰岩水水质相近的原因。

6)太灰水在谢桥-张集和潘三-潘北矿区附近形成两个降落漏斗,奥灰水在潘集背斜处达到最低水位−60 m左右。根据以往的研究资料显示,淮南矿区内>3 ℃/100 m的高温异常区,总体沿着陈桥-潘集背斜轴线呈"S"形分布。淮南煤田地温场的分布特点,明显与灰岩水流场的分布密切相关,证实了由于深部热水上涌补给上部含水层引起的高温异常是研究区内高温异常的原因之一。

7)建立了深部A组煤开采底板高温灰岩水上涌时的围岩温度响应特征。在突水前工作面附近的围岩温度受风温影响,围岩中主要以热传导形式进行热量传递。底板突水时,热水沿采动裂隙上涌,工作面温度升高到50 ℃,热水上涌对温度场的影响较明显。故在煤矿开采过程中对底板岩体温度进行监测,对进行突水预报具有一定的可行性。

8) 综合上述分析可知,研究区地温异常带主要原因应是在大地区域地质背景下,地质构造和岩性特征(松散层厚度)对矿区现今地温场起着主要控制作用,在局部地段,灰岩水的活动因素对地温场的分布有一定的影响,岩浆侵入体热作用对矿井地温基本无影响,以上成果揭示了地质构造对研究区地温场的控制作用。

(6) 计算出了研究区地热水资源储量值并预测圈定了各煤层的热害等级分区,给出了热害防治技术办法。

1) 依据《地热资源地质勘查规范》(GB/T11615—2010)和《地热资源评价方法》(DZ 40—85)对研究区地热资源进行了估算,结果表明,研究区热储层资源总量为4.64×10^{14} kcal,可采热能储量为1.16×10^{14} kcal,合标准煤为1.657×10^{7} t;水中存储的热量为1.721×10^{14} kcal,合标准煤为2.458×10^{7} t。研究区地热分布广、储量大,大力开展地热开发利用应是研究区重点发展的方向之一。

2) 根据温度不同,以Ⅰ级(>31 ℃)、Ⅱ级(>37 ℃)为等级划分标准,对研究区各个煤层的热害区域进行了预测和圈定,并对矿井热害治理措施进行了阐述。矿井降温措施包括非机械降温方式和机械降温方式两种。优先采用非机械降温方式,当非机械降温方式不能满足矿井制冷需求时,采取机械制冷方式。其中,非机械降温方式包括通风降温、改变通风方式、加强顶板管理、进行热水防治、预冷煤层、煤体排热、减少氧化放热和排除机械放热等;机械降温方式包括机械制冷水降温、冰冷却降温、空气压缩制冷降温和热电冷联产降温等。

参 考 文 献

[1] 蔡致中.淮南煤田地热资源评价[J].中国煤田地质,1992,4(1):53-58.

[2] 许光泉.淮南矿区深部热害分析及热水资源化研究[J].中国煤炭,2009,35(10):114-116.

[3] 钱会,马致远.水文地球化学[M].北京:地质出版社,2005:1-22.

[4] 桂和荣.皖北矿区地下水水文地球化学特征及判别模式研究[D].合肥:中国科学技术大学,2005:1-159.

[5] 徐胜平.两淮矿区地温场分布规律及控制因素研究[D].淮南:安徽理工大学,2014

[6] 葛涛,储婷婷,刘桂建,等.淮南煤田潘谢矿区深层地下水氢氧同位素特征分析[J].中国科学技术大学学报,2014,44(2):112-118.

[7] 张娟,张海庆,黄丹,等.基于水化学特征的深部岩溶地热水循环机制研究[J].河南理工大学学报,2010,29(6):741-745.

[8] 王良书,李成,施央申,等.下扬子区地温场和大地热流密度分布[J].地球物理学报,1995,38(4):469-476.

[9] 伍大茂,吴乃苓,郜建军.四川盆地古地温场研究及其地质意义[J].石油学报,1998,19(1):18-23.

[10] 李红阳,朱耀武,易继承.淮南矿区地温变化规律及其异常因素分析[J].煤矿安全,2007,39(11):68-71.

[11] 彭涛,吴基文.淮北煤田现今地温场特征及大地热流分布[J].地球科学:中国地质大学学报,2015(6):1083-1092.

[12] 张剑.涡阳矿区南部地温分布及影响因素分析[D].淮南:安徽理工大学,2015:1-64.

[13] 邵亚红.研究侵入体热作用对矿井地温场的影响研究[D].淮南:安徽理工大学,2015:1-78.

[14] 段忠丰,庞忠和,杨峰田.华北地区煤系地层岩石热导率特征及对热害的影响[J].煤炭科学技术,2013,41(8):15-17.

[15] 任自强,吴基文,张海潮,等.淮南矿区地下水对现今地温场的控制[J].煤矿安全,2015,46(7):193-195.

[16] 庞忠和.地下水运动对地温场的影响:研究进展综述[J].水文地质工程地质,1987,(2):20-25.

[17] 杨世铭,陶文铨.传热学[M].3版.北京:高等教育出版社,1998.

[18] 贾力,方肇洪,钱兴华.高等传热学[M].北京:高等教育出版社,2003.

[19] 陶文铨.数值传热学[M].2版.西安:西安交通大学出版社,2001.

[20] 陶文铨.计算机传热学的近代进展[M].北京:科学出版社,2000.

[21] 曹玉璋,邱绪光.实验传热学[M].北京:国防工业出版社,1998.

[22] 陈墨香,张菊明,夏斯高.井口水温与热储层温度关系的有限元模拟及实例剖析[J].地质科学,1991,26(1):55-65.

[23] 许鹤华,熊亮萍,汪集旸.垂向流体运移的热效应数学模型研究[J].地质论评,2000,46(S):266-268.

[24] 许鹤华,熊亮萍,汪集旸.储层温度与垂向流体运移关系的数学模型[J].地球学报,1999,20(S):518-520.

[25] 黄平华,韩素敏.矿井底板破碎带温度场模型推导及模拟分析[J].吉林大学学报(地球科学版),2014,44(3):969-976.

[26] 刘雪玲,朱家玲,刘立伟.含水层储能地下温度场模拟[J].天津大学学报,2009,42(10):929-933.

[27] 周学志.抽灌井群地下水运移能量传输及其传热研究[D].长春:吉林大学,2013:17-100.

[28] 田鲁鲁.裂隙岩体渗流-传热耦合模型试验及数值模拟研究[D].北京:北京交通大学,2010:9-59.

[29] 杨伟,杨秋实,杜宝,等.裂隙岩体渗流耦合传热分析[J].中国地质灾害与防治学报,2012,23(1):99-102.

[30] 韦立德.考虑饱和-非饱和渗流、温度和应力耦合的三维有限元程序研制[J].岩土力学,2005,26(6):1000-1004.

[31] 何平,程国栋,俞祁浩,等.饱和正冻土中的水、热、力场耦合模型[J].冰川冻土,2000,22(2):135-138.

[32] 赵延林,曹平,赵阳升,等.双重介质温度场-渗流场-应力场耦合模型及三维数值研究[J].岩石力学与工程学报,2007,26(S2):4024-4031.

[33] 王康.丁集矿地温分布规律及其异常带成因研究[D].淮南:安徽理工大学,2015:39-49.

[34] 彭涛,吴基文,任自强,等.两淮煤田大地热流分布及其构造控制[J].地球物理学报,2015,58(7):2391-2401.

[35] 任自强,彭涛,沈书豪,等.淮南煤田现今地温场特征[J].高校地质学报,2015,21(1):147-154.

[36] 胡圣标,何丽娟,汪集旸.中国大陆地区大地热流数据汇编[J].地球物理学报,2001,44(5):611-626.

[37] 乐昌硕.岩石学[M].北京:地质出版社,1984:25-46.

[38] 徐胜平.两淮煤田地温场分布规律及其控制模式研究[D].淮南:安徽理工大学,2014:57-143.

[39] 谢景娜,罗新荣.丁集煤矿井下热流测定分析[J].煤矿安全,2012,43(2):128-131.

[40] 沈照理.水文地球化学基础[M].北京:地质出版社,1993:62-92.

[41] 王大纯,史毅虹,张人权.水文地质学基础[M].北京:地质出版社,1980:34-54.

[42] 王瑞久.三线图解及其水文地质解释[J].工程勘察,1983,(6):6-11.

[43] 张富凯.矿井突水水源判别系统的研究与设计[D].西安:西安建筑科技大学,2011:20-24.

[44] 储婷婷.潘谢矿区地下水常规水化学分析及判别模型的建立[D].合肥:中国科学技术大学,2014:17-100.

[45] 王怀颖.岩溶地下水系统和同位素地球化学研究[M].北京:地质出版社,1994:10-18.

[46] 桂和荣.皖北矿区地下水中氢氧稳定同位素的漂移特征[J].哈尔滨工业大学学报,2005,37(1):111-114.

[47] 余恒昌.矿山地热与热害治理[M].北京:煤炭工业出版社,1991:106-194.

[48] 地质矿产部矿床地质研究所同位素地质研究室.稳定同位素分析方法研究进展[M].北京:北京科学技术出版社,1992:74-84.

[49] 钱会,马致远.水文地球化学[M].北京:地质出版社,2005:112-124.

[50] 李佩全,钱家忠.淮南煤田地下水化学特征研究及快速判别信息系统开发[R].合肥:合肥工业大学,2009:13-35.

[51] 陈陆望,桂和荣,殷晓曦.深层地下水氢氧稳定同位素组成与水循环示踪[J].煤炭学报,2008,33(10):1107-1111.

[52] 陈陆望,桂和荣,殷晓曦.深层地下水^{18}O与D组成特征与水流场[J].中国矿业大学学报,2008,37(6):854-859.

[53] 刘存富,王佩仪,周炼.河北平原地下水氢、氧、碳、氯同位素组成的环境意义[J].地学前缘,1997,4(2):267-274.

[54] 陈陆望.皖北矿区煤层底板岩溶水氢氧稳定同位素特征[J].合肥工业大学学报,2003,26(3):374-378.

[55] 郑西来,刘鸿俊.地热温标中的水岩平衡状态研究[J].西安地质学院学报,1996,18(1):74-79.

[56] 余恒昌.矿山地热与热害治理[M].北京:煤炭工业出版社,1991:106-121.

[57] 王莹,周训,于湲等.应用地热温标估算大学热储温度[J].现代地质,2007,21(4):605-612.

[58] 张发旺,王贵玲,候新伟,等.地下水循环对围岩温度场的影响及地热资源形成分析[J].地球学报,2000,21(2):142-146.

[59] 邓孝.地下水垂直运动的地温场效应与实例剖析[J].地质科学,1989(1):77-81.

[60] 张树光,李永靖.裂隙岩体的流固耦合传热机理及其应用[M].沈阳:东北大学,2012:10-20.

[61] 陈建生.虚拟热源法研究坝基裂隙岩体渗漏通道[J].岩石力学与工程学报,2005,24(22):4019-4024.

[62] 康永华,耿德庸.煤矿井下工作面突水与围岩温度场的关系[M].北京:煤炭工业出版社,1996:18-39.

[63] 何发亮,郭如军,李术才,等.岩体温度法隧道施工掌子面前方涌水预测预报探讨[J].现代隧道技术,2007,44(2):1-5.

[64] 苏志凯.青岛地铁复杂深基坑开挖支护的FLAC数值模拟[D].长沙:中南大学,2011:50-61.

[65] 闫春玲.FLAC在铁山坪隧道围岩稳定性分析中的应用[J].地下空间与工程学报,2006,2(3):499-503.

[66] 吴基文,樊成,刘小红.杨庄煤矿六煤底板采动效应研究[J].岩石力学与工程学报,2003,24(4):549-552.

[67] 刘娉慧.FLAC强度折减法在边坡稳定性分析中的应用[J].华北水利水电学院学报,2007,28(5):52-54.

[68] 黄达.大型地下洞室开挖围岩卸荷变形机理及其稳定性研究[D].成都:成都理工大学,2007:101-124.

[69] 彭海波.多孔介质的水–气二相流–固耦合模型研究[D].天津:天津大学,2012:21-50.

[70] 魏明尧.含瓦斯煤体气固耦合渗流机理及应用研究[D].徐州:中国矿业大学,2013:55-96.

[71] 姚多喜,鲁海峰.煤层底板岩体采动渗流场–应变场耦合分析[J].岩石力学与工程学报,2012,31(S1):2738-2744.

[72] 贾善坡,冉小丰,王越之.变形多孔介质温度–渗流–应力完全耦合模型及有限元分析[J].岩石力学与工程学报,2012,31(S2):3547-3556.